文本分析与文本挖掘

姜　维　著

国家自然科学基金出版支持

科　学　出　版　社

北　京

内 容 简 介

本书阐述词法分析、文本分类、文本聚类、文本检索、垃圾邮件过滤、情感分析、个性化推荐等文本分析与文本挖掘方面的理论方法。人工智能技术与互联网的发展更是为该领域研究提出新的需求，书中相关理论和技术可以直接用于解决具体文本分析与文本挖掘的问题，也可以为进一步研究提供理论方法基础。本书包括理论、技术，既适合理论方法的学习，又适合工程实践。本书配套软件、更多案例、技术文档、配套 PPT 课件等请登录 http: //www.jiangw.cn 和 http: //www.jiangw.com 查询。

本书可作为文本分析与文本挖掘研究人员参考用书，也可作为相关专业的研究生和高年级本科生教学用书。

图书在版编目(CIP)数据

文本分析与文本挖掘 / 姜维著. —北京：科学出版社，2018.11

ISBN 978-7-03-059120-3

Ⅰ. ①文…　Ⅱ. ①姜…　Ⅲ. ①数据采集-研究　Ⅳ. ①TP274

中国版本图书馆 CIP 数据核字（2018）第 237924 号

责任编辑：陈会迎 / 责任校对：孙婷婷
责任印制：赵　博 / 封面设计：无极书装

科 学 出 版 社 出版
北京东黄城根北街 16 号
邮政编码：100717
http://www.sciencep.com
北京凌奇印刷有限责任公司印刷
科学出版社发行　各地新华书店经销
*
2018 年 11 月第　一　版　开本：720 × 1000　1/16
2024 年　1　月第六次印刷　印张：15 3/4
字数：300 000

定价：110.00 元

（如有印装质量问题，我社负责调换）

前　言

随着机器学习、数据挖掘、互联网技术等方面的快速发展，文本分析与文本挖掘理论方法的研究和应用已成为前沿热点问题，在多个领域已经取得有价值的研究成果。互联网下的电子商务、商品评论、股市论坛、网络新闻、自媒体、网络舆情、商业情报收集等更是为文本分析与文本挖掘研究提出了新的研究课题。

本书出版得到国家自然科学基金（No.71671052，No.71271066，No.70801022）的支持，作者基于多年在文本分析与文本挖掘方面的成果积累，结合该方向的发展撰写本书，其目的主要包括：①为高校开设的“文本分析与文本挖掘”课程提供一本知识内容较系统的书籍；②为后续《高级文本分析与文本挖掘》一书提供支持；③为相关科研人员提供理论方法参考。

作者基于前述目的精心选择和设定书中内容，本书主要特点包括以下几个方面。

（1）可作为大学高年级本科生和研究生的授课教材。本书兼顾知识深度和系统性，在叙述典型的理论方法基础上，有些章节给出较新的研究成果，有些章节顾及知识的系统性，给出若干前沿研究方向和研究方法说明，有些章节还适当补充了基础模型，如第 9 章中朴素贝叶斯分类的例子。

（2）系统性阐述理论方法的工作原理、具体工作过程和问题案例，着重于文本分析与文本挖掘相关内容的阐述。统计分析、机器学习、数据挖掘中的理论方法在文本分析与文本挖掘中有着重要应用。书中着重阐述和文本分析与文本挖掘密切相关的内容，而对于一些相对通用性的理论方法知识则可参考作者的另一本著作《数据分析与数据挖掘》，其包括通用性数据分析和数据挖掘的理论方法细节。

（3）理论与实践相结合讲述。一方面，重点阐述文本分析与文本挖掘的理论方法，并将该方法与实际问题结合起来；另一方面，书中的理论方法易于实践，可借助软件工具或自己编程实现，此外本书还提供配套软件库，包括若干数据分析与数据挖掘算法和文本分析与文本挖掘算法，支持 C++、C 和 Delphi 等编程语言接口，有助于快速学习和科研。

文本分析与文本挖掘是一个正在快速发展的研究方向，一些前沿问题、新的理论方法、新技术也将层出不穷，令人向往。《高级文本分析与文本挖掘》将在更高一层主题上开展研究和讨论，其内容是本书的延续和扩展。

感谢课题组成员的支持。本书撰写中也参考了国内外同行的研究成果，特别是一些基础理论方法都是国内外众多科研人员努力的成果，在此表示感谢。本书得到哈尔滨工业大学管理学院的基金资助。文本分析与文本挖掘研究领域的需求不断变化，理论方法也持续发展，书中难免存在不足之处，敬请各位专家与学者批评指正。

配套网站上共享着技术资料、书籍勘误表、最新研究文档、常见问题、在线研讨、作者联系方式等。网址：http: //www.jiangw.cn、http: //www.jiangw.com。

姜　维

哈尔滨工业大学

2018 年 1 月

目　录

第1章　统计中文分词技术

词法分析是自然语言处理技术的基础，其性能将直接影响句法分析及其后续应用系统的性能。本书的中文词法分析主要包括自动分词、词性标注和中文命名实体识别三个方面，而本章将阐述中文（汉语）自动分词技术。在许多中文文本分析与文本挖掘中，分词往往是第一步工作。中文的词是能够独立运用的最小的语言单位，一般来说，一个词有明确的语义表达，正确的分词是后续语言分析和处理的一项重要前序工作。在不考虑上下文情况下，就单个词来说，可能存在一词多义现象，这就需要后续进一步的语言分析来识别具体的语义。

1.1　词法分析问题

1.1.1　词法分析研究的问题

分词是指对于中文语句进行各个词的分隔，通常以语句为单位进行各个词的分离。例如，“我要好好学习文本分析与文本挖掘。”经过分词后变为“我/要/好好/学习/文本/分析/与/文本/挖掘/。”；“高校生活丰富多彩”经过分词后变为“高校/生活/丰富多彩”。

现代的分词系统已经具有较高的性能，通常能够满足大多数语言分析、文本分析的需求。但对于某些对分词性能有着更高要求的语言处理，分词性能表现出来的局限性仍较大。例如，“市场/中/国有/企业/才/能/发展”，其中的“中/国有”与“中国/有”、“才能”与“才/能”均为歧义切分，在机器翻译应用中，若切分错误可能会导致整个翻译的失败。

词性标注是为语句中的每个词标注其词性，通常以语句为单位标注各个词的词性。例如，“我/要/好好/学习/文本/分析/与/文本/挖掘/。”经过词性标注后变为“我/r 要/v 好好/d 学习/v 文本/n 分析/vn 与/c 文本/n 挖掘/vn 。/w”。在这里，r、v、d、n、vn、c、w 分别代表代词、动词、副词、名词、动名词、连词、标点。

现代的词性标注性能也非常高，通常能满足常见的文本分析与文本挖掘任务。一般来说，词性标注与分词系统由同一词法分析系统完成，这样能够保证分词过程和词性过程的良好衔接，如系统内所存储的词和相应词性有着良好的对应关系。

命名实体是指人名、地名、机构名等。人名如王岩、孙桂平、王二小；地名如北京、哈尔滨、北京市东城区王府井（大街）；机构名如清华大学、哈尔滨工业大学、中国国际航空股份有限公司。命名实体可看作一个词，若其搭配无法在词法分析系统构建则全部收集，应用命名实体识别技术帮助识别。其他命名实体还包括商品名、武器名等。

命名实体识别技术一方面要研究对应实体类型的命名特点，另一方面要紧密地结合上下文环境做分析。各类命名实体的识别性能既与实体类型有较大关系，也与给定语句的上下文信息的充分性关系密切，有些命名实体识别技术研究甚至结合文本环境，以此来更准确地判别命名实体。

1.1.2 词法分析研究面临困难

相比英文词法分析，中文词法分析有着自己的特点。①从中文语言的特点来看，第一，因为中文各词之间不存在显式的分界符，所以中文需额外的分词过程。第二，中文缺少英文中类似-ed、-ing、人名首字母大写等丰富的词形信息，这将导致标注中文词性时可用信息少。而对于命名实体识别来说，上述差别不仅导致实体识别过程缺少英文中丰富的词形信息，如通常英文人名首字母大写，还导致增加额外识别实体边界的任务。②从外在因素来看，中文自然语言处理研究起步较晚，目前还未达到英文所具有的大规模公开的评测机制与规范的评测语料，由此许多学者的研究工作未能在相同标准下对比，不利于共享彼此的研究成果。③从词法分析本身来看，分词面临着切分歧义问题与未知词识别问题；词性标注主要面临复杂兼类词消歧与未知词标注问题；命名实体识别任务不仅需要划分出实体的边界，还需要识别出实体的类型。三者所面临的问题并非孤立，而是相互关联的，因此如何协调地利用彼此的信息，同时有效地完成词法分析的任务是一个亟待探索的问题。

近些年的研究成果表明，现有监督方法在解决词法分析问题时面临着性能瓶颈，对于模型自身的改进并未取得显著的成效。其主要原因有两点：①数据稀疏问题的影响。因为语言中许多统计现象符合 Zipf 定律（即数据出现长尾现象，即使增大语料库仍然面临着某些特征很少出现的现象，因此数据稀疏问题严重），所以这种数据稀疏问题仅通过增大语料库的方式是难以避免的。②应用场合数据与训练数据难以保持独立同分布的条件。在实际使用中，往往不能完全满足应用场合数据与训练数据独立同分布这一条件。在克服第一个问题的影响时，除了模型本身的改进，如在 N-gram 模型中采用平滑算法等，还可从使用特征角度挖掘更有效的特征，以及引入领域知识词典或推理机制。在克服第二个问题的影响上，通常的方法只能是尽可能收集与应用场合数据同源的训练数据。

1.1.3　一体化中文词法分析框架

从计算语言角度来看，分词、词性标注、命名实体识别面临着不同的任务。分词可看作序列切分的过程；词性标注则是序列标注的过程；而命名实体识别则不仅需要识别实体的边界，还需要识别实体的类型。因为这三项任务不同，所以目前的技术较难采用单一模型处理全部问题。

机器学习中的“没有免费的午餐”定理指出，必须设法寻找更适合当前任务的语言模型，而“丑小鸭”定理指出，必须寻找适合当前任务的有效特征，二者恰好都强调了先验知识的重要性。从已有的技术角度来看，倾向于运用更有效的模型解决特定的任务，再有机地结合各项处理结果；从信息增益角度来看，多种知识源分析的方法也正设法充分地利用先验知识，来提高词法分析中各个子任务的性能。

基于以下三种观点设计一种从处理流程上作适当优化的一体化词法分析系统：①分词、词性标注、命名实体识别之间的协调处理能够改善整个词法分析系统的性能；②采用易于融合更多统计特征与语言知识的模型有助于改善词法分析系统的性能；③恰当的特征集（如增加远距离特征）有助于改善词法分析系统的性能。也就是说，只有当系统能够较好地描述词法知识时，才能获得好的词法分析性能[1]。基于以上三种观点，从易于利用领域知识以及构建实用化词法分析系统的角度出发，采用各个子任务协作处理的方法构建实用的中文词法分析系统（本书称为 ELUS 词法分析系统），如图 1.1 所示。

图 1.1 中，基本分词模块完成词典词切分、仿词识别与派生词识别以及新词发现的任务，同时识别出仿词与派生词的类型。评测实验表明基本分词模块的精确率和召回率指标性能约为 98%①，而基本词性标注在不考虑未知词与复杂虚词时，可获得约 97%的标注精确率。前两步的处理结果为命名实体识别提供较为准确的词信息与词性信息。反过来，在分词与词性标注过程出现的未知词中，命名实体占主要部分，相比来说它更难处理。而词特征与词性特征会有助于命名实体的识别。尽管如此，不能忽略前续操作中的错误切分带来的影响，例如，“孙/桂/平等”中错误切分“平等”，从而易使识别过程无法复原实体，不过这样的一些歧义问题都将在歧义边界判别模块中得以修正。

复杂歧义可在前续处理后利用更加高级的特征进行消解[2]（消歧部分阐述见 4.6 节），如远距离约束“只有→才能”用于消歧“才能”或“才/能”，所以在精确分词模块主要针对这类复杂歧义进行消歧处理。在完善分词之后，词性标注模

① 本章采用北京大学的分词、词性标注、命名实体的定义标准。

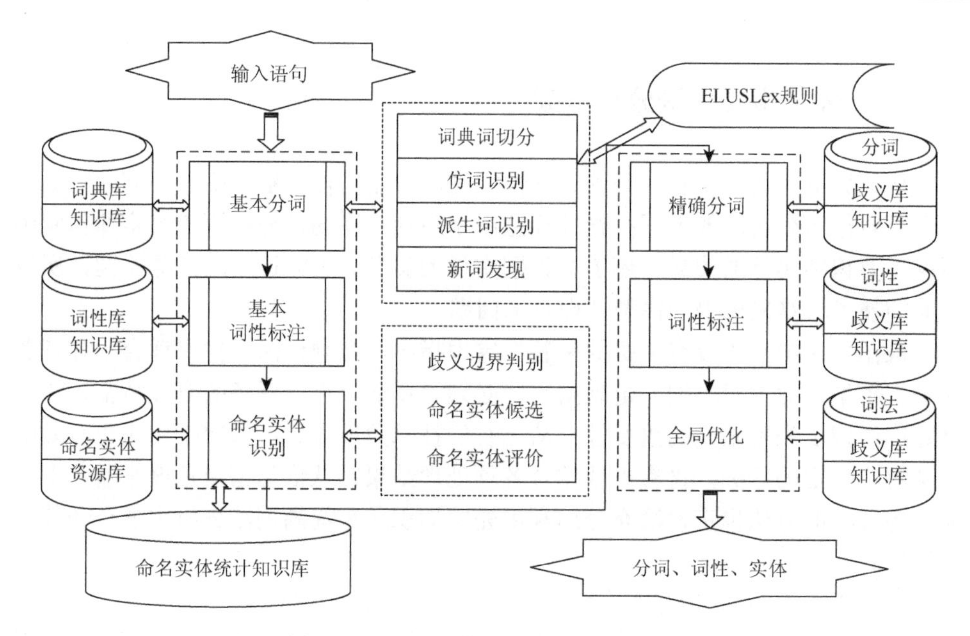

图 1.1　ELUS 词法分析系统的体系结构

块需对重切分句子重新标注词性；用命名实体识别结果标注词性；用消歧模型对复杂兼类词进行消歧。

1.2　词典与基于规则分词

1.2.1　快速索引词典

分词方法可分为有词典分词和无词典分词。有词典分词是指分词系统在分词时利用系统内预先收集存储的词，如词典内包括高校、生活、丰富多彩，因此有助于对“高校生活丰富多彩”语句快速分词。无词典分词是指分词系统构建时没有预先收集存储的词。无词典分词一般是在大规模文本形成的语料库上统计各字之间的紧密程度，按照构成词的多个字之间结合的紧密度、词与周围文字搭配相对松散的语言现象，构建统计评价函数，度量结合更为紧密的固定搭配字串。为了能对新句子进行分词，无词典分词系统也需要收集固定搭配的字串，并构建词典，只不过该词典是系统从无分词的文本语料库中依照统计分析自动收集的。相比较，有词典分词系统中的词典是分词系统构建时就预先给定的或者是从有分词的文本语料库中收集，并通过人工精心筛选而形成的词典。考虑到语言现象的复杂性，一般来说，有词典分词系统性能更优。

在系统实现上，无论有词典分词还是无词典分词都构建词典数据结构用于存储词信息。这里称为词典是因为分词往往与后续词性标注等自然语言处理过程结合，所以一个词可能还标注候选词性、拼音或者其他语言处理上所需要的信息数据。将所有词及其相关信息集成在一起构成词典。

一个简单的词典可以使用列表实现，如线性表、哈希表（Hash table），但需要考虑词典的查找效率，如果用线性表实现，单纯的线性逐一查找效率较低，通常至少需要配合使用二分查找技术，即将所有词按照从小到大排序，然后使用二分查找（折半查找）技术。哈希表存储是另一种典型的常见索引查找技术，其效率与哈希函数的映射效率密切相关，但通常哈希表构建的词典查找效率高于二分查找技术。

高效的词典索引结构能够有效地提高分词的速度。考虑到分词时需要快速判别某一个候选是否是词，并考虑一个汉字可能与多个字构成词，而候选词判别的过程又恰是逐一汉字匹配的过程，因此可以采用树形结构构建词典。其根是一个单一的字，而以该字为前缀的所有词则形成树形结构，图 1.2 表示以“社”为前缀的几个词构成的树形结构。

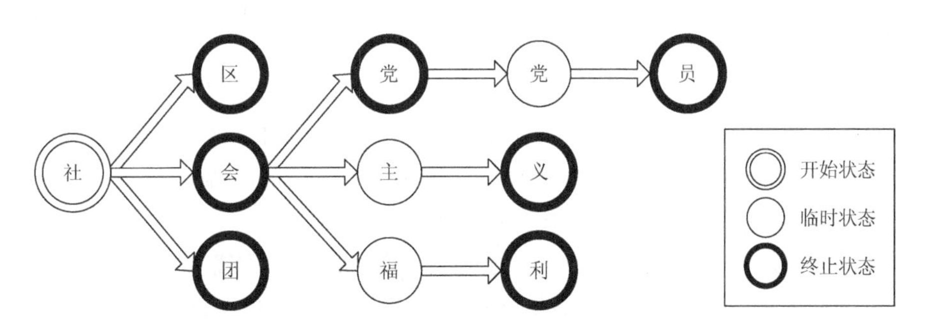

图 1.2　树形结构的词典构成举例

字典树又称作 Trie 树、单词查找树或者前缀树，是一种用于快速检索的多叉树结构，其插入、查找的时间复杂度均为 $O(N)$，其中 N 为字符串长度。每个汉字都可以形成一个 Trie 树，这样整个词典是众多 Trie 树构成的集合。参考图 1.2，在树形结构中，词典词起始于“开始状态”（start state），结束于“终止状态”（end state）。在给定句子进行候选词匹配运算时，可以按照编译原理中的超长匹配方法，把经过的每一个状态均构成一个候选词，于是，当采用基于树形结构的词典时，利用词典生成词候选的过程则如同有限状态自动机识别的过程。

通过 Trie 树，以任何字开始进行词候选搜索的过程就变为与树各个分支匹配的过程，当到达一个终节点时就形成一个候选词。因此在分词中存在两种典型的应用方式：一是寻找最长匹配词；二是找出匹配过程中途经的所有候选词。

1.2.2 正向最大匹配分词

正向最大匹配分词属于有词典的基于规则分词算法，它是从指定字开始寻找最长匹配词，当找到最长匹配词之后，再接着寻找下一个最长匹配词，依次循环，直到找到最后一个词，完成整个句子的分词工作。例如，“他们是社会党党员”，按照正向最大匹配分词算法，首先从“他”字开始，查找词典的最长匹配词是“他们”，再从“是”字开始，只有“是”作为一个词，然后从“社”字开始，参考图1.2，向后逐字匹配，找到最长匹配词“社会党党员”。于是分词的结果为“他们/是/社会党党员”。本例中，在进行“社”字开始的最长词匹配中，虽然途经“社会”“社会党”，但是仍然没有“社会党党员”字串长，所以按照最大匹配原则，长匹配字串优先，可将“社会党党员”划分为一个词。

正向最大匹配分词的过程就是从句子开头去匹配最长词，然后从接下来的字去匹配最长词，依次寻找，找到全部词。分词中需要假设单个字也是词，因此对于在词典中不存在词的字，假设这个字本身就是一个词。

单纯的正向最大匹配分词方法具有较高的性能，虽然没有统计分词性能高，但通常也能满足较多文本分析与文本挖掘任务的需求。但就分词技术本身来看，该方法主要面临两个问题。第一个问题是有些词切分得不准确，例如，“市场中国有企业才能发展”切分为“市场/中国/有/企业/才能/发展”，显然，出现了“中国/有”切分错误，“才能”应该是“才/能”。这类错误通常需要结合上下文环境进行分词歧义消解。第二个问题是词典中没有的词无法按照词划分出来，词典中没有的词称作未登录词或称作未知词。未登录词识别是各种分词方法所面临的一个重要问题。对于未登录词再进一步划分，可分为仿词（factoid word）、命名实体（named entity）和新词（new word）。对于仿词可以采用1.3节的处理方法来识别，对于命名实体可以采用第3章的方法进一步处理，而对于新词的识别可以通过新词识别技术以及基于文本上下文环境下的方差评价的方法进行处理。

1.2.3 反向最大匹配分词

反向最大匹配分词属于基于规则的分词算法，它对一个句子从后向前进行最长词匹配，逐一确定每个最长匹配词。可见反向最大匹配分词是从句子的最后一个字，向句首方向逐一匹配每个词，而正向最大匹配分词是从句首第一个字，向句尾方向逐一匹配每个词。因为反向最大匹配分词是从句子末尾向前匹配，所以相当于对字串进行反向查询，如图 1.2 所示，查询“义主会社”，为此应用在反向最大匹配分词的词典需要构造与图 1.2 相反的索引，这里称作反向词典，如“义主会社”，实验表明该方法相比二分查找技术和哈希表存储有效地提高了分词的效率。如果存在正向词典，很容易编制程序实现字串反转，然后构造反向词典。

对“他们是社会党党员”进行分词，首先利用“员”查找最长匹配词，找到“社会党党员”，再从“是”查找，单独成词，然后从“们”查找，找到“他们”。最后的分词结果为“他们/是/社会党党员”。

大规模分词数据实验评价发现，反向最大匹配分词的切分精确率要比正向最大匹配分词的切分精确率高些。例如，对于“市场中国有企业才能发展”切分为“市场/中/国有/企业/才能/发展”，其中“中/国有”切分正确，而“才能”切分错误，应该是“才/能”。当都采用树形快速索引词典时，词典的插入、查找的时间复杂度均为 $O(N)$，分词速度相同，都属于基于规则的快速分词方法。

正如正向最大匹配分词所面临的困难，反向最大匹配分词也面临着切分歧义（segment ambiguous）和未登录词识别（unknown word identification）问题。这两个问题的典型解决方案也是切分歧义消解方法和仿词识别、命名实体识别以及新词识别技术。

1.3　仿词识别与最少分词技术

1.3.1　基于自动机的仿词识别

仿词主要包括数值词、日期词、时间词等，可以识别的仿词类别如表 1.1 所示。按 1998 年上半年《人民日报》语料库中统计，数值词的分布占语料库词分布的 3.71%，日期词和时间词占语料库词分布的 1.75%。在词法分析中，识别这类词是非常重要的：①仿词变化形式多样，属于未登录词的重要部分；②同一类仿词具有相似作用，识别的意义不仅体现在识别这类词的本身，还可以在语言模型的统计中将其视为一类，从而提高模型的处理能力；③仿词又可看作命名实体识别的一部分，识别不同的仿词还可以为后续语言处理（如句法分析）或直接应用（如自动文摘）提供基础。

表 1.1　仿词类别

仿词类别	包含的词类型	举例
Number	integer，percent，real 等	2910，46.12%，零点五，20.542
Date	date	2004 年 5 月 12 日，2010-05-03

续表

仿词类别	包含的词类型	举例
Time	time	5：15，十点二十分，晚上 6 点
English	English word	Hello，How，are，you
www	website，IP address	http: //www.jiangw.cn；192.168.140.133
Email	Email	jiangw@hit.edu.cn
Phone	phone，fax	＋86-451-86412114；（0451）86412114

仿词可以利用正则表达式（regular expression）来表示，因而可以利用有限状态自动机（finite state automaton，FSA）识别。当给定一个输入符号（input symbol）和当前状态（current state）时，确定性有限状态自动机（deterministic FSA，DFA）仅有唯一的下一个状态（next state），因而它是非常有效的。然而，人们更习惯于书写非确定性有限状态自动机（non-deterministic FSA，NFA）规则。NFA 允许几个下一个状态对应给定一个输入符号和当前状态。每一个 NFA 有一个等价的 DFA，于是借鉴自动机的方法是制作一个编译器（称为 ELUSLex），用 ELUSLex 将 ELUSLex 元规则（表 1.2）编译为一个 DFA。

表 1.2　ELUSLex 元规则描述方式举例

<table>
<tr><td><digit>->[0..9]||[0..9]；//define Arabic numerals</td></tr>
<tr><td><integer>:: = {<digit> + }；//define Arabic Integer</td></tr>
<tr><td><real>:: = <integer>(.|．|•|点)<integer>；//define float</td></tr>
<tr><td><day>-><integer>日；//define day</td></tr>
<tr><td><month>-><integer>月；//define month</td></tr>
<tr><td><year>-><digit><integer>年；//define year</td></tr>
<tr><td><date>:: = <year><month><day>；//define date</td></tr>
</table>

ELUSLex 主要用于识别仿词，所以表 1.2 中的 ELUSLex 脚本元规则并非用于产生语言，而是用于识别关键词，例如，虽然“<month>-><integer>月”可以识别“13 月”，但现实文本很少出现这种情况，此外也可以通过“<month>-> [1..9]月||[1..9]月｜1[0..2]月|1[0..2]月”来定义更符合“1 月到 12 月”的 ELUSLex 脚本。本书定义的 ELUSLex 编译器从以下三方面增强规则的描述能力。

（1）允许的元规则描述：<Non-terminator>，terminator，{Loop block}，{Loop block + }，{Loop block*}，[Range block]（e.g. [a..z]、["a".."z"]），|，（Optional block），（Optional block + ），（Optional block *）。

（2）转义表达：元规则中的符号在表示终结符时，可以使用双引号括起来的方式来表达，如“（”“|”“）”。

（3）产生式类型：“->”用于表示临时规则，不被识别。临时规则便于后续规则的描述。“:: = ”定义可识别的规则，是识别仿词时使用的规则。

ELUSLex 元规则方式存在如下优点：①易于表示多种需识别的仿词类型；②便于定义、识别不同仿词类型，如问答系统中需要详细定义各种电话的识别规则；③可以根据实际的识别需要，通过简单地修改规则来完成不同仿词的定义。例如，在 Sighan 2005 评测中，ELUSLex 编译器方便地实现不同的仿词定义标准，包括北京大学、微软亚洲研究院、香港城市大学和台湾“中央研究院”标准。

1.3.2　仿词识别规则举例

表 1.3 给出了北京大学语料库中的仿词对应的 ELUSLex 脚本元规则。

表 1.3　ELUSLex 脚本元规则举例

<table>
<tr><th>规则</th><th>举例</th></tr>
<tr><td>基本规则</td><td><quan_jiao_digit>->[０ … ９]；
<ban_jiao_digit>->[0..9]；
<chinese_digit>->零|一|二|三|四|五|六|七|八|九|十|○；
<十百千万>->十|百|千|万|亿|十万|百万|千万|百亿|千亿|万亿；
<letter_lower>->[a..z] | [ａ … ｚ]；
<letter_upper>->[A..Z] | [Ａ … Ｚ]；
<digit>-><ban_jiao_digit>|<quan_jiao_digit>；
<letter>-><letter_lower>|<letter_upper>；
<cn_integer>->{<chinese_digit><十百千万>（零*）*}{<chinese_digit> + }；
<en_integer>->{<digit> + }；
<en_real_or_integer>-><en_integer>|<en_integer>（.|．|•|点）<en_integer>；
<base_integer>-><en_integer>|<cn_integer>；</td></tr>
<tr><td>数值规则</td><td><real>:: = <en_real_or_integer>（＋|-|*|/|＋|－|＊|/|×）<en_real_or_integer>；
<integer>:: = <base_integer>；
<real>:: = <en_integer>（.|．|•）<en_integer>|<cn_integer>（．|•|点）<cn_integer>；
<real>:: = <integer>分之<integer>|<integer>分之<chinese_digit>；
<real>:: = <real>（％|%|‰）；
<real>:: = <integer>（％|%|‰）；
<integer>:: = <base_integer>几；
<real>:: = <real><十百千万>；
<real>:: = （百|千）分之（<real>|<integer>）；
<orderinteger>:: = 第<integer>|第"（"<integer>"）"；
<integer>:: = 几（十*）<十百千万>；
<integer>:: = 两（<十百千万>）（<base_integer>*）；
<integer>:: = <base_integer><十百千万>；</td></tr>
<tr><td>短整型</td><td><short_digit>-><digit>|<digit><digit>；
<short_chinese_digit>-><chinese_digit>|<chinese_digit><chinese_digit>|<chinese_digit><chinese_digit><chinese_digit>；
<short_integer>-><short_digit>|<short_chinese_digit>；</td></tr>
</table>

续表

<table>
<tr><th>规则</th><th>举例</th></tr>
<tr><td>时间日期</td><td><月 suffix>->份；
<日>-><short_integer>日；
<月>-><short_integer>月（<月 suffix>*）；
<年>-><digit>{<digit> + }年；
<年>-><chinese_digit>{<chinese_digit> + }年；
<date>:: = <年>|<月>|<日>；
<time>:: = <short_integer>:<short_integer>:<short_integer>；
<time>:: = <short_integer>（时|点|点钟）；
<time>:: = <short_integer>分；
<time>:: = <short_integer>（秒）；</td></tr>
<tr><td>其他识别规则</td><td><bili>:: = <en_real_or_integer>（：|:|:）<en_real_or_integer>；
<englishword>:: = <letter>{<letter>|<digit>|—|/*}；
<IP>:: = <integer>.<integer>.<integer>.<integer>；
<www>:: = http: //<englishword>{.<englishword>}；</td></tr>
</table>

需要说明的是：①元规则按从前到后嵌套使用；语法中保留的特殊字符，如果作为终结符，必须使用双引号括起来。②允许元规则语法结构：＜非终结符＞、终结符、{循环块}、{循环 + }、{循环*}、[a..z]、["a".."z"]、|、(括号块)、(括号 +)、(括号*)。③利用“-＞”定义临时产生式，其不被识别；利用“:: =”定义需识别的产生式。

1.3.3　基于词网格的最少分词技术

词网格（word lattices）是一种形象地描述一个待分词语句与其所形成的全部候选词构成的路径的方法。图 1.3 和图 1.4 是两个句子对应的词网格，最上面一行代表单个字构成的词形成的一个路径，下面对应着多个字串形成的词候选。在依据给定的句子构建词网格时，快速索引词典有助于高效率判别指定字连续字串是否是候选词，从而快速生成词网格。

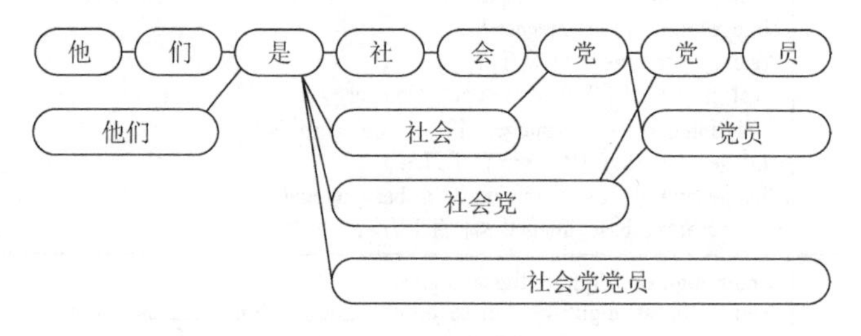

图 1.3　词网格举例

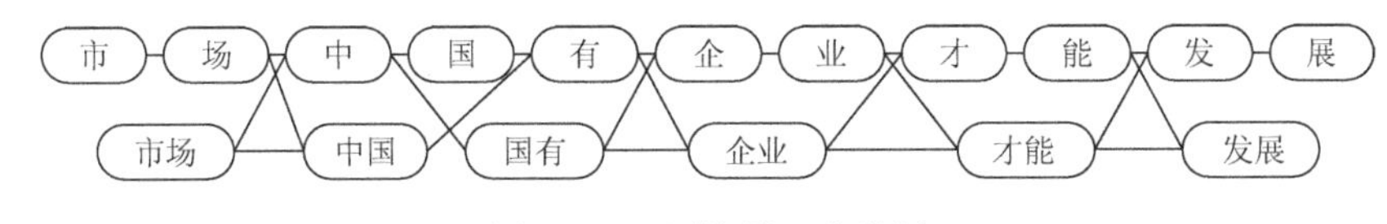

图 1.4　词网格另一个举例

按照词网格，一个句子可能存在许多可以划分的方法，对应着若干路径。路径是各个节点的有效连接，即连接后各节点形成的字串就是原来的句子。如果句子长，候选词非常多，词网格就变得更加复杂，会生成大量的路径。当构造词网格后，分词问题就变成寻找一个最佳路径的问题。如何评价各个路径并找出最佳路径则是基于词网格分词的主要任务。

基于词网格的最少分词技术属于一种基于规则的分词方法，其规则就是在各候选路径中寻找节点数最少的路径，即切分后的词最少。例如，图 1.3 中，按照路径上节点数最少规则，则分词为“他们/是/社会党党员”。

基于词网格的最少分词技术中单纯依赖路径上节点数最少这一规则，有时存在问题，因为具有最少节点的路径存在多个，所以按照这一规则可能存在多个满足条件的路径，如图 1.4 的词网格所示，“市场/中/国有/企业/才能/发展”和“市场/中国/有/企业/才能/发展”都是节点最少的路径，虽然人工判别认为前者划分更合理些，但按照最少分词规则无法判别哪一个最合理，实际上，这两种切分都存在问题，因为“才能”在本语句中并不代表着一个词，而是需要划分为“才/能”。这一问题需要使用 1.4 节的统计分词技术解决。

基于词网格的最少分词技术的分词精确率通常略优于反向最大匹配分词，然而仍面临着一些词切分不准确的问题，如图 1.4 中的“才能”，此外也面临着未登录词识别问题。对于未登录词的识别也通常使用与正向最大匹配分词和反向最大匹配分词相同的解决方案，即划分为仿词、命名实体和新词，然后采用相应的识别技术分别处理。

1.4　基于词网格的 N-gram 统计分词技术

1.4.1　N-gram 模型

在统计语言模型中，自然语言看作一个随机过程，其中每一个语言单位包括字、词、句子、段落和篇章等都看作有一定概率分布的随机变量。为计算一个自然语言句子 S 的概率值 $P(S)$，假定 S 由最小的结构单位词 $w_1, w_2, \cdots, w_n$ 组成，直接计算 $P(S)$ 将很困难，通常利用离散概率的乘法定律将 $P(S)$ 分解为条件概率的乘积，即

$$P(S)=P(w_1,w_2,\cdots,w_n)=\prod_{i=1}^{n}P(w_i\mid h_i) \tag{1.1}$$

式中，$h_i \stackrel{\text{def}}{=} \{w_1,w_2,\cdots,w_{i-1},w_{i+1},\cdots,w_{n-1},w_n\}$ 称为 w_i 的上下文。实际应用中，当前词 w_i 只和前面若干个词相关，同时由于统计语言模型特有的数据稀疏问题，通常只考虑一定范围内的上下文。

N-gram 模型实质是 N–1 阶马尔可夫模型，如式（1.2）所示，N-gram 模型利用马尔可夫过程中时间不变（time invariant）特性和水平有限（limited horizon）特性减少参数估计的维数：

$$P(w_i\mid h_i)=P(w_i\mid w_{i-n+1},w_{i-n+2},\cdots,w_{i-1}) \tag{1.2}$$

模型中 n 值要考虑估计中有效性和描述能力的折中。n 值越大，描述能力越强，但是估计的有效性越差。N-gram 模型有两个主要的问题：第一，模型的参数空间随着 n 值呈指数型增长，因为存储空间有限，极大地限制了 n 值，所以常用的 N-gram 模型是 Bi-gram 模型和 Tri-gram 模型。过小的 n 值使得模型不能包含长距离的词法信息，而这种信息在语言现象中是广泛存在的。第二，即使 Tri-gram 模型可以解决存储空间的问题，但由于自然语言遵循 Zipf 定律，面临数据稀疏问题，大量的语言现象不能出现在训练语料中。数据稀疏问题导致不能准确地预测某些小概率语言现象，更为严重的是，训练语料中未见的事件所带来的零概率问题会使整个 N-gram 模型不能通过动态规划算法来进行全局路径寻优。

上述两个问题目前都由相应的技术手段加以克服，虽取得一定效果，但不能完全解决。针对 N-gram 模型 n 的取值通常较小的问题，一种典型的解决方法是对于经常切分错误的切分歧义，通过引入更多的上下文进行切分方式判别，对于"中国/有"和"中/国有"、"才能"和"才/能"等都可以通过前后若干个词或者再增加长距离特征进行切分方式分类。例如，统计发现触发对(trigger-pair)"只有……才"经常搭配，那么将来看到"只有"，将增加"才"单独作为词的可能性。关于触发对的收集方法在第 2 章和第 3 章阐述。针对零概率问题，通常采用概率平滑的方法，在 1.5 节阐述。

1.4.2　基于词网格的 N-gram 分词

从实用化角度来看，分词作为许多任务的最基本过程，需要具备较高的处理效率。本章采用 Tri-gram 模型作为分词的基本处理模型，该模型基于马尔可夫条件假设，以词作为基本特征，兼顾分词精确性和分词切分效率。

图 1.5 是中文分词的整体构成，其中命名实体识别模块将在第 3 章阐述，歧义消解模块将在第 4 章阐述。1.3.2 节中说明了词网格的构造方法，词网格是一

种有效地表示语句各种候选切分的方法，特别是每一条路径都能代表一种可能的切分。

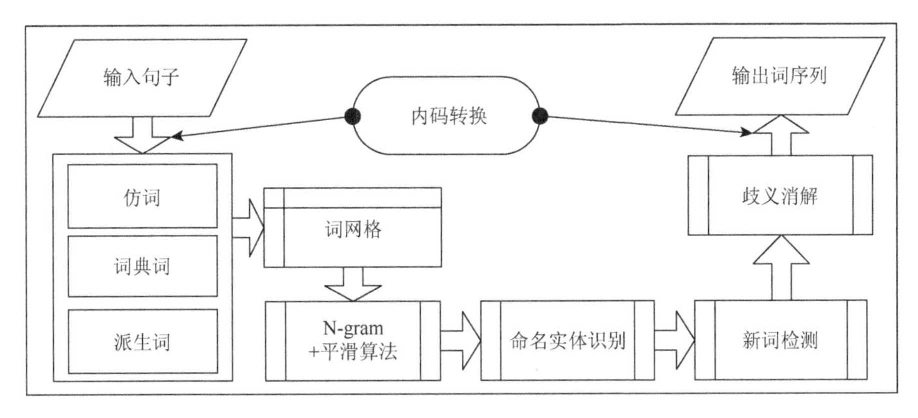

图 1.5　中文分词构成

Bi-gram 模型就是一阶马尔可夫模型，其在计算路径评价值时，要假设当前词 w_i 的转换概率计算只受到前一个词的影响，即 $P(w_i \mid w_{i-n+1}, w_{i-n+2}, \cdots, w_{i-1}) = P(w_i \mid w_{i-1})$。按照式（1.1）和式（1.2）以及一阶马尔可夫假设，可以计算对于一个切分 S 的概率 $P(S)$，即

$$P(S) = \prod_{i=1}^{n} P(w_i \mid w_{i-1}) \tag{1.3}$$

式中，w_0 为一个虚拟的头部“#shead#”；w_1 为 S 切分的第一个词；n 为 S 切分的词的总数。通过增加虚拟的头部词“#shead#”，便于式（1.3）在编程时采用循环语句实现计算过程。

如果每个概率都很小，那么许多很小的概率进行累乘计算将不利于计算机编程实现，尤其考虑到计算机程序在计算时可能出现舍入误差，多次计算后的累积误差可能很大，会严重影响路径评价值的准确计算。在编程实现时，常将式(1.3)的两侧取对数 log( )，可以使用自然对数或者以 2 为底的对数，也可以使用其他对数（本书取自然对数）。通过对数进行变换，式（1.3）可以表示为

$$\log P(S) = \sum_{i=1}^{n} \log P(w_i \mid w_{i-1}) \tag{1.4}$$

因为 log( )函数是单调递增函数，所以原有基于路径评价值进行排序的方式，仍然可以基于路径评价值求对数而获得新的路径评价值，再利用这些值进行排序。路径评价值只是路径性能的一种度量，可以采用不同的度量，如概率值、取对数变换的概率值，甚至有其他可以衡量路径优劣的度量。如果采用枚举法（穷举法）

对所有可能的候选路径按照式（1.4）计算后，对各候选切分方式进行排序，挑选具有最大路径切分概率（或概率的对数）所对应的切分就是最佳切分。

当使用 Bi-gram 模型以及构建基于类的词网格过程时，如果以词的类别代替词本身，即词典词类别是其本身，仿词类别为仿词的类型，那么在 Bi-gram 模型中，设 $S = w_1, w_2, \cdots, w_n$ 代表词某一个切分的词类序列，最佳序列 w^* 可以表示为

$$w^* = \arg\max_S P(S) = \arg\max \prod_{i=1}^{n} P(w_i \mid w_{i-1}) \tag{1.5}$$

式中，w_0 为句子额外附加的头节点“#shead#”。如果仍然使用 log( )方式进行计算，则式（1.5）可以修改为

$$w^* = \arg\max_S \log P(S) = \arg\max \sum_{i=1}^{n} \log P(w_i \mid w_{i-1}) \tag{1.6}$$

以图 1.3 为例，所有可能的路径如表 1.4 所示，共包括 14 个路径，代表着 14 种可能的切分情况。所有可能的切分情况形成求解空间。

表 1.4 候选分词路径列表

序号	候选分词路径	序号	候选分词路径
1	他/们/是/社/会/党/党/员	8	他们/是/社/会/党/党/员
2	他/们/是/社/会/党/党员	9	他们/是/社/会/党/党员
3	他/们/是/社会/党/党/员	10	他们/是/社会/党/党/员
4	他/们/是/社会/党/党员	11	他们/是/社会/党/党员
5	他/们/是/社会党/党/员	12	他们/是/社会党/党/员
6	他/们/是/社会党/党员	13	他们/是/社会党/党员
7	他/们/是/社会党党员	14	他们/是/社会党党员

使用 Bi-gram 模型按照式（1.5）或式（1.6）可以计算求解空间中的每个候选切分路径评价值，并获得最佳的切分，将其视作分词结果。以序号 13 为例，需要计算式（1.7）。

$$\begin{aligned} \log P(S^{13}) = & \log P(\text{他们} \mid \text{\#shead\#}) + \log P(\text{是} \mid \text{他们}) \\ & + \log P(\text{社会党} \mid \text{是}) + \log P(\text{党员} \mid \text{社会党}) \end{aligned} \tag{1.7}$$

参照式（1.7），需要计算所有其他切分的 log( )值，获得全部的 $\log P(S^1)$～$\log P(S^{14})$ 值，然后挑选一个最大值，其对应的切分即最佳分词方案。

同样道理，可以使用 Tri-gram 模型构建基于词网格的分词模型。Tri-gram 模型是二阶马尔可夫模型，其假设当前词 w_i 的转换概率计算受到前两个词的影响，即 $P(w_i \mid w_{i-n+1}, w_{i-n+2}, \cdots, w_{i-1}) = P(w_i \mid w_{i-2}, w_{i-1})$。基于二阶马尔可夫假设，可以

构造分词模型如式（1.8）所示。同样，可根据式（1.9）变换为 log( )函数形式，如式（1.10）所示。

$$w^* = \arg\max_S P(S) = \arg\max \prod_{i=1}^{n} P(w_i \mid w_{i-2}, w_{i-1}) \tag{1.8}$$

$$\log P(S) = \sum_{i=1}^{n} \log P(w_i \mid w_{i-2}, w_{i-1}) \tag{1.9}$$

$$w^* = \arg\max_S \log P(S) = \arg\max \sum_{i=1}^{n} \log P(w_i \mid w_{i-2}, w_{i-1}) \tag{1.10}$$

在式（1.8）～式（1.10）中，w_{-1} 和 w_0 为句子额外附加的两个头节点，可以用“#shead#”来表示。在统计时，可以对训练语料的每个句子也默认增加这两个头节点，再进行 Bi-gram 模型或 Tri-gram 模型频次的统计。

相比 Bi-gram 模型，Tri-gram 模型存在三个显著特点：①假设一个词的切分受前两个词的约束，即满足二阶马尔可夫假设，由此描述的语言信息内容更丰富些，性能往往更好；②数据稀疏问题更严重，需要统计相连的三个词、相连的两个词以及单个词的词频信息，并且为了准确地进行条件概率估计，需要使用数据平滑算法克服更严重的数据稀疏问题；③计算量和存储空间更大，可以分析图 1.3 事例，虽然 Tri-gram 模型的候选路径与 Bi-gram 模型相同，但是因为需要计算受前面两个词影响的条件概率，所以计算量大，而系统需要存储连续三个词共现频率，存储空间也变大。

词网格用于列举所有候选词，从而可以枚举出所有可能的切分序列。在 1.3 节中已说明，从语法角度，同一类型的仿词通常具有相同或相似的作用，可视为同一类词，在构建词网格时，利用该词的类型作为生成词的候选，如图 1.6 所示。

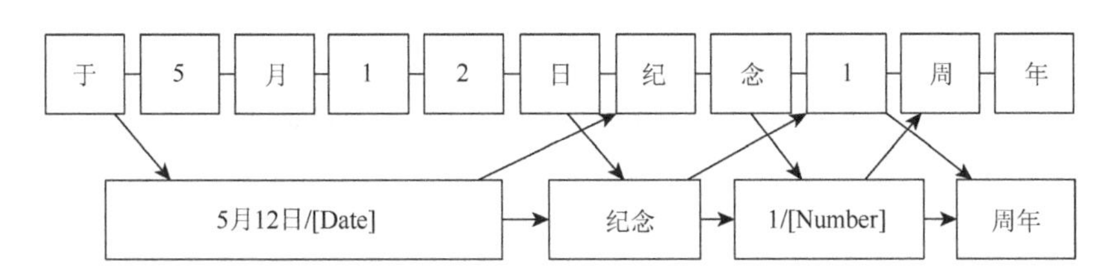

图 1.6　基于类的词网格构建过程

1.4.3　分词中的 Viterbi 求解算法

在对给定语句构建词网格之后，就可以进行求解，即对求解空间中的各候选切分路径进行评价，寻找最佳切分路径。存在多种求解算法，可分为全局最优求解算法和局部最优求解算法，局部最优求解算法也称作近似求解算法。

枚举法是典型的全局最优求解算法，如果词网格构造后求解空间不大，则可以使用枚举法。枚举法就是对每一个候选路径都计算评价，然后挑选出最优的路径。如果分词需求对于分词速度要求不高，可以使用枚举法。此外，枚举法属于全局最优求解算法，还可以用作对其他算法的评价。

Viterbi 求解算法是一种典型的近似求解算法，属于动态优化算法，该算法不能保证一定找到全局最优路径，但通常都能获得满意解。Viterbi 求解算法采用阶段性寻优策略，按照步骤找到每一步的最优，然后继续下一步寻优。图 1.7 展示了 Viterbi 求解算法的示意图。

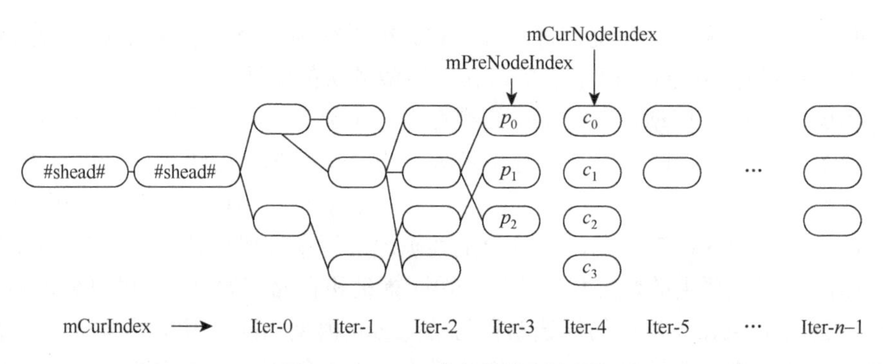

图 1.7　Viterbi 求解算法示意图

应用 Viterbi 求解算法进行分词的总体过程为：①进行词网格构建；②应用 Viterbi 求解算法进行求解，其中如果是 Bi-gram 模型，使用式（1.4）计算路径评价值，如果是 Tri-gram 模型，使用式（1.9）计算路径评价值；③标记到最后一个节点时，就可以挑出最佳路径，然后进行反向路径追踪，获取当前最佳路径上的各个节点。

图 1.7 是一个词网格示意图，在该图中，mCurIndex 变量代表当前迭代阶段，它从第一个节点开始，逐一迭代，直到最后一个节点，假设句子长度[①]为 n，则对应着示意图中的 Iter-0～Iter-n–1。为了便于 Bi-gram 模型和 Tri-gram 模型的计算，每次用 Viterbi 求解算法计算时，假设前面隐含头部“#shead#”。

这里以 Bi-gram 模型为例讲解求解过程。现在假设已经计算到了 Iter-4 的位置，具体计算工作过程如下：①找到当前位置的前一个位置，即 Iter-3。②对于 Iter-4 列中的所有可能节点（图中对应着 c_0、c_1、c_2 和 c_3 共 4 个节点），依次计算每个节点连接到 Iter-3 中的哪个节点最合适。在 Bi-gram 模型中，以 c_0 为例，需要按照式（1.4）计算 c_0 与 p_0 连接时的 p_0 对应的前方路径连接 c_0 后的总 log( )值，再计算

① 注意，如图 1.6 所示，采用词类技术，例如，“5 月 12 日/[Date]”看作一个节点，理解为一个字。

c_0与p_1连接时的p_1对应的前方路径连接c_0后的log( )值，同样再计算c_0与p_2连接时的p_2对应的前方路径连接c_0后的log( )值。计算完毕后，选择一个路径log( )值最大的前序节点，可能是p_0或p_1或p_2，然后标记其为c_0的前序节点。找到c_0的前序节点之后，还需要使用同样的计算，找到c_1、c_2和c_3各自的前序节点。③这样对于Iter-4上的每个节点都按照Bi-gram模型对应的式（1.4）来评价找到对应的前序节点。至此，Iter-4之前的每个节点都有唯一的前序节点。

计算完Iter-4之后，mCurIndex需要后移到Iter-5，再重复前面的计算过程，为Iter-5上的每个节点在Iter-4上找到唯一的前序节点。当Iter-5完毕后，mCurIndex继续后移，直到Iter-n–1上的每个节点寻找到在Iter-n–2上的前序节点，这样就完成了整个标记工作。

对Viterbi求解算法进行分析可发现几个特点：①每个节点都有唯一的前序节点，但某些节点可能有一个或多个后续节点或者没有后续节点。这一特点一方面为反向追踪标记路径提供基础，另一方面说明Viterbi求解算法并不是枚举全部候选路径寻找最优，因此是一种动态规划求解过程，属于近似求解算法。②Viterbi求解算法中在后面节点寻找前序节点过程中，对于已经标记前序节点的路径不再修改，因此属于局部寻优。程序1.1给出本书系统中的一段采用Bi-gram模型的求解程序，供分析参考。需要注意的是，该程序中使用“fNodeValue=–log（temp）；”，因为取负号，所以转换为求最小值。

程序1.1 一个C++语言编写的Viterbi内核代码演示

```
void HitJw::CStatSeg::SearchWordLatticeBi(int nSenLength)
{    //Jiang Wei 2004 12 01。该函数采用词网格的绝对索引完成搜索过程。当然可以使用相对索引，
或者使用词网格提供的方法
    int nWordID1, nWordID2;
    double fNodeValue;

    for (int mCurIndex = 0; mCurIndex<nSenLength; mCurIndex + + )
    {
        //第一步，获得当前列索引和前一列的索引
        vector<CLIENT_WORDLATTICE_POSITION>mCurPosList = SegWordLattice.GetCurrent
ColummWordPositionList (mCurIndex);
        vector<CLIENT_WORDLATTICE_POSITION>mPrePosList = SegWordLattice.GetPreNode
PositionList(mCurIndex);
        for(int    mCurNodeIndex = 0   ;    mCurNodeIndex    <    mCurPosList.size()    ;
mCurNodeIndex + + )
        {
            WORD_NODE<VERTIBI_ATTACH>& mNode = SegWordLattice.GetNode(mCurPosList
[mCurNodeIndex]);  //当前词的节点
            //找到向前搜索的范围
            bool mInitFlag = false;     //add by jiang wei 2004 04 22, 标记第一次没有赋值

            for(int     mPreNodeIndex = 0    ;     mPreNodeIndex<mPrePosList.size()     ;
mPreNodeIndex + + )
            {
```

```
            WORD_NODE<VERTIBI_ATTACH>& mPreNode=SegWordLattice.GetNode(mPrePosList
[mPreNodeIndex]);
            nWordID1 = mPreNode.WordID;
            nWordID2 = mNode.WordID;
            double temp = m_StatWord.GetBiWordSmoothConditionProbility (nWordID1,
nWordID2);
            fNodeValue = -log(temp);
            fNodeValue = mPreNode.Value + fNodeValue;
            if((mInitFlag = = false)||(fNodeValue<mNode.Value))
            {
               mInitFlag = true;       //开关变量，目的：首次初始化!
               mNode.Value = fNodeValue;
               mNode.Attach.PreWordPostion = mPrePosList[mPreNodeIndex];    //因为
采用相对坐标存储结果，所以需要-2
            }
         }
      }
   }
}
```

如果使用 Tri-gram 模型，其工作过程类似 Bi-gram 模型，仍然可用图 1.7 来表示，是一个分阶段动态规划求解过程，区别在于对于寻找前序节点的计算，不再使用 Bi-gram 模型中对应的式（1.4）进行评价，而改为使用式（1.9）进行计算，这时需要适当修改程序。

1.5 数据平滑与专业词抽取

1.5.1 数据平滑算法

一般来说，在自然语言处理、文本分析与文本挖掘中较多的研究内容都需要特别注意两个总原则：一是数据样本尽量贴近实际应用场合的数据分布；二是训练语料和测试语料满足独立同分布（i.i.d.）。

关于第一个原则“数据样本尽量贴近实际应用场合的数据分布”，是用来强调数据收集时需要注意采集样本的均衡性，特别是对于概率模型来说，更强调数据应该符合实际应用场合时的统计特性。如果采集的样本与实际应用时的分布差别较大，那么将会较大地影响概率等统计参数，从而导致模型参数不准确。数据收集时应强调数据的代表性，强调数据样本尽可能贴近实际应用时的数据分布。

关于第二个原则“训练语料和测试语料满足独立同分布（i.i.d.）”，是用来强调使用有监督学习模型时，模型训练和模型测试的数据集应满足独立同分布，以使得具有一致的语言特征，从而保证数据对模型性能检验的有效性。

自然语言的复杂性导致训练语料难以收集全部的语言现象。一些高频语言现象会经常出现在训练语料中，而一些低频语言现象则较少地出现在训练语料中，甚至一些频率极低的语言现象根本就没有出现在训练语料中，称为数据稀疏问题。数据稀疏问题是应用自然语言训练语料时必须要采取措施加以克服的问题，但很难完全解决。数据稀疏问题给语言模型带来很大障碍，出现一些语言现象无法统计或者一些语言现象统计不准确的情况。高频语言现象统计相对准确，这是因为高频语言现象出现的基数大，少量的数据偏差影响不大。对于低频的语言现象，偶然性对于参数统计（如概率）的影响较大，微小的频次偶然性都可能会导致概率估计产生较大的偏差，称为低频概率问题。因为语料库具有有限性，无法完全包括自然语言现象，所以出现某些语言现象无法统计的问题，称为零概率问题。自然语言训练语料中进行对象的概率统计时，零概率问题和低频概率问题是不容忽视的两个问题。虽然有些非概率模型，如支持向量机（support vector machine，SVM）中不采用概率估计，但低频语言现象和零出现的语言现象仍然会影响模型的性能，虽然称呼不十分严谨，但这里仍视作低频概率问题和零概率问题，在具体模型构建过程中也需要仔细设计以克服数据稀疏问题带来的影响。

自然语言现象非常复杂，有些语言现象没有完全包含在训练语料中，而没有包含的一些语言现象仍然是存在的而且是合理的。基于这样的理由，不应该将训练语料中未出现的统计数据简单地视作零，而设置一个小概率似乎更合理。显然收集更大规模的语料库是一种有效克服数据稀疏问题的方法，但许多自然语言现象符合 Zipf 定律，呈现出长尾现象，该现象说明即使收集非常大的语料，也仍会存在未出现的语言现象表现出零概率问题，也会存在低频语言呈现出较大的偶然性现象，表现出低频概率问题。

零概率问题不容忽视，例如，分词计算中，当按照式（1.3）计算合成值时，如果某一项概率为零，将会导致整个路径评价值为零。这似乎并不合理，不能因为个别语言现象未在训练语料库中出现，就否定了路径上其他概率的作用，导致整个路径无法计算。

低频概率问题也值得注意，一些出现频次非常低的语言现象统计也不是很准确，例如，在总计 10 000 次的对象统计中，某一个统计对象出现 1 次，而另一个统计对象出现 2 次。按照数学计算，前者概率为 1/10 000，后者概率为 2/10 000，后者是前者概率的 2 倍。而因为语料库收集的语言不足够大，所以一些低频语言现象出现的偶然性更大，低频对象的概率估计存在偏差的可能性更大，有时并不一定后者是前者的 2 倍，也许概率并不一定大很多，而是因为偶然性，只有少量的变化，却造成概率成倍地增加。

零概率问题和低频概率问题的解决方法都值得深入探索。具体的解决方法与处理的语言问题和所建立的模型有关。一些典型的通用解决方案包括：①收集更大规模的训练语料，期望能囊括更多的语言现象；②通过赋予一个较小的值避免零概率出现，起到为低频数据按照规则作变换或降低低频统计的作用；③采用 Laplace 的加 1 平滑方法（Laplace 平滑，又称 Laplace 法则），即为每一个统计对象的频数加 1，这样不会出现零概率，也同样总体上降低了低频概率的偶然性；④采用 Lidstone 的加λ平滑方法（$\lambda>0$）（Lidstone 平滑，又称 Lidstone 法则），如果$\lambda=1$就是 Laplace 平滑；⑤采用扣留平滑方法，即适当降低频数高的语言对象统计值，并将其增加在频数低的语言对象统计值上；⑥采用插值方法，当高阶语言特征统计数低或是零时，利用低阶统计数据插值的方法计算。这是由于高级语言特征的数据稀疏问题相比低阶语言特征更为严重，如 Tri-gram 模型中三个连续词的稀疏性比 Bi-gram 模型中的两个连续词的稀疏性更严重。

对于 N-gram 模型中的零概率问题，通常采用平滑算法来解决。其主要的思想是从已见的事件中折扣出一小部分概率，然后将折扣出的概率采用回退或插值的方式分给未见过的事件。平滑算法主要有：Good 引用 Turing 方法提出的 Good-Turing 平滑算法，因为缺乏利用低阶模型对高阶模型进行回退或插值的思想，所以它一般不单独使用，多用于其他平滑算法中进行概率的折扣。Jelinek 和 Mercer 提出的一种基于线性折扣的 Jelinek-Mercer 平滑算法，采用 Baum-Welch 算法计算相关的折扣系数，然后采用插值的方法与低阶的分布模型进行融合。Katz 提出的平滑算法首先采用 Good-Turing 平滑算法进行概率的折扣，然后采用回退的方法与低阶的分布模型进行融合。Witten-Bell 平滑算法由 Bell 和 Witten 提出，可以看成 Jelinek-Mercer 平滑算法的一个特例，所不同的是插值系数根据高阶参数后面跟随的不同词的个数而计算。绝对折扣（absolute discount，ABS）平滑算法由 Kneser 和 Ney 在 1994 年提出，通过减去固定的值进行概率的折扣，无论大概率事件还是小概率事件都折扣出相同的值，所以称为绝对折扣平滑算法。1995 年 Kneser 和 Ney 对绝对折扣平滑算法做了相应的改进，提出了 Kneser-Ney 平滑算法。

下面介绍绝对折扣平滑算法。对于图 1.6 的词网格分词，若直接应用 Tri-gram 模型可能会存在数据稀疏问题。这里假设训练语料库未出现“[Date]纪念[Number]”，那么按照极大似然估计（maximum likelihood estimation，MLE），P([Number]|[Date]，纪念) = 0，此时无法计算路径评价值。对此，基于高阶模型通常具有更好的描述精确率，但是更加稀疏，而低阶模型具有较差的描述精确率，却存在较少的数据稀疏问题的假设，可以运用插值或者回退平滑算法，结合高低阶模型的优点来克服数据稀疏问题。本节采用绝对折扣平滑算法，即

$$N_{1+}(w_{i-n+1}^{i-1}\bullet)=|\{w_i:c(w_{i-n+1}^{i-1}w_i)>0\}| \tag{1.11}$$

式中，$\bullet$为任意变量，$c(\,)$为计数函数。此时转换概率为

$$P(w_i \mid w_{i-n+1}^{i-1}) = \frac{\max\{c(w_{i-n+1}^{i}) - D, 0\}}{\sum_{w_i} c(w_{i-n+1}^{i})} + \frac{D}{\sum_{w_i} c(w_{i-n+1}^{i})} N_{1+}(w_{i-n+1}^{i-1}\bullet) P(w_i \mid w_{i-n+2}^{i-1}) \tag{1.12}$$

因为采用 Tri-gram 模型，所以 n 的最大取值为 3。参数 D 是折扣（discount）参数，用于对每个非零计数进行折扣，D 可通过训练语料上的删除算法来估计：

$$D = \frac{n_1}{n_1 + 2n_2} \tag{1.13}$$

式中，n_1 与 n_2 为语料库中同现次数分别为 1 次与 2 次的对象个数。

1.5.2　专业词典抽取与新词发现

专业词典的抽取在分词系统和一些文本分析中都很重要，如准确获取某领域常用词汇对于领域问题分析有着重要作用。在词网格分词技术中，词典是重要的基础资源。在实际应用中，本书将词典划分为通用词典和专业词典。通用词典是根据现有多个词库汇总后，再按照大规模平衡语料统计选出，如《人民日报》语料。相比专业词，通用词主要指在日常生活中以及多个领域中常用的词。本书的词法分析系统通过词频以及词的分布情况来选出通用词库，约 6.5 万个词。专业词往往在某一个领域或几个领域内经常出现。领域的划分可根据行业或参照“中图分类法”进行，如金融、计算机、网络、电子工程、生物化学、医学等。这里的领域还可以是用户自己定义的一个范围。

通用词典由已有几个词表以及通过平衡语料进一步扩展获得。图 1.8 给出了要使用的词典抽取流程。其中在抽取专业词时，可以去除其中的通用词，获得专业词候选。

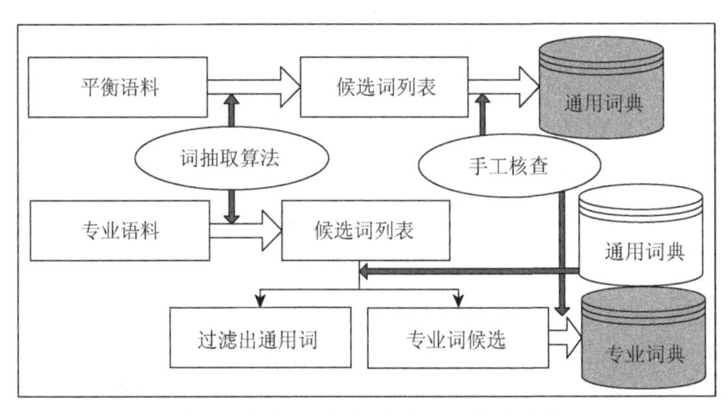

图 1.8　通用词典与专业词典抽取流程

有几种有效的高频词的抽取方法，但因为专业数据往往都是未经过切分的文本，所以本章侧重用无监督抽取高频词的方法来生成专业词典。典型的方法有互信息（mutual information，MI）、平均互信息（average mutual information，AMI）、信息熵（information entropy）。下面阐述信息熵抽取高频词构造专业词典的方法，其他算法与此做法类似。

粗略统计表明，在 9000 个常用词中，单字词占 26.7%，双字词占 69.8%，三字词占 2.7%。因此互信息抽取双字词是很有意义的，而信息熵可以抽取多字词。词内部的汉字结合紧密，而词与两侧的汉字结合比较灵活。信息熵用于衡量词候选与两侧字之间的不确定性（灵活性），其定义为

$$H_l(s) = -\sum_{a \in A} P(s_{la} / s) \log P(s_{la} / s) \tag{1.14}$$

$$H_r(s) = -\sum_{b \in B} P(s_{rb} / s) \log P(s_{rb} / s) \tag{1.15}$$

式中，s 为词候选，A 为 s 左侧字的集合，s_{la} 为由左侧字 a 与 s 构成的串，于是，$H_l(s)$ 为 s 的左信息熵。同理，B 为 s 右侧字的集合，s_{rb} 为由 s 与右侧字 b 构成的串，于是 $H_r(s)$ 为 s 的右信息熵。高频词获取算法可以表示如下。

（1）去除噪声，包括去除仿词、标点符号等，将其标记为空格。

（2）按照指定词长生成词候选 s，如词长分别取 2、3、4。

（3）去除包含停用字的词候选。如停用字表：我（们）、你（们）、他（们）、她（们）、某、该、各、每、这、那、什、哪、么、谁、年、月、日、时、分、秒、几、多、来、在、就、又、很、的、呢、吧、吗、了、么、嘛、哇、儿、哼、啊、嗯、是、着、都、不、和、说、也、看、把、还、个、有、小、到、一、得、地、为、中、于、对、会、之、第、此、或。

（4）在给定的专业语料库上统计 s、s_{la}、s_{rb} 的计数。

（5）按照式（1.14）和式（1.15）计算 $H_l(s)$ 与 $H_r(s)$，s 的评价值可表示为

$$H(s) = \mu H_l(s) + (1-\mu) H_r(s) \tag{1.16}$$

式中，μ 在 0～1，为左侧信息熵的权重，缺省可取值 0.5。

可以按照所有候选词的信息熵大小排序，值越高的候选词具有越大的概率是词。

表 1.5 为信息熵较高的计算机专业词候选，数据来自 2004 年国家 863 评测文本分类语料。当截取信息熵大于 1 的候选词串时，其精确率为 35.7%，为了获得高质量的专业词表，还需进行手工核查。但检查词的工作量并不大，例如，从 8000 个候选中搜集的计算机专业词汇约 2500 个，手工工作量并不大。

表 1.5　抽取的计算机专业词举例

序号	专业词（候选）	信息熵	序号	专业词（候选）	信息熵
1	线程	3.569 56	2	特洛伊木马	3.315 67

续表

序号	专业词（候选）	信息熵	序号	专业词（候选）	信息熵
3	反病毒软件	3.202 63	11	运营商	2.828 66
4	网格	3.059 07	12	端口	2.817 67
5	无线局域网	3.025 98	13	密钥	2.773 26
6	攻击者	3.002 03	14	数据仓库	2.771 48
7	类装入器	2.962 99	15	以太网	2.747 08
8	数据挖掘	2.906 45	16	控制系统	2.737 12
9	解决方案	2.870 41	17	路由器	2.685 95
10	总线	2.840 31	18	网格计算	2.610 36

基于信息熵的领域术语抽取算法实验对“经济”类别数据按照信息熵的大小排序。表1.6给出经济领域的专业术语抽取的部分结果。

表1.6　抽取的经济专业术语举例

序号	专业词（候选）	信息熵	序号	专业词（候选）	信息熵
1	经济全球化	3.395 19	10	货币政策	2.787 14
2	财政收入	3.246 11	11	生产要素	2.781 73
3	反倾销	3.153 05	12	微观经济学	2.732 71
4	金融市场	2.998 69	13	经济绩效	2.608 91
5	资源配置	2.996 79	14	生产成本	2.596 50
6	凯恩斯主义	2.995 83	15	企业管理	2.530 45
7	外贸出口	2.917 98	16	边际效用	2.519 61
8	金融危机	2.837 73	17	通货膨胀率	2.476 93
9	股市系统	2.833 15	18	金融风暴	2.368 30

专业语料数据很大程度上影响词典的搜集效果。专业语料数据的来源通常包括专业论文、专业文档以及互联网上搜集到的专业文本。对于网页数据需要使用网页正文抽取程序，获取其中的文本数据。

专业词典有着广泛的用途，如音字转换、文本分类、专业搜索引擎、专业问答系统等。本书已将专业词典用于音字转换系统中，结果表明增加专业词有效地改善了音字转换的性能。若将专业词典引入分词系统中则可以形成个性化分词系统，能用于专业搜索中。

1.5.3　分词性能评测

实验数据采用北京大学标注的 1998 年上半年《人民日报》语料。该语料由人工对分词、词性标注、命名实体识别进行了标注。实验采用第 6 个月数据测试。表 1.7 给出了 Tri-gram 模型性能（召回率为例）与训练语料规模的关系，模型分别使用绝对折扣平滑算法和 Witten-Bell 平滑算法。

表 1.7　不同训练规模对于性能的影响（单位：%）

训练语料规模	绝对折扣平滑算法	Witten-Bell 平滑算法
1 月	96.3826	96.3571
1～2 月	96.5349	96.4816
1～3 月	96.5598	96.5064
1～4 月	96.5675	96.4957
1～5 月	96.6564	96.5589

表 1.7 主要完成训练规模对于基本分词的影响评价，故仅对仿词进行了识别，而没有增加相应的命名实体识别以及消歧算法。从该实验结果可以看出，平滑算法之间的性能差别不大，语料库的训练规模对于系统性能的影响也不太大。

图 1.9 给出语料库规模对于模型性能的影响。从该图可以看出，增大训练语料的规模一般可以提高模型性能。但是 Zipf 定律表明不能完全依靠增大语

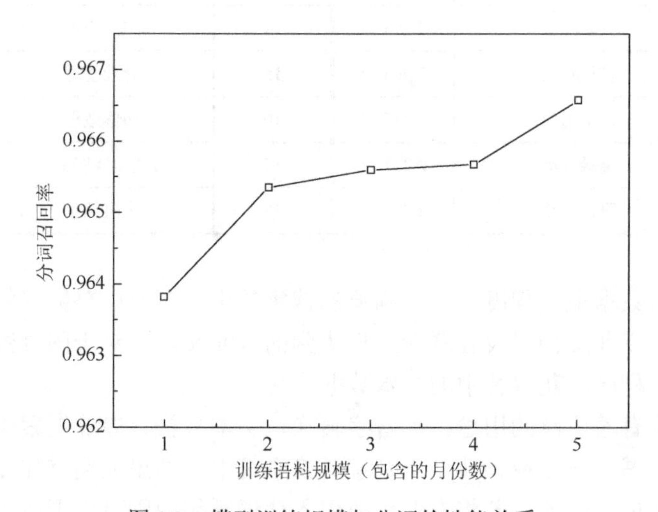

图 1.9　模型训练规模与分词的性能关系

料库的规模解决全部问题，因此深入地分析语言现象并引入相应的处理方法在未来的研究中仍是非常必要的。在图 1.9 中，整体上模型性能随着训练语料库的增加而增大。但从图的变化趋势来看，其作用并不大，这是因为按照 Zipf 定律，增加语料库规模所起的作用将逐步减小。表 1.8 给出训练语料的规模对于词典词的切分性能影响。

表 1.8　词典词的识别召回率变化情况（单位：%）

训练语料规模	绝对折扣平滑算法	Witten-Bell 平滑算法
1 月	98.1400	98.1143
1～2 月	98.2931	98.2394
1～3 月	98.3185	98.2651
1～4 月	98.3262	98.2546
1～5 月	98.4148	98.3182

1.6　本章小结

本质上词法分析中的各个子任务相互交织且相互影响，探索统一模型实现一体化词法分析将是持续努力的方向，然而鉴于目前技术上仍存在困难，考虑到有效地融入领域知识能够提高词法分析系统的性能，本书的词法分析仍采用分解协作的词法分析处理方法。

分词方法常用基于规则的分词和 N-gram 统计分词。本章介绍的基于规则的分词方法包括正向最大匹配分词、反向最大匹配分词和基于词网格的最少分词技术，N-gram 统计分词是基于词网格并利用 $N-1$ 阶马尔可夫模型完成的。N-gram 分词求解是分词系统中的一项重要工作，常用枚举法、Viterbi 求解算法。

分词系统中的词典设计影响分词的准确性和分词速度。通用词典是根据现有多个词库汇总后，再按照大规模平衡语料统计选出的。专业词由信息熵的方法抽取出来，并可由少量的人工筛选获得高质量的专业词典。个性化分词系统可以有效地用于专业问答系统、专业搜索引擎等应用中。此外，本章从工程角度，建立了新的词典索引结构以及新的统计数据存储结构，极大地改善了分词处理的性能，在包括文件输入/输出（IO）操作的统计中，从原有的 2.2 万字/秒的处理速度提高到 8.9 万字/秒。

除了 Bi-gram 模型和 Tri-gram 模型，还可以构造 Uni-gram 模型或者更高阶模型。模型的阶数低，则描述语言现象的能力弱，而如果阶数高，则需要收集更多的训练语料数据，否则相比低阶模型会面临更大的存储空间问题和数据稀疏问题。除了 N-gram 模型，还有学者研究一种基于触发对的统计语言模型，将相互之间具有长距离约束关系的一对词构成一个触发对，然后将其与 N-gram 模型通过插值方式进行集成，虽然基于插值的方法对两种信息进行融合并不符合自然语言本身的规律，但引入触发对在一定程度上解决了传统 N-gram 模型的长距离约束问题。

第 2 章　词性标注与序列标注

词性标注（part-of-speech tagging）是为句子中每一个词赋予一个正确的词法标记，它广泛应用于许多后续自然语言处理中，如组块分析、句法分析等。作为这些应用的预处理，词性标注中出现的错误将级联传入后续处理中，直接影响机器翻译、信息抽取以及问答系统等应用的性能[3]。词性标注任务是一个典型的序列标注任务，对其深入研究也将改善相关任务，如组块分析、命名实体识别以及蛋白质序列预测等的处理性能。

音字转换是一个与词性标注相类似的问题，也可以看作一个序列标注问题，即给定一个拼音序列，找到相应的字序列。通常情况下输入的拼音序列可以看作一个对应的无声调标注的语句拼音序列。拼音序列转化后的字序列就是一个语句。类似地，字音转换是给定一个语句，为其标注相应的拼音序列。根据需求，可能标注带有声调的拼音序列，也可能是不带有声调的拼音序列。

2.1　三个序列标注问题

2.1.1　词性标注问题

词性标注通常是分词的一个后续步骤，它的任务是为句子中每一个词赋予一个正确的词法标记。例如，“学好文本分析与文本挖掘”经分词后变为“学好/文本/分析/与/文本/挖掘”，再经过词性标注后变为“学好/v 文本/n 分析/vn 与/c 文本/n 挖掘/vn”，其中 v 为动词，n 为名词，vn 为动名词，c 为连词。

词性的确定也应该遵照一定的语言标准，本书以北京大学标注的 1998 年上半年《人民日报》语料库为标准。词性标注是以词为标注单位，对一个句子进行标注，常在分词之后进行①。有些语句中的词性判别相对容易些，因为有较多的词只有一个词性，这样就降低了候选词性序列的路径数，然而有些语句中的词性不易判别，有较多的词性候选，要想准确地判别往往还需要深层次的语言理解。

图 2.1 给出了一个相对复杂的词性标注序列。“是/因为/事/关/大局”，其中的“是”、“因为”和“关”都有两个词性。最佳词性序列的搜索成为一项重要问题，

---

① 也有学者研究对于给定一个句子同时进行分词与词性标注的词法分析工作。

也是词性标注所要解决的问题。有些词的词性选择较为复杂，例如，“因为”在有些语句中用作介词，在有些语句中用作连词，所以对于“因为”词性的判别需要结合语句所形成的上下文环境。

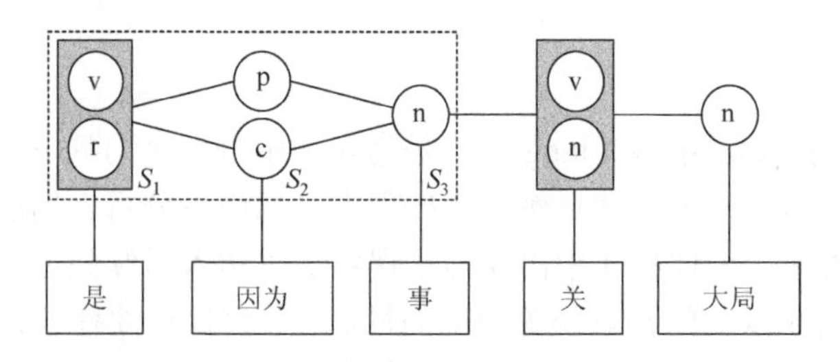

图 2.1 词性标注候选序列举例

2.1.2 音字转换问题

音字转换问题是将拼音转换为汉字，一般是将计算机键盘生成的拼音码或手机按键生成的按键码转换为语句。本章以计算机键盘生成的无声调拼音码为例，先阐述各拼音之间具有分隔符的典型的音字转换方法，如图 2.2 中“xiao peng you shang xiao xue er nian ji”应转换为“小朋友上小学二年级”。再讨论拼音之间不存在分隔符的音字转换方案。在图 2.2 展示的拼音序列中，每个拼音对应的候选文字较多，图中将其列在拼音下方，于是音字转换问题就变为，如何寻找一个从第一列到最后一列，且每列中只选择一个节点的最优序列问题。

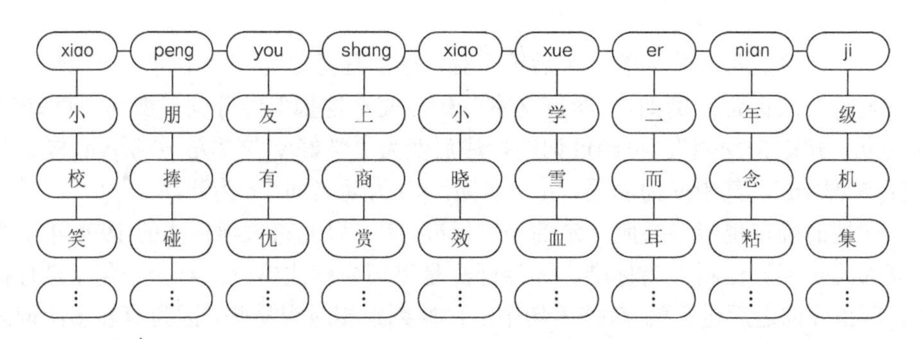

图 2.2 基于字的音字转换方法举例

图 2.2 也是一个序列标注问题，可以看作为拼音序列中的每个拼音标注出其对应的汉字。与图 2.1 相对照，一个词的词性通常只有一个或几个，一个拼音对应的候选文字很多，所以音字转换的搜索空间更大。当考虑到用户可能分不清楚平卷舌，特别是有些地区有方言的存在，对于 l 和 n 等对应的拼音区分不是十分

清楚时，还需要考虑模糊音识别，所以需要进一步增加候选文字的数量，这进一步加大了寻优难度。需要说明的是图 2.2 中为了清晰，将最优字序列放在最上方，实际上在算法转换之前是不知道最优序列的。

图 2.2 展示了一种基于字序列的转换方法，此外，还可以设计一种基于词的转换方案。基于词的方案设计考虑到语句以词为单位，拥有明确的表达语义，允许多个拼音合在一起生成可能的候选词。图 2.3 展示了一个基于词的候选例子。

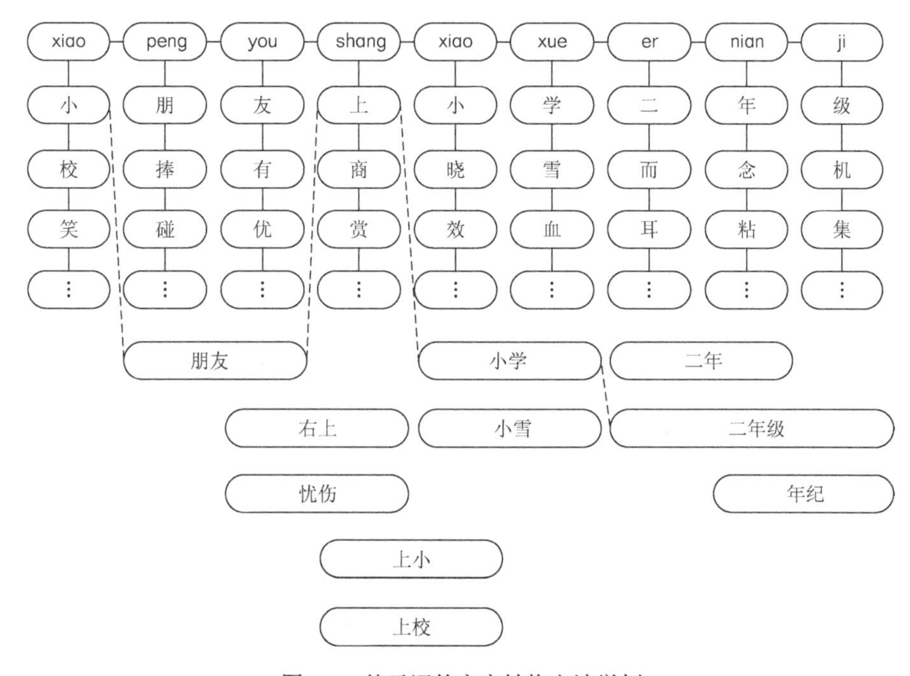

图 2.3　基于词的音字转换方法举例

在图 2.3 展示的候选中，虽然增加了候选词，但寻找最佳音字转换结果仍然是寻找一个最佳路径。评价最佳路径的方法与具体模型有关，除了概率模型评价等现有评价研究方法，还可以自己设计评价方法，若采用概率模型，典型做法是将路径的联合概率作为衡量指标。

现假设给定的是一个不带有分隔符的拼音序列，例如，“xiaopengyoushangxiaoxueernianji”，则可以先进行各个拼音分离，然后进行音字转换。因为大多数拼音都是明确的，所以划分过程不会出现歧义。例如，前面的“xiaopengyoushangxiaoxueernianji”可以通过查询已构建的拼音词典，利用匹配规则获得“xiao peng you shang xiao xue er nian ji”。但是有些无分隔拼音序列的分隔可能会存在歧义，例如，“taquxianshejishishifangan”的切分，对于“xian”可切分为“xian”或“xi an”，对于“fangan”可切分为“fang an”或“fan gan”。

对于无切分歧义的拼音序列，可以采用前述音字转换方法，包括基于字序列的转换方法和基于词的转换方法。而对于带有切分歧义的拼音序列，可以采用两种策略：第一种策略是获得全部的可能切分方案，然后对每一个切分方案都采用前述的音字转换方法进行评价，再对各候选路径进行综合评价。当采用概率模型时，可以对比各拼音切分方案对应音字转换的联合概率值，选择联合概率值最大的音字转换结果并进行输出。第二种策略是对各候选拼音切分方案按照 N-gram 模型计算概率，挑选最佳的拼音切分方案，然后只对最佳的拼音切分方案进行音字转换，并输出转换的最佳结果。其中前一种策略计算量大，但效果通常更好。

2.1.3　字音转换问题

字音转换是将语句转换为对应的拼音序列，按照任务需求可能是转换为有声调的拼音序列，也可能是转换为无声调的拼音序列，如“小朋友上小学二年级”转换为“xiao peng you shang xiao xue er nian ji”。有声调和无声调的转换工作原理相同，这是因为大多数汉字只有一个发音，少数汉字才是多音字。对于多音字的处理是字音转换工作的重点。

例如，“gàn 干活”和“gān 干净”中的“干”可由上下文来确定；“落”有三个发音：“①luò（书面组词）落下、落魄、着落；②lào（常用口语）落枕、落色；③là（遗落含义）落下、丢三落四”，这种情况需要适当分析句子语句来判别。图 2.4 展示了一个字音转换例子。可见对于多音字的发音，需要通过上下文环境来判别。许多情况下对于多音字可通过前后相连的字或所构成的词来判别发音，少数情况下，则需要适当分析句子语义来判别。

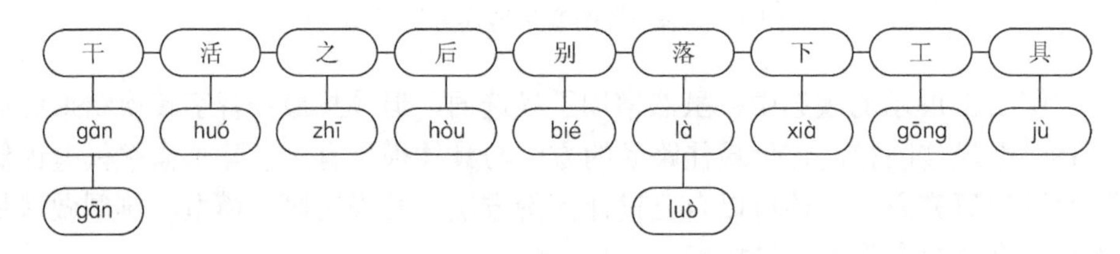

图 2.4　字音转换举例

除了前述基于规则的转换，也可以构建相应的概率模型。一般来说，字音转换主要是多音字的转换，其候选路径空间比音字转换的候选路径空间要小得多，所以转换精确率要远高于音字转换。建立概率模型后，概率值往往是通过训练语料统计得到的。在现实应用中，如果对转换精确率要求不高，一般基于规则的转换就能满足要求。考虑到标注语料需要一定的人工代价，有时还建立一种自适应的修正模型，在应用环境中，根据用户修正结果修正模型参数。

2.2　隐马尔可夫序列标注

2.2.1　序列标注问题描述

对词性标注和音字转换等标注问题进行抽象，可形成如图 2.5 所示的序列标记问题。假设 $x_1,x_2,\cdots,x_{i-2},x_{i-1},x_i,\cdots,x_m$ 代表显式序列，$y_1,y_2,\cdots,y_{i-2},y_{i-1},y_i,\cdots,y_m$ 代表隐式序列。在词性标注问题中 x 序列代表语句经分词后形成的词序列，y 序列代表词性序列。令 Y 代表全部候选路径，词性标注中代表所有可能的词性路径，参考图 2.5。

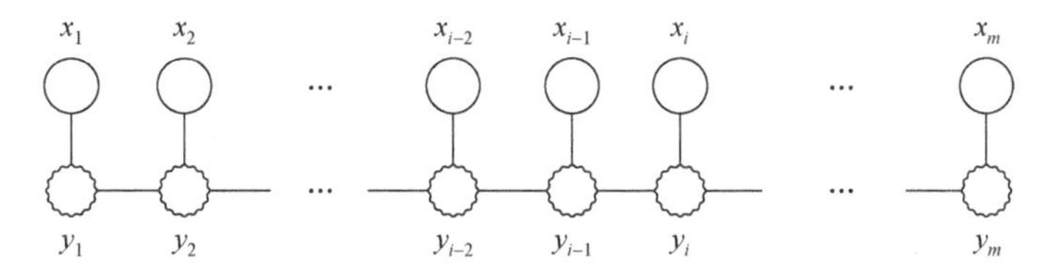

图 2.5　序列标注问题描述示意图

x 序列是给定的，每个 x_i 可称作显式状态或称作可见状态，而 y 序列代表众多可能路径 Y 中的一条路径，每个 y_i 代表一种隐式状态，有时也称作不可见状态。对于 Y 中的每个 y 是一个候选的标注序列。序列标记问题可描述为，给定 x 序列后，如何找到最优的 y 序列，并将 y 序列作为最优结果输出。词性标注、音字转换问题和字音转换问题都可以描述为图 2.5 的形式。图 2.5 是值得研究的一类序列标注问题。

2.2.2　HMM

隐马尔可夫模型（hidden Markov model，HMM）自 20 世纪 70 年代应用于语音识别领域取得巨大成功后，广泛应用到自然语言处理的各个领域，成为基于统计的自然语言处理的重要方法。实际的 HMM 是在马尔可夫链的基础之上发展起来的。因为现实世界十分复杂，所以实际问题往往不能直接转换成马尔可夫链处理，观察到的事件往往不能与马尔可夫链的状态一一对应，而是通过某种概率分布来与状态保持联系。这种实际事件与状态由某种概率分布来联系的隐马尔可夫链就是 HMM。实际上，HMM 是一个双重随机过程。其中的一重随机过程是描述基本的状态转移，而另一重随机过程是描述状态与观察值之间的对应关系。

当马尔可夫模型中的“状态”对于外界来说不可见的时候，就转换成了 HMM。HMM 适合序列标注问题，即给定一个观察序列 $X=\{x_1,x_2,\cdots,x_m\}$，求出最适合这个观察序列的标记序列 $Y=\{y_1,y_2,\cdots,y_m\}$，使得条件概率 $P(Y\mid X)$ 最大。HMM 中，条件概率通过贝叶斯原理变换后求得，即

$$P(Y\mid X)=\frac{P(Y)P(X\mid Y)}{\sum_Y P(Y)P(X\mid Y)} \tag{2.1}$$

在序列标注任务中，X 是一个给定的观察序列，式（2.1）中的分母对所有的 X 相同，因此可以不予考虑，同时应用联合概率公式可得

$$Y^*=\arg\max_Y P(Y\mid X)=\arg\max_Y\frac{P(X)P(Y\mid X)}{P(X)}=\arg\max_Y P(X,Y) \tag{2.2}$$

即 HMM 实质上是求解一个联合概率。式（2.2）中标记序列 Y 可以看作一个马尔可夫链，进一步对式（2.2）应用乘法公式，得

$$\begin{aligned}P(x_{1,m},y_{1,m})&=\prod_{i=1}^{m}P(x_i,y_i\mid x_{1,i-1},y_{1,i-1})\\&=\prod_{i=1}^{m}P(x_i\mid x_{1,i-1},y_{1,i})P(y_i\mid x_{1,i-1},y_{1,i-1})\end{aligned} \tag{2.3}$$

式中，$x_{1,i}=x_1,x_2,\cdots,x_i$，$y_{1,i}=y_1,y_2,\cdots,y_i$，$1\leqslant i\leqslant m$。式（2.3）给出了不做任何假设的理想化的序列标注的概率模型。序列标注的任务便是寻找一个最佳的标记序列 Y^*，使得式（2.3）最大，即

$$Y^*=\arg\max_Y P(Y\mid X)=\arg\max_Y\prod_{i=1}^{m}P(x_i\mid x_{1,i-1},y_{1,i})P(y_i\mid x_{1,i-1},y_{1,i-1}) \tag{2.4}$$

式（2.4）虽然反映了理想状况下的标记序列的概率模型，但是求解该模型需要估计的参数空间太大，无法操作。为此 HMM 作如下假设。

（1）标记 y_i 的出现只和有限的前 $N-1$ 个标记相关，即 n-pos 模型：

$$P(y_i\mid x_{1,i-1},y_{1,i-1})\approx P(y_i\mid y_{1,i-1})\approx P(y_i\mid y_{i-N+1},y_{i-N+2},\cdots,y_{i-1}) \tag{2.5}$$

如果 $N=2$，则是指常用的一阶 HMM。

（2）一个观察值 x_i 的出现不依赖于其前面的任何观察值，只依赖于其前面的标记，并且进一步假设只和该观察值的标记 y_i 相关，即

$$P(x_i\mid x_{1,i-1},y_{1,i})\approx P(x_i\mid y_{1,i})\approx P(x_i\mid y_i) \tag{2.6}$$

由式（2.5）和式（2.6）可以将一阶 HMM 式（2.4）重写为

$$P(Y\mid X)=\prod_{i=1}^{m}P(y_i\mid y_{i-1})P(x_i\mid y_i) \tag{2.7}$$

式中，$P(x_i \mid y_i)$ 为发射概率，$P(y_i \mid y_{i-1})$ 为转换概率。

HMM 有三个基本问题。

（1）估值问题：假设已经有了一个 HMM，其转换概率和发射概率均已知。计算这个模型产生某一个特定观测序列的概率。

（2）解码问题：假设有一个 HMM 和它所产生的一个观测序列，决定最有可能产生这个观测序列的隐状态序列。常用的解码方法是 Viterbi 求解算法。

（3）学习问题：如何调整现有的模型参数，使得它能最好地描述给定观察序列，即使得给定的观察序列概率最大。

对于以上三个问题的解决，衍生出了五个算法。这五个算法都是动态规划算法。这些基本问题与它们的解决算法都是从实际中得来的，与数学模型本身的联系不十分密切。实际上，历史的发展恰恰是先提出了这些问题，又提出了相应的算法，最后才归结到统一的马尔可夫数学模型中去的。

HMM 是统计模型，它用来描述一个隐含未知参数的马尔可夫过程。将图 2.5 按照 HMM 的形式进一步补充绘制，则可描述为图 2.6 的形式。

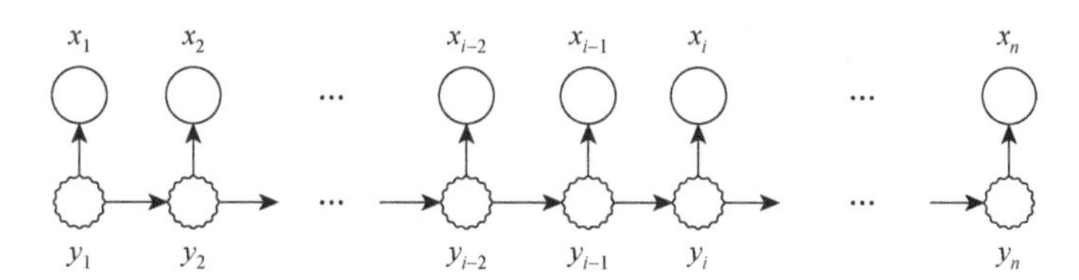

图 2.6　HMM 进行序列标注的示意图

在图 2.6 中存在两种状态，x_i 为显式状态（可见状态），而 y_i 为隐式状态。存在两个重要的概率：转换概率（transition probability，又称转移概率）和发射概率（emission probability，又称输出概率）。转换概率是指沿着隐式链，从前一隐式状态 y_{i-1} 到当前隐式状态 y_i 的转换概率。在转换概率的计算中，利用 HMM，假设前一隐式状态 y_{i-1} 到当前隐式状态 y_i 的转换概率只受到前面 n 个隐式状态的影响，相应地称为 n 阶 HMM。发射概率是指从当前隐式状态 y_i 到当前显式状态 x_i 的条件概率。

在实际使用中，常用一阶 HMM 或二阶 HMM。以一阶 HMM 为例，重要的是需要知道两个条件概率 $P(y_i \mid y_{i-1})$ 和 $P(x_i \mid y_i)$，其中 y_i 从所有可能的隐式状态集合中取值，词性标注中代表当前的词性，y_{i-1} 代表前一个词的词性，而 x_i 从所有可能的显式状态集合中取值，词性标注中代表当前词。HMM 的难点是从可观察的参数中确定该过程的隐含参数，其转换概率和发射概率是与具体问题密切相关的，可根据具体问题依据领域知识确定，或者由专家给出，或者依据数据统计获得。在词性标注问题上，通常是在训练语料中获得的。

对于 HMM 来说，如果提前知道所有隐式状态之间的转换概率和所有隐式状态到所有可见状态之间的发射概率，那么就可以通过模拟 HMM 完成输出。在自然语言处理中，这些概率往往是通过训练语料、根据极大似然估计获得的。

在计算一阶 HMM 中的转换概率时，通常增加一个隐式状态标记，例如，“#yhead#”，将其作为任意隐式序列的隐含开头，这样对一阶 HMM 来说，相当于对第一个隐式状态 y_1 增加一个前缀 y_0，可以构建 $P(y_1 \mid y_0)$，从而便于计算路径评价值。对于图 2.6 中，路径 y 的概率值为

$$p(y)=\prod_{i=1}^{n}P(y_i \mid y_{i-1})P(x_i \mid y_i) \tag{2.8}$$

式（2.8）表示对于任意一个候选路径 y 的概率值计算由两类概率值决定，一个是转换概率 $P(y_i \mid y_{i-1})$，另一个是发射概率 $P(x_i \mid y_i)$。其中已作假设，即假设从前一隐式状态 y_{i-1} 到当前隐式状态 y_i 的转换概率只与前一个状态 y_{i-1} 相关。

对于给定的 x 可见序列，其对应着多个可能的隐式序列，对任意的一个隐式序列都应该按照式(2.8)计算路径评价值，然后加以比较获得最佳的隐式序列 y^*，该序列即最佳的标注序列。

参照式（2.8）形成的一阶 HMM 计算方式，可以构建二阶 HMM，其中常假设增加两个头标记“#yhead#”，即相当于对第一个隐式状态 y_1 增加两个前缀 y_0 和 y_{-1}，其取值都是“#yhead#”[①]。这样二阶 HMM 的路径评价值为

$$p(y)=\prod_{i=1}^{n}P(y_i \mid y_{i-1},y_{i-2})P(x_i \mid y_i) \tag{2.9}$$

对于二阶 HMM，需要按照式（2.9）计算各路径相应的评价值，并且选择评价值最大的路径作为最佳隐式序列 y^*。这一过程类似一阶 HMM。

第一需要说明的是，按照式（2.8）和式（2.9）计算，可能会面临零概率问题，即如果某一个概率为 0，则整个路径评价值为 0，为避免零概率问题，通常采用四种方法：①对于一个零概率赋予一个极小的概率值，视作经验概率值。②采用 Laplace 平滑，即先对每个统计对象的数量值增加 1，再计算各概率值。③采用 Lidstone 平滑，在每个统计对象的数量值上增加 λ 值（$\lambda>0$）。当 $\lambda=1$ 时，就变为 Laplace 平滑。④采用一些平滑算法，如 Good-Turning 平滑或者插值平滑算法。

第二需要说明的是，如果搜索空间非常大，完全采用枚举法搜索，求解计算量太高，因此通常采用 Viterbi 求解算法搜索，该算法属于局部搜索算法，提高搜索效率，通常性能下降不大。有时也采用一种替代的 Beam Search 算法，相当于

① 也可以是为 y_0 设置一个标记，为 y_{-1} 设置另一个标记。

取 Top-k 局部最优值继续搜索，因此相比 Viterbi 求解算法增加了搜索空间，性能通常略有改善。

第三需要说明的是，经过平滑处理后，各个概率均大于 0，对于式（2.8）和式（2.9）的计算通常利用 log( )[①]形式计算，将式子两侧分别求 log( )值，这样右侧可以展开为多个 log( )函数的加法。转换的目的是便于计算机内部处理，因为如果许多个接近零的值相乘，其结果更接近零，在计算机内计算时会存在舍入误差，对最终计算结果可能会带来较大影响。如果转换变为取 log( )后再计算加法，则会较大程度地降低乘法计算时舍入误差带来的影响。例如，式（2.8）可以转换为式（2.10），式（2.9）可以转换为式（2.11）。

$$\log P(y)=\sum_{i=1}^{n}(\log P(y_i \mid y_{i-1})+\log P(x_i \mid y_i)) \tag{2.10}$$

$$\log P(y)=\sum_{i=1}^{n}(\log P(y_i \mid y_{i-1},y_{i-2})+\log P(x_i \mid y_i)) \tag{2.11}$$

考虑到路径评价值的计算最终目的是挑出最佳路径或者 Top-k 的最佳路径，而 log( )函数是单调递增函数，因此只需要挑选路径评价值的对数值最大所对应的路径。

本章中 HMM 使用有训练语料的参数统计。在实际使用 HMM 的时候，模型的转换概率和发射概率的估计方式通常有两种：无监督的 Baum-Welch 重估算法（即 forward-backward 算法）和有监督的极大似然估计方法。虽然 Baum-Welch 重估算法可以直接用未经标注的语料训练模型，从而节约大量的手工标注语料的工作，但该方法所训练的模型的性能较有监督的方法差。有学者对这两种方法进行对比研究，其结果表明：如果训练语料的规模超过 50 000 词次，有监督的基于相对频率的参数估计优于无监督的 Baum-Welch 重估算法；而且当采用 50 000 词次的标注语料训练后，如果再采用 Baum-Welch 重估算法训练，将带来系统性能的下降。

2.2.3　HMM 词性标注方法

词性标注可看作一种典型的序列标注问题，该问题的输入是分词语句，输出是各个词及相应的词性标记。此处进一步利用 HMM 对图 2.1 进行描述。

按照 HMM，该例子中词序列就是 x 序列，相应的 x_1 对应着“是”，x_2 对应着“因为”，x_3 对应着“事”，x_4 对应着“关”，x_5 对应着“大局”。隐式序列对应着词性序列，可由词典获取每个词对应的候选词性，需要注意的是，仿词、命名实体的词性需要经由仿词识别和命名实体识别来标注，而新词在词典中不具备相应词性，可以考虑使用全部词性或者只将几种常见词性作为候选。

---

① 常使用自然对数进行计算，也可使用以 2 为底的对数或者其他对数。

图 2.1 中，y_1 有“v”和“r”两个候选，y_2 有“p”和“c”两个候选，y_3 有“n”一个候选，y_4 有“v”和“n”两个候选，y_5 有“n”一个候选。因此候选序列有 $2\times1\times2\times1\times2=8$ 个。这 8 个候选序列如表 2.1 所示。

表 2.1　词性标注候选序列枚举

序列号	序列	序列号	序列
1	y^1 : v,p,n,v,n	5	y^5 : r,p,n,v,n
2	y^2 : v,p,n,n,n	6	y^6 : r,p,n,n,n
3	y^3 : v,c,n,v,n	7	y^7 : r,c,n,v,n
4	y^4 : v,c,n,n,n	8	y^8 : r,c,n,n,n

词性标注算法需要分别评价这 8 个候选序列 y^1～y^8 的路径评价值。以 y^1 的路径评价值 $P(y^1)$ 的计算过程为例，如果采用一阶 HMM，则需要按照式（2.10）去计算路径评价值，表示为

$$\begin{aligned}\log P(y^1)=&\log P(\mathrm{v}\mid\#\mathrm{yhead}\#)+\log P(\text{是}\mid\mathrm{v})\\&+\log P(\mathrm{p}\mid\mathrm{v})+\log P(\text{因为}\mid\mathrm{p})\\&+\log P(\mathrm{n}\mid\mathrm{p})+\log P(\text{事}\mid\mathrm{n})\\&+\log P(\mathrm{v}\mid\mathrm{n})+\log P(\text{关}\mid\mathrm{v})\\&+\log P(\mathrm{n}\mid\mathrm{v})+\log P(\text{大局}\mid\mathrm{n})\end{aligned}\tag{2.12}$$

式（2.12）中的各个概率是词性标注系统在构建时经由训练语料统计获取的，注意，某些概率需要经过平滑处理，如前面所说的使用一个非常小的概率值、Laplace 平滑、Lidstone 平滑、Good-Turning 平滑或其他插值平滑等。经过平滑后，每个概率值均大于零，克服了零概率问题，同时保证了 log( )的计算是有效的。类似地去计算 $\log P(y^2)$～$\log P(y^8)$ 的值。于是，最佳的路径为

$$y^*=\arg\max_k \log(y^k)\tag{2.13}$$

如果采用二阶 HMM，则需要按照式（2.11）去计算路径评价值，表示为

$$\begin{aligned}\log P(y^1)=&\log P(\mathrm{v}\mid\#\mathrm{yhead}\#,\#\mathrm{yhead}\#)+\log P(\text{是}\mid\mathrm{v})\\&+\log P(\mathrm{p}\mid\mathrm{v},\#\mathrm{yhead}\#)+\log P(\text{因为}\mid\mathrm{p})\\&+\log P(\mathrm{n}\mid\mathrm{v},\mathrm{p})+\log P(\text{事}\mid\mathrm{n})\\&+\log P(\mathrm{v}\mid\mathrm{p},\mathrm{n})+\log P(\text{关}\mid\mathrm{v})\\&+\log P(\mathrm{n}\mid\mathrm{n},\mathrm{v})+\log P(\text{大局}\mid\mathrm{n})\end{aligned}\tag{2.14}$$

当采用枚举法进行最佳隐式路径寻优时，仍然采用式（2.13）进行计算。

2.2.4　词性标注中的 Viterbi 求解算法

前面讲述了求解每条路径的概率或者概率的对数值，然后选择概率最大的路径，这样的方法称为枚举法。枚举法是一种全局寻优算法，确保一定能够找到最优序列。如果求解空间不大，则可以使用枚举法，但当求解空间很大、计算机求解速度太慢不能满足要求时，就需要考虑使用其他求解算法。实际应用中，常采用 Viterbi 求解算法，它是近似求解算法。在 1.4.3 节中，曾采用 Viterbi 求解算法对基于词网格的 N-gram 分词模型进行求解，该算法也适用于 HMM 求解，只是需要调整算法中的路径评价函数。如果是一阶 HMM，则按照式（2.10）进行路径评价，如果是二阶 HMM，则按照式（2.11）进行路径评价。

图 2.7 展示了一阶 HMM 的 Viterbi 求解算法示意图，程序 2.1 给出了在词性标注中的一阶 HMM 中的 Viterbi 求解算法中部分代码。整体上，求解中采用三重循环，第一重循环代表当前正在求解的阶段，对应的变量名为 mLatticeWordIndex，也对应着当前词的位置，在图 2.7 中对应着 Iter-0～Iter-n−1，其中假设句子包括 n 个词。第二重循环代表正在为当前词的各个词性候选进行前序节点寻找，对应的变量名为 mPosIndex，在图 2.7 中对应着 c_0～c_3。第三重循环是前一个位置上的各个节点，对应的变量名为 mPrePosIndex，在图 2.7 中依次是 p_0～p_2。

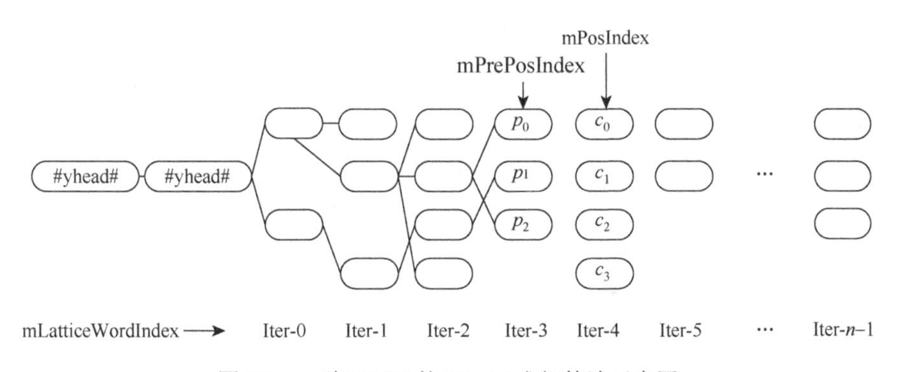

图 2.7　一阶 HMM 的 Viterbi 求解算法示意图

程序 2.1　一阶 HMM 中的 Viterbi 求解算法中部分代码

```
void CPos::HMM_Bigram(const vector<wstring>& ASegList,vector<int>& AReturnPosList)
{
   AReturnPosList.clear();
   const int mLatticeWordCount = m_Lattice.ConstructLattice(ASegList,0,0,m_Factoid
```

```
NewModeFlag);
for(int  mLatticeWordIndex = 0;mLatticeWordIndex<mLatticeWordCount;mLatticeWord
Index + + )
{
    const int mPosCount = m_Lattice.GetWordInfoPosCount(mLatticeWordIndex);
    const int mPrePosCount = m_Lattice.GetWordInfoPosCount(mLatticeWordIndex-1);
    unsigned int mCurWordID = m_Lattice.GetWordInfoWordID(mLatticeWordIndex);

    for(int mPosIndex = 0;mPosIndex<mPosCount;mPosIndex + + )
    {
        LATTICE_NODE<VERTIBI_ATTACH>& mNode = m_Lattice.GetNode(mLatticeWordIndex,
        mPosIndex);

        double mPOSCount = m_StatPos.GetUniPos(mNode.POS);
        double mWordPosCount = m_StatPos.GetWordPos(mNode.POS,mCurWordID);
        if(mPOSCount-0.01<0)mPOSCount = 1;
        mNode.Attach.FaSheProb = mWordPosCount/mPOSCount + 0.000 1f;

        mNode.Attach.FaSheProb = -log(mNode.Attach.FaSheProb);

        bool mInitFlag = true;
        for(int mPrePosIndex = 0;mPrePosIndex<mPrePosCount;mPrePosIndex + + )
        {
            const LATTICE_NODE<VERTIBI_ATTACH>& mPreNode = m_Lattice.GetNode
            (mLattice WordIndex-1,mPrePosIndex);

            double fBiPosProb;
            double bb = m_StatPos.GetBiPos(mPreNode.POS,mNode.POS);
            double aa = m_StatPos.GetUniPos(mPreNode.POS) + 0.0001f;
            fBiPosProb = bb/aa + 0.0001f;

            fBiPosProb = -log(fBiPosProb) + mNode.Attach.FaSheProb;
            double fTempScore = mPreNode.Value + fBiPosProb;
            if((mInitFlag = = true)||(fTempScore<mNode.Value))
            {
                mInitFlag = false;
                mNode.Value = fTempScore;
                mNode.Attach.PrePosIndex = mPrePosIndex;
            }
        }
    }
}

int mLastPosCount = m_Lattice.GetWordInfoPosCount(mLatticeWordCount-1);
if(mLastPosCount< = 0)
{
    throw CJException("CPosMaxEn::MEMM_Trigram().the last Word ColCount is zero
    in GetResult!");
}
int mMinPosIndex = 0;
int mMinPosValue = m_Lattice.GetNode(mLatticeWordCount-1,0).Value;
for(int k = 1;k<mLastPosCount;k + + )
{
    LATTICE_NODE<VERTIBI_ATTACH>& mNode=m_Lattice.GetNode(mLatticeWordIndex-1,k);
    if(mNode.Value<mMinPosValue)
    {
        mMinPosValue = mNode.Value;
        mMinPosIndex = k;
    }
}

for(int mWordIndex = mLatticeWordCount-1;mWordIndex> = 0;mWordIndex--)
{
    const  LATTICE_NODE<VERTIBI_ATTACH>&  mNode = m_Lattice.GetNode(mWordIndex,
```

```
        mMinPosIndex);
        AReturnPosList.push_back(mNode.POS);
        mMinPosIndex = mNode.Attach.PrePosIndex;
    }

    int mLen = AReturnPosList.size();
    for(int k = mLen/2-1;k> = 0;k--)
    {
        int temp = AReturnPosList[k];
        AReturnPosList[k] = AReturnPosList[mLen-k-1];
        AReturnPosList[mLen-k-1] = temp;
    }
}
```

Viterbi 求解算法就是为当前阶段（图 2.7 对应着 Iter-4 阶段）上的各个候选节点（图 2.7 对应着 c_0～c_3）寻找其优化的前序节点（图 2.7 对应着 p_0～p_2）。以 c_0 为例，需要分别计算 p_0 连接 c_0、p_1 连接 c_0、p_2 连接 c_0 时各自的路径评价值，然后选择一个最优的前序节点，并标记作为 c_0 的前序节点。这里的 HMM 的路径评价值计算，如果是一阶 HMM，则按照式（2.10）进行路径评价计算，如果是二阶 HMM，则按照式（2.11）进行路径评价计算。

本章中的 Viterbi 求解算法用在 HMM 的求解问题上，可以求解词性标注、音字转换以及字音转换等问题，可以对一阶 HMM、二阶 HMM 求解，也可以对更高阶 HMM 求解。在 1.4.3 节中已经分析，Viterbi 求解算法相比枚举法，其求解空间小，计算速度快，属于近似求解算法，通常可以获取满意解。

2.3　CRF 模型与序列标注

2.3.1　CRF 模型

HMM 与最大熵马尔可夫模型（maximum entropy Markov model，MEMM）[①]是用于处理序列标注问题的两个典型的概率模型。本节中约定使用符号（X, Y）表示定义在输入序列和输出序列的随机变量，即在给定一系列输入随机变量值 X 的情况下，相应的一系列输出随机变量值表示为 Y。在典型的词性标注、音字转换、命名实体识别、组块分析、蛋白质序列标注等问题上，输入序列的长度与输出标记序列的长度相同，即 X_i 的长度与 Y_i 长度相同。

HMM 是产生式模型，它定义联合概率分布 $P(X, Y)$。为了定义联合概率分布，产生式模型必须枚举出所有可能的观察序列。然而，由于枚举所有观察序列要求观察元素独立于序列中其他的元素，也就是说，对于一个给定的实例，观察元素

① 第 3 章阐述了有关最大熵（maximum entropy，ME）模型的内容。

仅能依赖当前的标记（或称为状态），而许多任务中，这样的要求不易满足。大多数现实世界的观察序列需要由多个观察元素之间的相互影响的多个特征甚至长距离特征较好地表示出来。

为了更好地完成序列标注任务，存在两个基本的准则：①模型必须支持允许处理的推理方式；②模型不作特征独立性假设。满足这两个准则的一种方法就是使用条件概率 $P(Y|x)$（x 代表一个已知的特定的观察序列）替代定义在标记与观察序列上的联合概率 $P(X, Y)$。对于给定一个新的观察序列 $x*$，将 $y*$作为其相应的标注序列。模型选择如下：

$$y* = \arg\max_{y} P(y \mid x*) \tag{2.15}$$

相对于联合概率方式，条件概率方式使得模型可以不必对观察序列的分布建模，也不必作独立性假设。条件随机域（conditional random field，CRF）模型是基于条件概率方式处理序列标注任务的，这种条件概率处理方式的好处是克服了 HMM 中为了能够处理推理所做的条件独立性假设。此外，对于给定一个观察序列，CRF 模型为标记序列定义一个单一的对数-线性（log-linear）分布，因此它可有效地避免基于有向图的 MEMM 所面临的标注偏置问题（label bias problem）。

CRF 模型是一种无向图模型或者马尔可夫随机域，在给定一系列输入随机变量值 X 的情况下，一系列输出随机变量值 Y 的条件概率 $P(Y|X)$定义为与无向图中各个团（cliques）的势函数（potential function）的乘积成正比。而在常用的链状 CRF 模型中，势函数一般定义为团的所有特征的带权和的指数形式，典型的常用图结构是链状的，如图 2.8 所示。

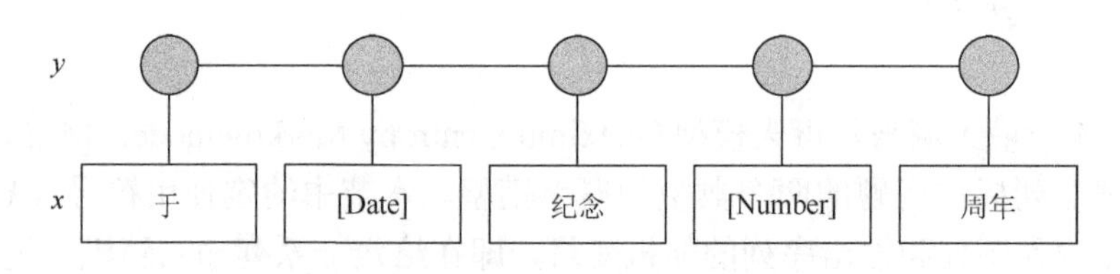

图 2.8　链状 CRF 模型（词性标注）序列示例

由语言知识可知，一个词的词性主要由邻近上下文决定，因此链状 CRF 模型很适合词性标注问题[4]。如图 2.8 所示，各指定输出节点被边连接成一条线性链，本书中的 CRF 模型默认都是指链状结构的 CRF 模型，此时，假设在各个输出节点之间存在一阶马尔可夫独立性，链状 CRF 模型可以理解为条件训练的有限状态机。因为它是对 MEMM 的一种全局归一化扩展，所以较好地解决了标注偏置问题。序列标注问题定义为寻找一个函数 $g{:}x \rightarrow y$，其中每一个

y 中的 y_i 是 x_i 相应的输出标记。在常见的序列标注问题的语言现象中，如词性标注、组块分析、命名实体识别等，x 中的每一个观察满足局部依赖关系，即近距离的上下文对决策标记具有非常大的作用，因此，如何充分利用局部标记间的关系也是语言模型面临的重要问题。图 2.9 演示 HMM、MEMM 与 CRF 模型的不同。

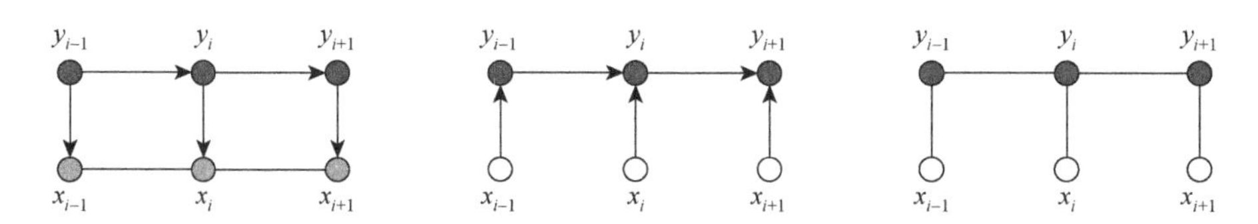

图 2.9　HMM（左）、MEMM（中）、CRF 模型（右）序列标注示意图

在图 2.9 中，HMM 需要计算转换概率 $P(y_i \mid y_{i-1})$ 与发射概率 $P(x_i \mid y_i)$，因此它把观察序列看作由标记序列生成。与 HMM 不同，MEMM 是条件概率模型，它允许在序列标注的过程中使用观察 x_i 到状态 y_i 的特征。相比前两个图，CRF 模型是无向图模型，它并不关心特征的方向，每一个特征作为全局特征的一部分，见式（2.19）。

Lafferty 等[5]定义 $P(y \mid x)$ 为归一化的势函数的乘积，其定义形式为

$$\exp\left(\sum_j \lambda_j t_j(y_{i-1}, y_i, x, i) + \sum_k \mu_k s_k(y_i, x, i)\right) \tag{2.16}$$

类似 ME 模型，CRF 模型也通过局部特征向量 f 与相应的权重向量 λ 来表示。但在 CRF 模型中，f 分为状态特征 $s(y,x,i)$ 与转移特征 $t(y,y',x,i)$，其中 y 与 y' 是可能的输出标记，x 是当前的输入句子，i 是当前词的位置。公式如下：

$$s(y,x,i) = s(y_i, x, i) \tag{2.17}$$

$$t(y,x,i) = \begin{cases} t(y_{i-1}, y_i, x, i), & i > 1 \\ 0, & i = 1 \end{cases} \tag{2.18}$$

式（2.17）与式（2.18）的局部特征中的状态特征和转移特征使用 f 统一表示，此时，输入句子 x 与词性序列 y 的全局特征可以表示为

$$F(y,x) = \sum_i f(y,x,i) \tag{2.19}$$

在（X, Y）上，CRF 模型的条件概率分布可以利用式（2.20）求得

$$P_\lambda(Y \mid X) = \frac{\exp(\lambda \cdot F(Y,X))}{Z_\lambda(X)} \tag{2.20}$$

式中，$Z_\lambda(X) = \sum_Y \exp(\lambda \cdot F(Y,X))$ 为归一化因子。式（2.20）是 CRF 模型作为条件模型的核心公式。对于输入句子 x，最佳词性标注序列 y^*满足

$$y^* = \arg\max_y P_\lambda(y \mid x) \tag{2.21}$$

可见，式（2.21）与式（2.15）具有相同的形式。

CRF 模型中的权重向量 λ 需要通过语料上的训练获得，已有几种迭代技术获得权重向量 λ，常见的方法主要包括通用迭代算法（generalized iterative scaling，GIS）算法、共轭梯度（conjugate-gradient，CG）算法、受限内存（limited-memory BFGS，L-BFGS）算法[5-8]。其中文献[6]对比了几种方法。一般来说 L-BFGS 算法训练速度较快，效果较好，故本书利用 L-BFGS 算法来训练式（2.20）中权重向量 λ[6, 7]。

2.3.2 标注偏置问题

判别式马尔可夫模型（discriminative Markov model）、ME 模型以及 MEMM 通常面临标注偏置问题。一般来说，产生该问题的主要原因是整个标记序列的概率估算通过累乘多个局部最优的概率估计进行，而并非像 CRF 模型一样，通过对整个标记序列构建条件概率模型进行，因此出现了整条标记序列估计的归一化处理。

图 2.1 展示了标注偏置问题。以“是/v 因为/p 事/n 关/v 大局/n”为例，其中 CRF 模型可以正确标注“因为”为介词词性 p，而 MEMM 却错误标注其词性为连词 c。产生该情况的原因正是一种标注偏置问题。下面考察“因为”产生偏置的原因：“是”存在两个词性——动词 v 与代词 r，包含在状态集合 S_1 中；“因为”包括两个词性——介词 p 与连词 c，包含在状态集合 S_2 中；“事”只有一个词性——名词 n，包含在状态集合 S_3 中。因为 MEMM 对每个状态均定义一个指数模型，所以有 $P(\mathrm{n}|\mathrm{p}) = 1, P(\mathrm{n}|\mathrm{c}) = 1, P(\mathrm{p}|S_1) + P(\mathrm{c}|S_1) = 1$；基于马尔可夫假设，$P(S_1, \mathrm{p}, \mathrm{n}) = P(\mathrm{p}|S_1) \times P(\mathrm{n}|\mathrm{p}) = P(\mathrm{p}|S_1)$，同理，$P(S_1, \mathrm{c}, \mathrm{n}) = P(\mathrm{c}|S_1) \times P(\mathrm{n}|\mathrm{c}) = P(\mathrm{c}|S_1)$。因此 S_2 选择 p 节点还是 c 节点只取决于 $P(\mathrm{p}|S_1)$、$P(\mathrm{c}|S_1)$，即只与“是”的上下文有关，而与“因为”的上下文无关，这恰是 MEMM 产生偏置的一种情况。

而在 CRF 模型中因为在整个路径上建立一个指数模型，按式（2.20）计算词性序列，所以此时 $P(\mathrm{n}|\mathrm{p}) \neq 1$，$P(\mathrm{n}|\mathrm{c}) \neq 1$，也就不会产生偏置问题。

2.4　CRF 中文词性标注

2.4.1　CRF 词性标注简介

词性标注任务是为句子中每一个词赋予一个正确的词性标记。设给定一个输入的序列 x，其中在中文词性标注中 x 是经过分词的词序列，则词性标注的任务是输出对应的词性序列 y。如“我/r 祝/v 大家/r 新年/t 快乐/a 。/w”。相比英文，中文词性标注任务需要预分词，所以分词的好坏也将影响到词性标注的性能；中文不具备英文所具有的丰富的词形特征，如-ed，-ing 等后缀，致使中文的兼类词以及未知词的标注更为复杂。

由自然语言中语句构成的特点可知，局部上下文对确定当前词的词性所起的作用非常大，相邻词性之间的联系也较为紧密，所以词性标注问题需要作为序列标注问题处理。CRF 模型作为条件模型允许增加多种颗粒度的特征，同时可以有效地处理标注偏置问题，也适合词性标注这一序列标记问题[9-11]。

与 MEMM 相同，CRF 模型通过特征模板抽取上下文特征，特征模板如表 2.2 所示。

表 2.2　词性标注中的特征模板

特征类型	特征模板
近距离特征	w_{i-2}，w_{i-1}，w_i，w_{i+1}，w_{i+2}，$w_{i-1:i}$，$w_{i:i+1}$
远距离特征	触发对特征或者粗糙集特征

例如，在图 2.8 中，关键词“纪念”通过如表 2.2 所示的模板来抽取，此时图 2.9 中的特征抽取模块抽取的特征向量为：“w_{-2}：于；w_{-1}：[Date]；w_0：纪念；w_1：[Number]；w_2：周年；$w_{-1:0}$：[Date]: 纪念；$w_{0:1}$：纪念: [Number]”。相比 HMM 仅利用到较少的特征，CRF 模型可以更充分地利用上下文特征。因为局部特征已经能够对绝大部分词具有较好的标注效果，考虑到远距离特征将使系统存储规模以及时间代价变大，所以通常仅是针对某些特定的复杂兼类词增加相应的额外特征，如 2.4.2 节中的触发对特征与第 4 章采用分类技术进行消歧。

2.4.2　引入触发对特征与中文组块特征

从语言本身来看，词性标注中确实存在远距离约束的语言现象，如“称……

为/v”。触发对一般是指两个元素之间的紧密关系，可实现两个元素之间的约束关系，常用四种方法抽取：互信息、平均互信息、χ^2方法、粗糙集方法。在处理词性问题上，相比互信息仅考虑两个词之间的同现关系，平均互信息衡量两个概率分布的 Kullback-Leibler 距离，因而具有相对好的性能。不过实验也发现，该方法因为考虑词频特性，所以频率非常高的词作为触发词的排名靠前，如“的”“中”。而χ^2方法却能够避免这个问题。本章采用χ^2方法提取触发对，而其他方法提取触发对的方式与该方法类似，在 3.3.2 节将进一步阐述。

χ^2方法定义了语句中词和词之间的相关性：

$$\chi^2(a,b)=\frac{N\times(AD-CB)^2}{(A+C)\times(B+D)\times(A+B)\times(C+D)} \tag{2.22}$$

式中，a 为触发者，b 为被触发者，例如，在“称……为/v”中，a 为“称”，b 为“为/v”；N 为全体对象，$N=A+B+C+D$；A 为 a 与 b 同现；B 为 a 出现 b 未出现；C 为 a 未出现 b 出现；D 为 a 与 b 均未出现。

考虑到系统的运行性能，这里只为复杂兼类词抽取触发对特征，如“为”“和”“到”“中”等。复杂兼类词是通过系统评测而获得的，再利用χ^2方法为其抽取触发对，以“为”为例，触发对的形式为：“称……为/v”“为/p……祝寿”“为/p……义诊”“为/p……增辉添色”等。

触发对在 CRF 模型中体现出一种新的约束关系。如图 2.10 所示，触发对形成一种远距离约束。图 2.10 中，触发对“称……为/v”中的触发者“称”增加了“为”标注为 v 的支持。再由式（2.20）与式（2.21）中增加了词性序列 y 经过“为/v”的可能性，从而触发对实现了 CRF 模型标注中的远距离约束。

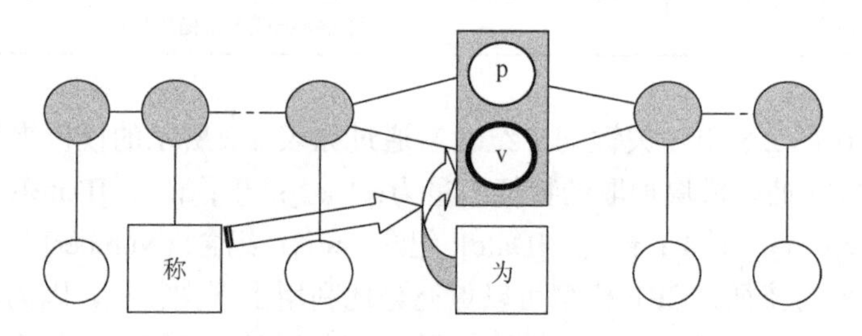

图 2.10　触发对在 CRF 模型中作用示意图

除了触发对特征，还将阐述句法分析特征反馈于词性标注的作用。浅层句法（shallow parsing）分析又称为组块（chunking）分析，它用于识别句子中的短语成分，因此可看作词法分析的后续处理部分。从词法分析到组块分析一般按照从前到后的线性顺序处理，本节将阐述组块信息的反馈作用以提高词性标注性能。例如，对于两个语句“这/是/为/人民/服务”与“他/为/祖国/人民/服务”，这里“服务”是判别“为”词性的有用特征。如果此处能够有效利用到“祖国/人民”属于组块，则“为→服务”则会成为有效特征。

图 2.11 显示本节组块特征的使用方法，其中采用 CRF 模型完成中文组块分析任务，并将其结果用于复杂兼类词消歧实验。组块分析任务也可以看作序列标注任务，例如，“医院[NN]/B-NP 扩大[VV]/B-VP 药品[NN]/B-NP 和[CC]/I-NP 医疗[NN]/I-NP 仪器[NN]/I-NP 采购[NN]/B-NP 规模[NN]/B-NP”，其中“药品和医疗仪器”作为一个名词短语（标记 NP）。在 CoNLL-2000 评测[①]中，许多模型已经尝试，如 ME 模型、SVM 模型等。此外，MEMM 与 CRF 模型也用于组块分析任务中。

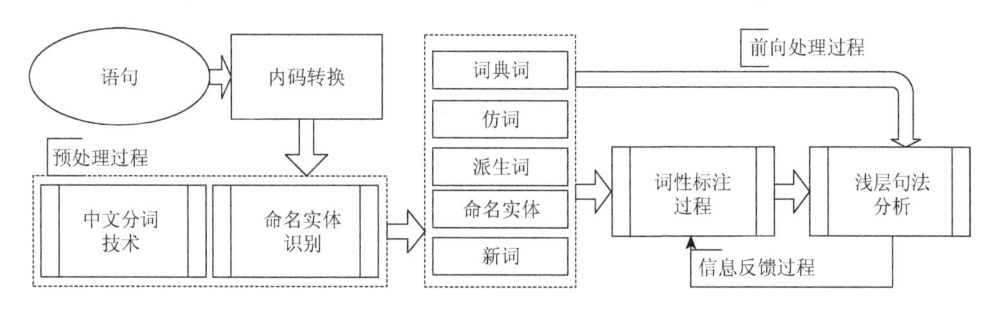

图 2.11　词性标注中的组块特征的使用方法

与词性标注任务使用的特征有所不同，组块分析中可以使用词性特征。所使用的特征模板如表 2.3 所示。

表 2.3　组块分析中的特征模板

特征类型		特征模板
词特征	一阶词特征	w_{i-2}，w_{i-1}，w_i，w_{i+1}，w_{i+2}
	二阶词特征	$w_{i-1:i}$，$w_{i:i+1}$
词性特征	一阶词性特征	t_{i-2}，t_{i-1}，t_i，t_{i+1}，t_{i+2}
	二阶词性特征	$t_{i-2:i-1}$，$t_{i-1:i}$，$t_{i:i+1}$，$t_{i+1:i+2}$
	三阶词性特征	$t_{i-2:i-1:i}$，$t_{i-1:i:i+1}$，$t_{i:i+1:i+2}$

组块分析之前需要预先分词与词性标注，组块分析的任务是为输入的带有词性标记的切词语句 s 标记相应的组块标记序列 c。组块标记（chunk tag）使用“B-X”与“I-X”结构，其中 X 代表相应的组块类型（chunk type），B-X 代表组块的第一

① 英语组块分析评测。网址：http: //www.cnts.ua.ac.be/conll2000/。

个词，I-X 代表组块的后续词。这样 B-X 与后续的 I-X 构成一个组块。例如，B-NP、I-NP 用于构成名词短语 NP 组块。

CRF 模型标注组块的过程是按照式（2.21），利用 Viterbi 求解算法计算出具有最大条件概率 $p(c|s)$的序列 c。组块特征在词性消歧中的引入形式常有两种方法：①以组块类型作为特征；②将组块视为一个短语，对齐组块两侧的特征。

2.5 组合分类器的序列标注方法

多分类器组合的基本思想就是“集思广益”，目的是有效地发挥“集体智慧”。存在多种多分类器组合的方法，对多分类器进行组合的一种常用方法就是投票表决，如多数票规则和完全一致规则等。简单投票法并没有考虑到各分类器本身的特性，实行的是“一人一票”的原则，而实际上由于各个分类器使用的特征不同，基于的原理和方法不一样，或者训练过程使用的样本不尽相同，每个分类器的识别性能有所差别，有一定的互补性，即各个分类器对每个类别的识别能力有一定的差别。如果通过对大量样本的统计获得每个分类器识别性能的先验知识，将其作为多分类器组合的依据，可得到基于贝叶斯规则的多分类器组合方法。另外可以通过 AdaBoost 等算法来组合多个弱分类器。

本节将多分类器组合的方法用于词性标注中，为了有效地组合各个子分类器，在选择子分类器时，应考虑到各个子分类器之间存在互补性。下面首先阐述作为几何模型的 SVM 用于序列标注任务，然后阐述融合 SVM 与概率模型（HMM、MEMM 与 CRF 模型）的组合分类器用于词性标注。

2.5.1 SVM 模型

SVM 是一种用于分类问题的有监督机器学习算法。给定一个 L 维的矢量空间，存在一个如式（2.23）定义的超平面，它能够把训练数据 $\{(x_i,y_i)\,|\,x_i\in\mathbf{R}^L,\ y_i\in\{1,-1\}$ 分成两个类，从图 2.12（a）可以看出，存在很多这样的超平面。SVM 的任务在于发现一个最优的超平面，使得这个超平面和最近分类点的距离最大，如图 2.12（b）所示：图中灰色点代表的数据为 SVM。

二值分类的决策分类超平面可以定义为

$$w\cdot x+b=0,\quad w\in\mathbf{R}^L,b\in\mathbf{R} \tag{2.23}$$

一旦找到这样的超平面，分类决策函数可定义为

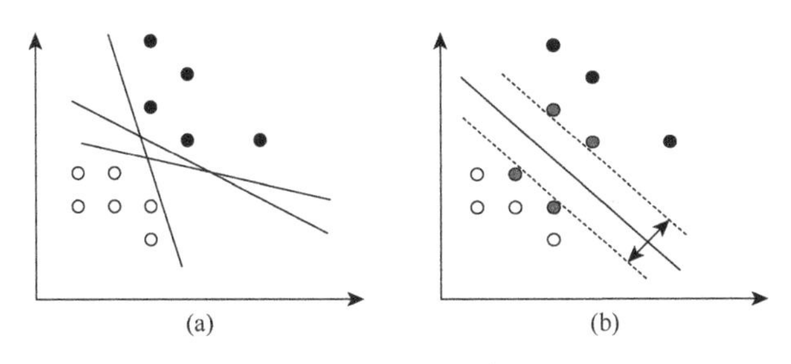

图 2.12　SVM 示意图

$$y_i = \text{sign}(w \cdot x_i + b) \tag{2.24}$$

针对一个线性不可分问题，特征向量 x 可以用一个非线性的函数 $\Phi(x)$ 映射到一个线性可分的更高维的空间中，这种映射一般具有较高的时间复杂度。在 SVM 模型中，从式（2.23）和式（2.24）可以看出涉及的运算只有内积运算，所以并不需要真正地将数据点映射到高维空间中，而是通过核函数来模拟数据点在高维空间中的内积运算，即

$$\Phi(x_i)\Phi(x_j) = K(x_i, x_j) \tag{2.25}$$

常用的核函数为多项式函数，即

$$K(x_i, x_j) = (x_i \cdot x_j + 1)^d \tag{2.26}$$

SVM 模型可以利用统计学习理论（computational learning theory）中的概念进行理论的分析，图 2.12（b）中的最优超平面将使测试错误的期望值最小。另外，通过对核函数的应用，简单线性分类算法也可以处理一些非线性问题，同时所有必要的计算都在原始的输入空间中完成，避免了在高维空间中进行运算。基于以上优点，SVM 模型在自然语言处理中的文本分类、组块分析、词性和词义标注等领域得到了广泛的应用，而且效果较好。

在自然语言处理中利用 SVM 模型时，通常将多值分类问题转换为 SVM 分类器对应的二值分类问题。例如，对于{A，B，C，D，E}的分类问题，一种转换方法称为逐一二分类法，可以划分{A，～A}，对于～A 的情况再划分{B，～B}，对于～B 的情况再划分{C，～C}，对于～C 的情况再划分{D，～D}，此时，如果是～D，则意味着就是 E 分类。该方法可以利用一个二叉树来描述，那么一个问题是如何确定从根节点到叶子节点的分类顺序，例如，最初从 A 开始划分还是从 B 或从其他类别开始判别更合理呢？可以通过实验方法来确定最佳划分顺序。另一种转换方法称为集合分解二分类法，例如，将{A，B，C，D，E}划分为{A，B}和{C，D，E}，然后将{A，B}再分成 A 和 B 两类，{C，D，E}再划分为{C，D}和 E 两类。该方法中也面临着优化集合划分的问题，最初划分{A，B}和{C，D，E}还是划分{A，C}和{B，D，E}或划分其他两个子集更合理，这往往需要用实验来评价。

2.5.2　SVM 用于序列标注

在大规模序列标注问题上，直接应用 SVM 通常面临着运行效率低的问题，这是因为：①词典中的词很多，需要对众多词均构造相应的 SVM 分类器，另外由于 SVM 本身要完成二值分类，故还需要将多值分类问题转换为二值分类问题，其存储空间非常大；②在分类时，按照式（2.27）计算，对于输入语句序列的每一个词的各个候选标记，都需要与支持向量做内积运算，从而极大地影响标注速度。本节 SVM 采用线性核，对训练的结果作预处理以提高标注速度，另外为了弥补线性核的映射能力不足（相比多项式核等）问题，采用组合特征模板用于采集复杂的特征。

定义二值分类样本：$(x_1,y_1),\cdots,(x_n,y_n)$ $(x_i \in \mathbf{R}^n, y_i \in \{1,-1\})$，判别函数可表示为

$$f(x) = \operatorname{sign} g(x) \tag{2.27}$$

$$g(x) = \sum_{i=1}^{l} y_i \alpha_i K(x_i, x) + b \tag{2.28}$$

式中，K 为核函数，$b \in \mathbf{R}$ 为阈值，而 α_i 为特征权重。α_i 满足约束 $\forall i: 0 \leqslant \alpha_i \leqslant C$ 且 $\sum_{i=1}^{l} \alpha_i y_i = 0$，这里 C 为误分类的惩罚系数。

SVM 以结构风险最小化原则取代传统机器学习方法中的经验风险最小化原则，在有限样本的机器学习中显示出优异的性能。SVM 具有的良好泛化性能，在一定程度上避免了小样本语料及高维特征空间中易于出现的过拟合问题，同时通过 C 参数实现的最大软间隔分类算法，可以有效地容忍少量噪声语料或极个别特殊样本带来的负面影响。

许多任务中的实验已经表明：线性核与其他核函数的性能相接近，并且在序列标注任务中可以有效地解决存储空间和计算量问题。

若 $K(x_i, x)$ 为线性核，式（2.28）右侧表达式可表示为

$$\sum_{i=1}^{l} y_i \alpha_i < x_i \cdot x > = < \left(\sum_{i=1}^{l} y_i \alpha_i x_i \right) \cdot x > \tag{2.29}$$

设 $x_i = [x_{i1}, x_{i2}, \cdots, x_{im}]$，$m$ 为特征空间的维数，按照“一对多”策略完成多值分类，由式（2.29），特征 j 的相应权重可以在知道 x 之前进行计算：

$$w_j = \sum_{i=1}^{l} y_i \alpha_i x_{ij} \tag{2.30}$$

经过上述预先计算处理后，SVM 就可以高效地处理序列标注任务。由式（2.28）～式（2.30）可知，分类过程只是对线性加权的特征进行判别的过程。该处理方法已经在英文词性标注中获得成功，本节又将其应用于音字转换这一序列标注任务上，即完成从拼音语句到对应的汉字语句的转换。

1. 特征模板与特征映射

SVM 在特征空间中完成样本的分类，因此需要从每一个样本的上下文中抽取特征，并形成特征空间[12]。针对表 2.4 中的特征模板，对样本 x_i 所代表的上下文进行特征采集，形成特征向量。经过特征模板从样本中抽取特征后，样本的分类知识表征为特征向量。以"yi/一 zhi/枝 mei li/美丽 de/的 xian hua/鲜花"为例，对"zhi/枝"收集特征，部分特征分量举例："Zhi：枝；P_{-1}：Yi；P_0：Zhi；P_1：mei li；P_2：xian hua；W_{-2}：一"。

表 2.4　SVM 用于音字转换模型的近距离特征模板

模板类型		模板①
词模板	一阶拼音	P_{-2}，P_{-1}，P_0，P_1，P_2
	二阶拼音	$P_{-2,-1}$，$P_{-1,0}$，$P_{0,1}$，$P_{1,2}$
	三阶拼音	$P_{-2,-1,0}$，$P_{-1,0,1}$，$P_{0,1,2}$
	一阶词	W_{-2}，W_{-1}
	二阶词	$W_{-2,-1}$
字模板	一阶字	Z_0
	二阶字	$Z_{-1,0}$，$Z_{0,1}$

与采用多项式核可在一定程度上自动组合特征不同，线性核是在输入特征空间上完成样本分类，因此输入特征空间需要具有丰富的特征表示。表 2.4 中同时给出了一阶、二阶、三阶特征。SVM 具有结构风险最小化的原理，可有效地保证音字转换模型仍具备很强的泛化性能。

表 2.4 分为词特征和字特征：①词特征。词作为基本的语法和语义单元，是相对稳定且有效的语句构成单位。相比字特征，词特征增加了语言的结构信息。②字特征。稀疏问题以及复杂的语言现象，都需要模型能够更加细致地刻画转换关系。字特征就是用来更精细地描述语言中的复杂转换关系。此外，也可以通过互信息、平均互信息、χ^2 方法等方法收集触发对特征以实现远距离约束关系，如"计算机→互联网"，"Xian hua→（Zhi/枝）"。

通过特征映射方法把符号特征映射为二值特征，即

$$\text{feature}(f_i \mid h) = \begin{cases} 1, & \text{如果在}h\text{中存在}f_i \\ 0, & \text{其他} \end{cases} \tag{2.31}$$

① P 代表拼音模板，W 代表词模板，Z 代表单个拼音模板，而−2，−1，0，1，2 代表上下文中相对关键字的位置。

式中，h 为当前上下文环境。通过上述特征映射，形成 SVM 特征分类空间。

2. 拼音分词

为了能够提供准确的词特征用于 SVM 的音字转换模型，提出拼音分词的方法。拼音分词的任务是把输入的拼音串切分为以拼音词为单位的单元，如“yi zhi mei li de xian hua”被切分为“yi/zhi/mei li/de/xian hua”。

拼音分词采用 Tri-gram 模型并辅以绝对折扣平滑算法完成。与第 1 章中文分词的过程类似，拼音分词网格构造如图 2.13 所示。

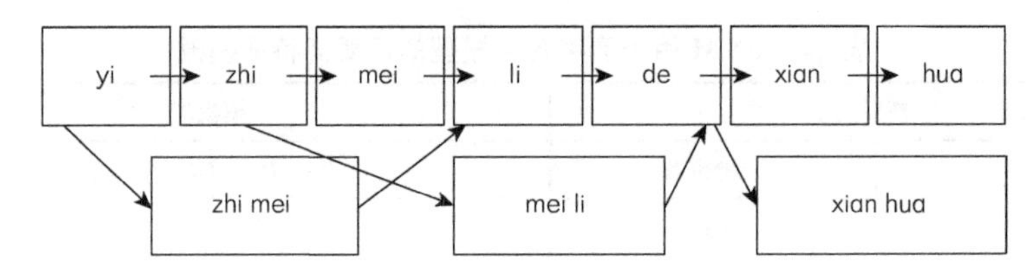

图 2.13　拼音分词网格

拼音分词就是在图 2.13 的网格中搜索最优切分路径。在 Tri-gram 模型下，寻找满足式（2.32）的切分：

$$S^* = \arg\max_{s} \prod_{i=1}^{n} P(P_i \mid P_{i-2}P_{i-1}) \tag{2.32}$$

其中，该式已利用马尔可夫假设，即当前拼音词只与前两个拼音词相关，$P(P_0 \mid P_{-2}P_{-1})$ 代表拼音串中第一个拼音词出现的概率。与中文分词相同，数据稀疏问题在拼音分词中同样存在，本书采用绝对折扣平滑克服数据稀疏问题。

与音字转换相比，字转音的过程较为容易，多音字较少，并且通过上下文通常很容易进行发音的判别，精确度很高，因此易于大规模地获取音字转换的语料。通过大规模拼音分词语料单独训练拼音分词模型，并利用该模型重新切分 SVM 的音字转换模型的训练语料和测试语料。训练与测试均采用相同的系统处理，可以尽量弥补切分错误带来的影响（如 CoNLL-2000 的 Chunk 评测中的训练语料和测试语料都采用同一词性标注系统）。用 2000 年《人民日报》前 5 个月语料进行训练，采用第 6 个月语料评测，拼音分词的性能达到了 96%的切分精确率。

2.5.3　组合分类器词性标注

首先考察词性标注中词的兼类现象。在具有 12.6 万词的词典中，大约有 15%的兼类词，如图 2.14（a）所示。因为 Zipf 定律表明少量的高频词大量出现，所以图 2.14（b）统计出现次数大于等于 5 次的高频词的兼类现象，通过在 1998 年上半年的《人民日报》语料上统计，兼类词约占 35%。

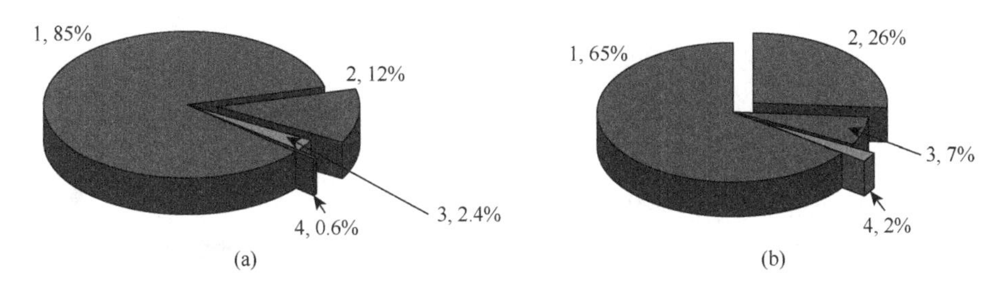

图 2.14　按照词性数统计词的比例

1, 2, 3, 4 分别表示兼类词对应的词性数量

不同的语言模型通常对于某一词性的标注效果有所不同，图 2.15 显示四种语言模型，包括一阶 HMM（即 HMM1）、MEMM、SVM 及 CRF 模型在典型的几个词性①上的标注性能。该图表明不同的语言模型可能对于某些词性的标注性能较好，即具有不同偏好（preference），因此采用多分类器组合的方法正是试图利用每一个子分类器的突出表现之处。

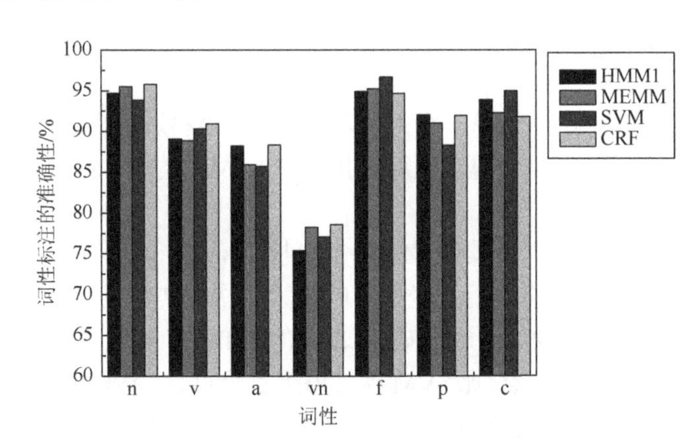

图 2.15　在一些主要词性上多种模型的性能对比

多分类器组合存在几种方式，图 2.16 给出本章进行多分类器组合的系统构成，其中几种子分类器通过组合的方式形成最终的词性标记决策。在分类器组合模块（combination 模块）中，可以使用简单的投票法，还可以使用贝叶斯规则的多分类器组合方法、AdaBoost 方法。除了典型的组合决策策略，还可以采用级联分类器的方法，如利用最大熵分类器作为最终决策分类器。

---

① 该统计图中的词性标记含义：n 名词，v 动词，a 形容词，vn 动名词，f 方位词，p 介词，c 连词。

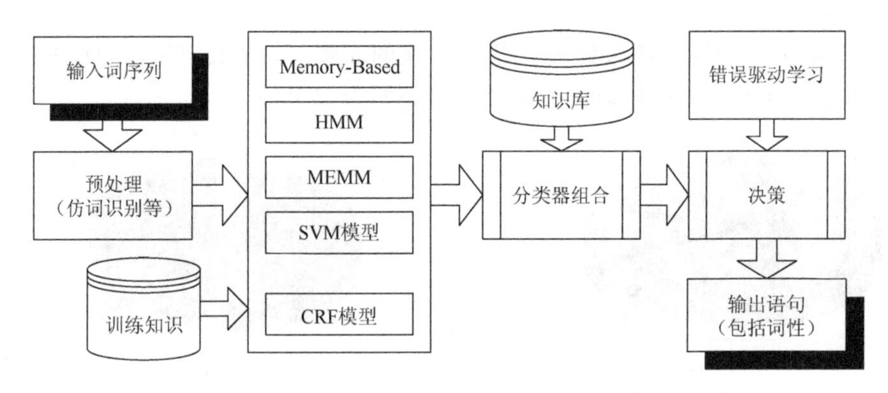

图 2.16　多分类器组合词性标注方法系统构成

2.6　实验结果与分析

词性标注的语料库来自北京大学标注的 1998 年上半年《人民日报》。其中，训练语料为前 5 个月的数据（包含 66 万句，604 万词），开放测试采用第 6 个月的语料库数据（包括 13 万句，124 万词）。

2.6.1　CRF 词性标注评测

首先采用 1998 年上半年第 1 个月《人民日报》语料进行训练，用第 6 个月语料进行测试，分别对 HMM（内嵌绝对折扣平滑）、ME 模型、SVM 模型以及 CRF 模型进行了词性标注实验。

表 2.5 给出对比结果。本实验 ME 特征模板为 w_{i-2}，w_{i-1}，w_i，w_{i+1}，w_{i+2}，特征过滤阈值为 5，该实验均采用基于词典的搜索算法。实验表明 CRF 模型获得了最高的标注精确率（93.59%），该精确率比一阶 HMM 高 1.19 个百分点，比 ME + Beam Search 高 1.09 个百分点，比 SVM 高 0.70 个百分点。这主要是由于相比 HMM，CRF 模型标注过程中更充分地利用了上下文特征，而相比 ME 模型，CRF 模型有效地克服了标注偏置的问题。表 2.6 显示 CRF 模型正确标注了“工作”的词性，这是由于 CRF 模型充分地运用了上下文特征，如增加的“但”“是”，都对“工作”标注为 vn 有提示作用。然而 HMM 却无法使用这种观察特征。

表 2.5　几种模型的词性标注性能对比（单位：%）

标注模型	标注精确率
一阶 HMM	92.40
二阶 HMM	92.39

续表

标注模型	标注精确率
ME + 顺序标注	92.45
ME + Beam Search	92.50
SVM 模型	92.89
CRF 模型	93.59

表 2.6　CRF 模型比 HMM 展现的优越性举例

标准	但/c 工作/vn 是/v 可以/v 做/v 好/a 的/u
HMM	但/c 工作/v 是/v 可以/v 做/v 好/a 的/u
CRF 模型	但/c 工作/vn 是/v 可以/v 做/v 好/a 的/u

下面分析 CRF 模型在词性标注中常出现错误的主要原因。图 2.17（a）表示 CRF 模型标注时出错样本包含的特征情况，看上去似乎包含很多特征，但图 2.17（b）给出了训练时真正相关的上下文特征情况。图 2.17（b）表明 78%的情况下只出现少于三个特征，这其中还包括当前词 w_i 特征。由此说明标注时大部分特征并不是训练时真正相关的特征。

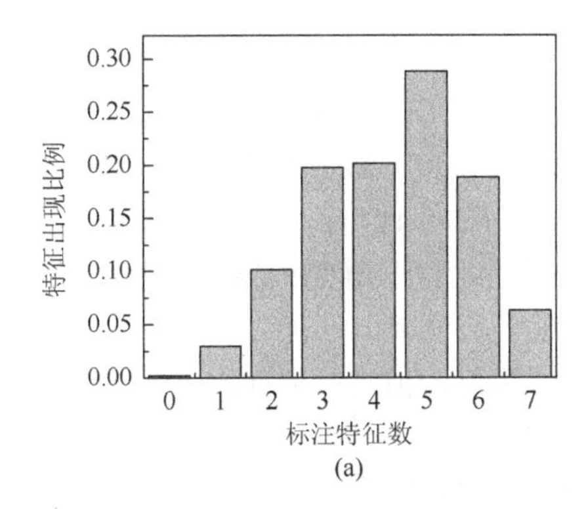

(a)

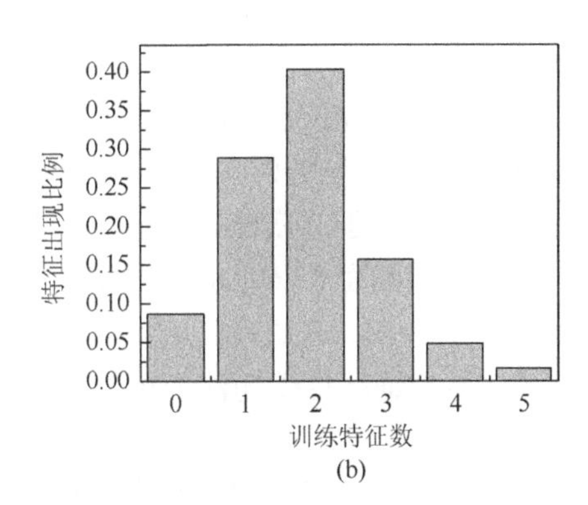

(b)

图 2.17　标注错误时的特征出现情况统计

这恰恰说明数据稀疏是影响 CRF 模型性能的主要因素。从另一个角度也说明在基于词的特征采集方式下，CRF 模型已经工作得相当好了，但是基于词的特征采集必然存在数据稀疏问题，这成为影响模型性能的主要因素。也许需要依赖后续句法分析才能更好地处理这种数据稀疏问题。

上述实验表明数据稀疏是影响性能的主要因素，第 7 章挖掘粗规则特征就是为了增强特征的描述能力以及克服数据稀疏问题，下面在复杂兼类词消歧任务中尝试增加组块特征。表 2.7 评价出了 CRF 模型在组块分析中的性能。

表 2.7　CRF 模型的 CoNLL-2000 评测性能（单位：%）

语言模型	精确率	召回率	*F* 量度
Baseline	72.58	82.14	77.07
Memory-Based	91.05	92.03	91.54
ME 模型	92.08	91.86	91.97
MEMM	92.26	92.68	92.47
CRF 模型	93.28	93.00	93.14

表 2.8 给出了 CRF 模型在 Chinese Penn Treebank 5.0（CPTB5.0）语料库的评测性能。该语料库包括 507 222 个词，共 824 983 个汉字，18 782 个句子，890 个数据文件。其中包括 114 个精心标注的测试文件，共 63 223 个词（占语料库的 12.46%）。

表 2.8　CRF 模型的 CPTB5.0 语料库评测性能（单位：%）

语言模型	精确率	召回率	*F* 量度
Baseline	68.30	80.43	73.87
MEMM	91.00	91.46	91.23
CRF 模型	91.96	91.87	91.92

在表 2.8 中，MEMM 的精确率为 91.00%，召回率为 91.46%，*F* 量度为 91.23%，而 CRF 模型的精确率为 91.96%，召回率为 91.87%，*F* 量度为 91.92%，表明 CRF 模型的性能要好于 MEMM。对其中的 NP 组块标注评价，MEMM 的精确率为 87.11%，召回率为 87.69%，*F* 量度为 87.40%"，而 CRF 模型的精确率为 89.25%，召回率为 87.46%，*F* 量度为 88.34%"。下面对于几个虚词，包括"为""和""到"消歧。这些虚词往往受句法约束较强。利用组块特征消歧效果如表 2.9 所示。

表 2.9　使用组块特征的复杂兼类词消歧（单位：%）

兼类词	主要词性	Baseline			句法特征		
		精确率	召回率	*F* 量度	精确率	召回率	*F* 量度
为（for）	p	93.92	93.60	93.76	94.69	94.76	94.73
	v	91.72	92.17	91.94	93.18	93.13	93.16
和（and）	p	62.05	46.36	53.07	66.33	49.81	56.89
	c	98.78	99.46	99.12	98.84	99.51	99.17
到（to）	p	84.14	67.69	75.02	84.10	71.09	77.05
	v	92.01	96.76	94.33	92.77	96.59	94.64

表 2.9 表明组块特征有助于受句法约束较强的复杂兼类词消歧。

2.6.2　SVM 序列标注性能评测

下面在音字转换上评测 SVM（以 SVMLight 5.0 为基础）在序列标注问题上的性能。训练语料为 2000 年《人民日报》1 月的前 50 万词，用第 6 个月的前 5 万词测试。表 2.10 为 SVM 模型在音字转换上的性能。

表 2.10　SVM 模型在音字转换上的性能（单位：%）

音字转换模型	开放测试精确率
Bi-gram 模型 + 绝对折扣平滑	91.21
Tri-gram 模型 + 绝对折扣平滑	91.33
基于字的 SVM 模型	86.54
基于词的 SVM 模型	92.51

从表 2.10 的实验结果来看：①基于字的 SVM 模型的性能较差，主要因为词是语法和语义的基本单位，词特征可以为音字转换模型提供一定的语法结构信息；②SVM 模型融合了更丰富的上下文特征，故基于词的 SVM 模型比 Bi-gram 模型和 Tri-gram 模型具有更高的转换精确率。下面考察误分类的惩罚系数 C 的影响。

图 2.18（a）表明随着 C 的增大，测试精确率首先增加较快，随后缓慢下降。在 $C=0.3$ 时开放测试精确率最高，为 92.51%。而图 2.18（b）表明封闭测试精确率随 C 增加而增加。综合图 2.18（a）和图 2.18（b）来看，在 $C=0.3$ 时，模型综合性能最优。

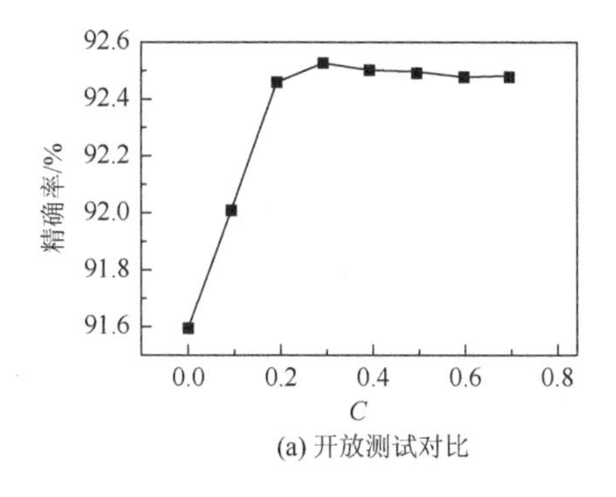

(a) 开放测试对比

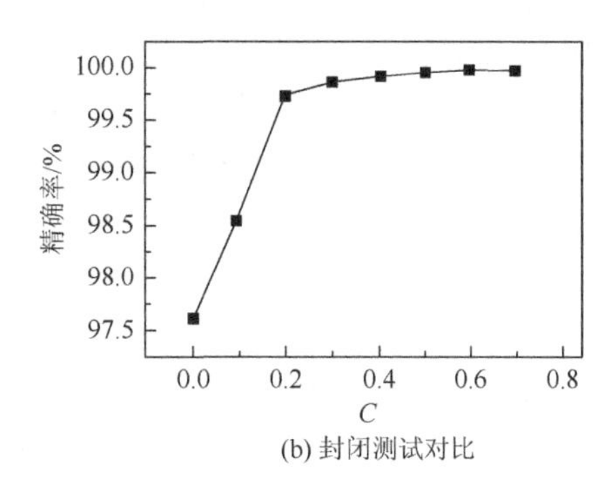

(b) 封闭测试对比

图 2.18　C 与 SVM 模型性能关系

图 2.19 表明：①在 10 万语料时，Tri-gram 模型与 Bi-gram 模型的性能要好于

SVM 模型，这是因为 Tri-gram 模型是概率模型，且采用了绝对折扣平滑算法，故当训练语料库非常少时，回退平滑策略使其转换到低阶词概率进行转换。相比之下，SVM 模型是向量模型，在数据稀疏时会出现特征模板提取的丰富特征中具有不稳定的特征。②随着训练语料规模增大，SVM 模型逐步地优于 Tri-gram 模型。这恰恰说明了丰富的特征使得 SVM 音字转换模型能更精细、准确地描述转换知识。

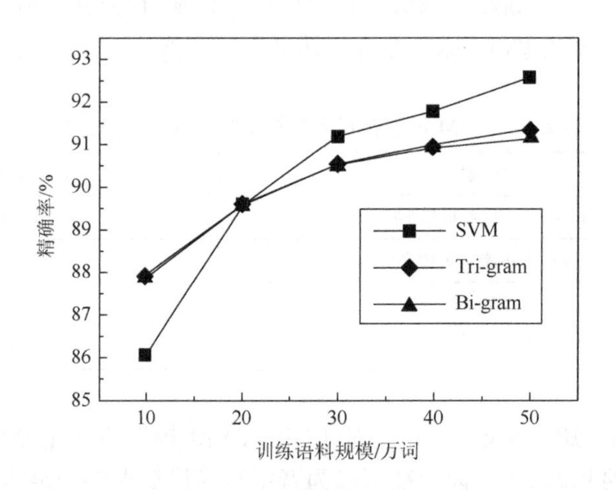

图 2.19　Bi-gram 模型、Tri-gram 模型、SVM 模型训练规模与测试精确率（$C=0.3$）

2.7　本章小结

HMM 是产生式模型，存在两个主要缺点：①需假设特征之间彼此独立，而许多上下文特征往往彼此相关，这使得 HMM 不易加入各种丰富的上下文特征；②使用联合概率来模拟条件概率模型，而实际自然语言处理问题往往是条件概率问题。MEMM 是条件概率序列标记模型，不作特征独立性假设，易于融入丰富的特征，却存在标注偏置的问题。与 MEMM 不同，CRF 模型仅使用一个指数模型计算在给定观察值序列条件下整个标注序列的条件概率，因此，在 CRF 模型中不同状态的不同特征权值可以彼此交替。McCallum 等验证了该模型可以有效地解决标注偏置问题，而且该模型不对特征独立性做假设，又是条件概率模型，因而克服了 HMM 的上述两个主要缺点。

本章在基于 HMM 建立中文词性标注模型的基础上，进一步引入 CRF 模型建立中文词性标注模型，作为条件概率模型，可以有效地融入丰富特征，此外它仅使用一个指数模型计算在给定观察值序列条件下整个标注序列的条件概率，可以有效地克服中文词性中的标注偏置问题。

通过对产生错误的原因进行分析，可知影响模型性能的主要因素是数据稀疏或特征缺少，因此增加上下文特征会有助于提高处理的性能。为此，利用 χ^2 方法提取远距离特征并融入 CRF 模型中，实验表明融合了远距离特征的 CRF 模型相比 HMM，性能提高了 1.55%，相比 MEMM 性能提高了 0.56%。对于受语法约束较强的复杂兼类词，本章又考察了组块特征对消歧的作用，对“为”和“到”等兼类词消歧的实验验证了该方法有效。

最后，利用多分类器组合的方法提高标注性能。考虑到有一定互补性的子分类器可提高组合的性能，组合了 HMM、MEMM、SVM 模型以及 CRF 模型。其中 SVM 模型在处理序列标注问题上面临由数据量过大导致的效率低的问题，借鉴并利用线性核分类的预合并策略，来提高序列标注的处理效率。组合分类器词性标注实验表明该方法相比 CRF 模型在 F 量度上提高了 0.14%。另外，又应用 SVM 模型建立了音字转换模型，经 50 万词训练，该模型比 Tri-gram 模型 F 量度提高了 1.18%。

第3章　命名实体识别

命名实体主要可分为三大类：实体类（人名、地名、机构名）、时间类（日期、时间）、数量类（货币值、百分比）。其中，时间类与数量类通过第1章中的仿词识别就可获得较好的识别效果；而实体类中的人名、地名、机构名的识别却相对困难。类似人名、地名和机构名，还可研究商品名、医药名等实体识别工作。

对命名实体识别的评测（如 CoNLL-2002 和 CoNLL-2003）中所用的方法进行分析，初步看出：①取得较好性能的典型模型是线性或者对数-线性模型，如 ME 模型；②在这类模型中融入精细的特征可以较大地改善系统的性能。许多方法已在命名实体识别任务中尝试过，包括 HMM、ME 模型、CRF 模型以及组合分类器等方法。从机器学习角度来看，各模型的处理性能差别并非十分显著，一般来说，若能有效地融入领域特征往往会提高分类器的性能。

3.1　中文命名实体识别特点与任务描述

3.1.1　中文命名实体识别的特点分析

各种语言存在其自身的特点，即使相同的语言模型与特征采集方法在各种语言处理上的性能表现仍存在差异。以 CoNLL-2003 的评测结果为例，对于英语评测的前五名的平均 F 量度为 86.706%，而对于德语评测的前五名平均 F 量度为 70.938%，这说明语言自身的特点也影响命名实体处理的难易程度[13]。

相比于英文命名实体识别，中文命名实体识别难度更大：第一，在中文的句子中，词与词之间没有空格，加上语言现象的复杂性会导致分词的精确率不够高，并且一个位置的不正确分词会影响到其他位置的分词，也就是说错误会扩展；第二，各类命名实体没有明显的特征可以区分开来（如英文的人名、地名的首字母大写），中文地名不像英文地名都遵守大写规则等[14-16]。表 3.1 给出了 1998 年上半年《人民日报》中的包括时间、数量的命名实体分布情况。

表 3.1　命名实体分布情况统计（单位：%）

命名实体	占命名实体百分比	占语料库百分比
人名	15.59	1.69
地名	23.69	2.57
机构	10.07	1.09
时间	16.33	1.77
数量	34.43	3.72

表 3.1 表明命名实体在语料库中呈现稀疏的分布，这也意味着即使标注一个很大的语料库，真正包括实体及其上下文环境的样本数据也只是较小的一部分。图 3.1 表明命名实体自身的分布还呈现出 Zipf 定律形式，Zipf 定律表明数据的稀疏特性不易通过增大语料库获得较大改善。

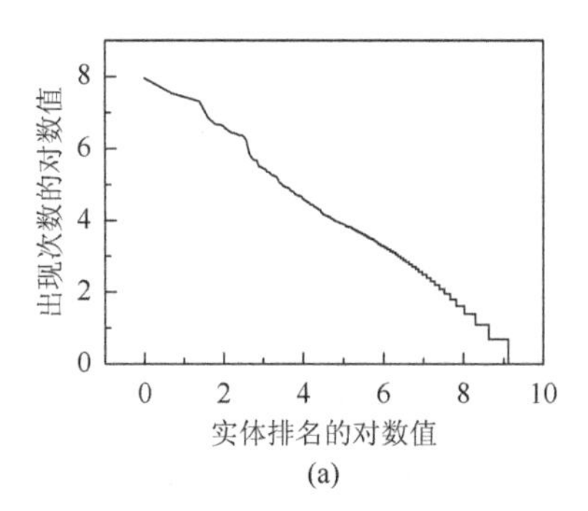

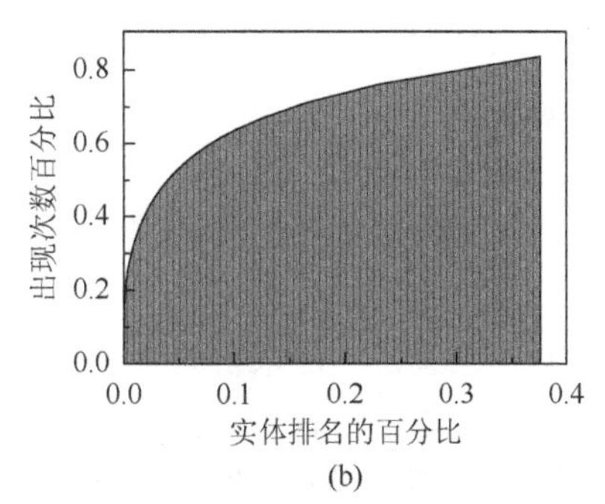

图 3.1　实体自身分布呈现出 Zipf 定律形式

图 3.1 中对命名实体出现的次数进行了统计，然后按照出现次数从大到小排列。经统计，出现次数与出现次数排名的乘积大致相等，求对数[①]后，改写为实体出现次数的对数值与实体出现次数排名的对数值之和大致相等，如图 3.1（a）所示。命名实体的出现在语料库中也展现出长尾现象。图 3.1（b）给出实体出现次数排名的百分比与实体出现次数的百分比之间的关系，显示出较少的实体拥有较高的出现频次。综合来看，中文命名实体语言现象的复杂性、实体在语料库中的稀疏性、实体自身分布满足 Zipf 定律，这些特点展示出完成高性能的中文命名实体识别任务面临着较大困难。

3.1.2　中文命名实体识别的任务描述

命名实体识别本质上是一个模式识别任务，即给定一个字符串，判定其属于哪一类的命名实体，可形式化描述如下。

① 本书中常采用自然对数或者以 2 为底的对数进行计算。

输入：样本 $X=\{x_1,x_2,\cdots,x_m\}$。

输出：类别标记 $Y=\{y_1,y_2,\cdots,y_n\}$。

目标问题：判别函数 $g(x)$，如果 $g_i(x)>g_j(x)\ \forall i\neq j$，则 $Y=y_i$。

常用的命名实体识别都采用模式识别方法。模式识别的过程通常包括数据采集、特征提取与选择、分类器选择、分类后处理等主要步骤。其中数据采集主要完成训练样本的收集，以及根据分类目标，把样本进行分割。如果在经过分词的语句上进行命名实体识别标注，则仍可看作一个序列标注问题。命名实体识别标注问题常采用收集大量训练文本的方法，把文本中的命名实体切分为命名实体开始、命名实体结束和非命名实体等几部分。

命名实体识别与词性标注任务的本身特性有一定的差别：在词性标注中，语句较多符合语法现象，词性标记之间的影响较大，而在命名实体识别中，标记间的影响不紧密，也就是说，只有连续的实体标记之间较紧密，而非实体标记与实体标记之间较松散。对于命名实体标注而言，应该更多地融入语句自身的特征信息，包括命名实体上下文信息和命名实体自身的结构信息。标注序列自身的紧密性不强，会使得 HMM 序列标注方法表现的性能较差。

命名实体识别系统中的分类器的作用是：根据特征提取得到的特征向量给一个被测对象分配一个类别标记。完美的分类性能通常是不可能获得的，分类的难易程度取决于两个因素：一是来自同一个类别的不同个体之间的特征值间的波动；二是属于不同类别样本的特征值之间的差异。在选择语言模型时，既需要考虑不能太简单以至于不足以描述模式类间的差异，又需要考虑不能太复杂而导致泛化性能差。

3.2　ME 模型及其适用性

3.2.1　ME 模型

ME 模型是通过求解一个有条件约束的最优化问题得到概率分布的表达式。假设现有 n 个学习样本 $(x_1,y_1),(x_2,y_2),\cdots,(x_n,y_n)$，其中 x_i 是由 k 个属性特征构成的样本向量 $x_i=\{x_{i1},x_{i2},\cdots,x_{ik}\}$，$y_i$ 是类别标记，$y_i\in Y$。所要求解的问题是，在给定一个新样本 x 的情况下其最佳的类别标记。

ME 模型的目标函数定义如下：

$$H(p)=-\sum\tilde{P}(x)P(y\mid x)\log P(y\mid x) \tag{3.1}$$

式（3.1）即条件熵，也就是说 ME 模型要求信息系统的目标状态的条件熵取得最大值，同时要求满足：

$$P=\{P\mid E_P f_i=E_{\tilde{P}}f_i,1\leqslant i\leqslant k\} \tag{3.2}$$

$$\sum_{y} P(y|x)=1 \tag{3.3}$$

式中，f_i 为定义在样本集上的特征函数。$E_P f_i$ 为特征 f_i 在模型中的期望值，$E_{\tilde{P}} f_i$ 为特征 f_i 在训练集上的经验期望值。两种期望值分别定义如下：

$$\begin{cases} E_P f_i = \sum_{c,h} \tilde{P}(x) P(y|x) f_i(y,x) \\ E_{\tilde{P}} f_i = \sum_{c,h} \tilde{P}(y,x) f_i(y,x) = \frac{1}{N} \sum f_i(y,x) \end{cases} \tag{3.4}$$

$$f_i(y,x) = \begin{cases} 1, & y = y', h(x) = \text{TRUE} \\ 0, & 否则 \end{cases} \tag{3.5}$$

式中，$h(x)$ 为谓词函数，其类型的个数和系统特征模板的类型个数相等。通过对式（3.1）～式（3.3）用拉格朗日变换，求出满足条件极值的概率：

$$P(y|x) = \frac{1}{Z(x)} \exp\left(\sum_i \lambda_i f_i(y,x)\right) \tag{3.6}$$

$$Z(x) = \sum_c \exp\left(\sum_i \lambda_i f_i(y,x)\right) \tag{3.7}$$

式中，λ_i 为特征 $f_i(y,x)$ 对应的拉格朗日系数，即权值。式（3.7）表示式（3.6）中的分母计算。现在求解的目标问题转换为如何估计这些特征的权值。显然，这些权值不可能通过解析方法求解得到，只能通过数值计算方法求得。ME 模型的学习过程就是调整 λ_i 的过程，也是获得最优权重的过程。ME 模型采用经验风险最小化原理，按照极大似然估计，满足式（3.1）～式（3.3）中特征的模型期望等于特征的经验期望，从而获得权重向量 $\lambda = [\lambda_1, \lambda_2, \cdots, \lambda_m]$，其中 m 为特征个数。权重向量 λ 就是所学到的知识。

在 ME 模型中使用最多的参数估计方法是 GIS 算法，在实践中，为了方便计算，需要把指数形式变换为对数形式，所以 ME 模型也是对数-线性模型的一种。

ME 模型本身是分类模型，若用于解决序列标注问题，常需要辅以一定的搜索策略。最简单的序列标注方法可采用顺序标注，即假设标记序列 $\{t_1, t_2, \cdots, t_n\}$，则在利用分类方法标记 t_1 后，顺序标记 $t_2, t_3, \cdots, t_n$。然而这种标注方法往往没有考虑 t_{i+1} 的变化对 t_i 的影响。实质上，对于序列标注，若能考虑标记序列内部标记间的影响，往往能够获得更好的标注效果。给定一个句子，包含 n 个词，分别为 $\{w_1, w_2, \cdots, w_n\}$，一个对应的标记序列 $\{t_1, t_2, \cdots, t_n\}$ 的条件概率为

$$P(t_1, t_2, \cdots, t_n | w_1, w_2, \cdots, w_n) = \prod_{i=1}^{n} p(t_i | h_i) \tag{3.8}$$

式中，h_i 为第 i 个词 w_i 所对应的上下文环境。

式（3.8）表明，处理序列标注问题，可以枚举出对应句子的所有标记序列的候选，并且发射概率值最大的一个标记序列作为答案。常见的搜索算法主要有 Viterbi 求解算法和 Beam Search 算法。Beam Search 算法实质是宽度优先搜索（breadth first search）；为了避免搜索过程中的组合爆炸问题，在每一步后续的所有候选中，只对前 K 个最优的候选进行扩展，其他的通过剪枝处理掉。

3.2.2 MEMM

ME 模型与 Beam Search 算法可以完成序列标注问题，而另一种方法可以选用 MEMM，它是 ME 模型的一种延伸模型，也可以看作一种特殊形式。不同于 HMM 产生式模型，MEMM 是求解一个条件概率，通过马尔可夫原理，把一个标记链的条件概率分解为多个单个标记链的乘积，而 HMM 是求解一个联合概率，不仅要对标记链建模，还要对观测链建模，因为在 HMM 中认为两者都是随机变量，而非确定值；另外，MEMM 的概率形式为指数模型，即可以继承所有 ME 模型的优点，能融入灵活的、没有任何独立假设条件的特征，而 HMM 则不具有该优点。HMM 和 MEMM 的结构比较如图 3.2 所示。

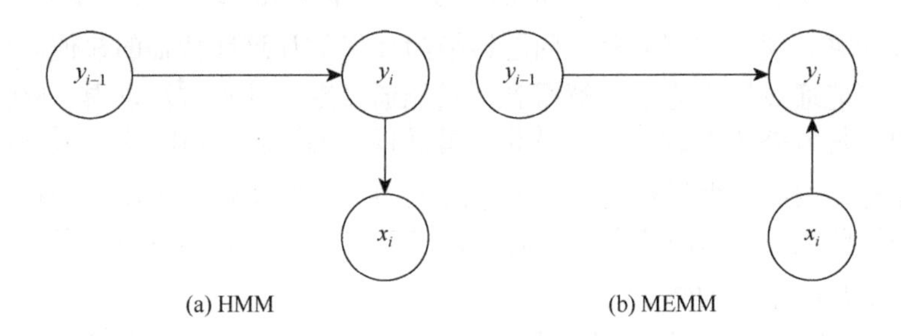

图 3.2　HMM 和 MEMM 的结构比较图

图 3.2 显示出，HMM 是由标记 y_{i-1} 到 y_i 转移，并且产生（发射）观察变量 x_i，而 MEMM 是在 y_{i-1} 和 x_i 的基础上产生标记 y_i。因此 MEMM 也经常称为有限状态接收机（finite-state acceptor）。

根据以上描述，在 MEMM 的框架下给定一个输入序列 $X=\{x_1,x_2,\cdots,x_n\}$，并且给定标记集 $Y=\{y_1,y_2,\cdots,y_n\}$，则最适合 X 的标记序列 $\hat{Y}$ 可以表示为

$$\hat{Y}=\arg\max_{Y} P(Y\mid Y',X) \tag{3.9}$$

$$P(Y\mid Y',X)=P(y_0\mid x_0)P(y_1\mid y_0,x_1)\cdots P(y_n\mid y_{n-1},x_n) \tag{3.10}$$

式中，$P(y_i\mid y_{i-1},x_i)$ 可以切分为 $|Y|$ 个独立训练的状态转移方程，即

$$P_{y_{i-1}}(y_i\mid x)=P(y_i\mid y_{i-1},x) \tag{3.11}$$

每个函数表示在每个 y_i 下的条件概率，这些函数都以 ME 模型的形式，即对数-线性模型的形式给出。在求出上面的每个条件概率后，由观测序列 X 产生状态序列 Y 的条件概率的最坏时间复杂度为 $O(Tn^T)$（其中 T 为待标记序列的长度，n 为类别标记的个数），因此对于较长的标记序列求出 Y 概率的计算量较大。为此必须采用动态规划的方法，最常用的一种便是前向-后向算法。Viterbi 求解算法也是一种动态规划算法，所不同的是前向-后向算法是在给定序列的情况下，计算模型产生该序列的概率，而 Viterbi 求解算法是给定一个观测序列，计算模型在最佳意义上由观察序列确定一个标记序列。需要说明的是 Viterbi 求解算法和前向-后向算法一样都是“网格”算法，而且 Viterbi 求解算法和前向算法类似。同样，用后向算法的思想可以推导出 Viterbi 求解算法的“后向”版本。MEMM 中 Viterbi 求解算法的使用和 HMM 中的使用方法有所不同，主要是迭代步骤中累计概率的计算公式不同，需将 HMM 中的迭代式（3.12）修改为式（3.13）：

$$\text{SeqScore}(i,j)=\text{SeqScore}(k,j-1)\times P(x_j\mid y_j^i)P(y_j^i\mid y_{j-1}^k) \tag{3.12}$$

$$\text{SeqScore}(i,j)=\text{SeqScore}(k,j-1)\times P_{y_{j-1}^k}(y_j^i\mid x_j) \tag{3.13}$$

同时，尽管如式（3.11）所示，MEMM 中的转换概率方程可以转换为多个 ME 模型，但是求解每个 ME 模型的方式和前面中介绍的略有不同，即

$$P_{y_{i-1}}(y_i\mid x_i)=\frac{1}{Z(x_1,y_{i-1})}\exp\left(\sum\lambda_i f_i(y_i,x_i)\right) \tag{3.14}$$

式(3.14)说明 MEMM 是对前一个状态转移到的所有可能下一个状态的概率进行归一化处理，ME 模型只是对观测 x 所有可能出现的类别概率进行归一，而 MEMM 可以用于序列标注问题。

3.2.3　ME 模型的适用性

第 1 章中的 N-gram 模型主要用于序列切分，第 2 章和本章的 HMM、ME 模型、MEMM、CRF 模型主要用于标注（或分类）。HMM 和 CRF 模型属于概率模型，概率模型是中文信息处理中常用的一类数学模型，它对目标类别的判别是根据一个概率值进行排序或者在整体的概率矩阵空间进行全局或局部最优搜索而得到的；ME 模型中使用了熵最大原理，但也用到了归一化的过程，可视作一类特殊的概率模型；SVM 模型是几何模型，它通过向量到间隔超平面间的距离来做判别；神经网络模型属于网络模型，它是通过调节各单元之间的连接权值，使得网络对于训练集达到平衡状态，然后根据输出层单元的输出来判定新样本的类别；基于转换的学习（transformation-based learning，TBL）模型属于规则模型，它根据一套规则库来判断样本的输出类别。

机器学习中的“没有免费午餐”定理也指明了，需要针对具体任务选择模型，

不存在一个适用于所有问题的模型。在 3.1.2 节中指明当采用一个命名实体的开始标记、中间标记和结束标记作分类标记方法时，开始标记与前序标记之间的关联关系往往相较词性标注弱些，所以通常需要选择能够融入更强分类特征的模型，从模型选择上，ME 模型是在中文命名实体标注中表现较好的模型之一。训练语料库、模型选择和特征使用都会对中文命名实体识别性能产生较大影响，在模型中采用更为有效的特征也是中文命名实体研究的主要任务之一。

3.3　基于 ME 模型的中文命名实体识别

3.3.1　ME 模型命名实体识别方法

ME 模型作为对数-线性模型，是条件概率模型，不对特征独立性作任何假设，因而易于融入丰富的上下文特征。一些评测实验初步表明：融入丰富的上下文特征的线性模型或者对数-线性模型较常见的其他模型往往可以表现出更好的性能，中文命名实体识别问题的实验也初步验证了这一特点。

本章采用 B-I-O 编码形式描述命名实体标记。其中 B-X 与 I-X 分别代表 X 类型实体的起始标记与实体后续部分的标记，O 代表非实体标记，如 B-CPN 与 I-CPN 分别代表中国人名的开始和后续部分。在此基础上，进一步考虑自动添加实体的前缀、中缀以及后缀标记可以显式地增强实体的上下文描述能力，这是由于融合有效先验知识会有助于提高分类器的性能，于是可以显式地指明实体的前缀、后缀以及连接两个同类型实体之间的中缀词。以实体前缀为例，图 3.3 演示出了增加前缀后对于分类模型的作用。

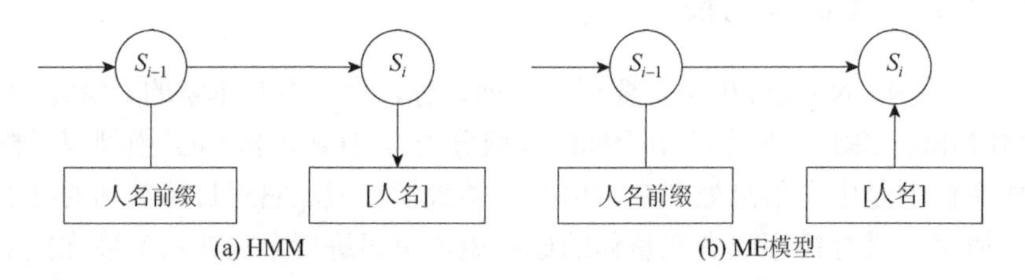

图 3.3　前缀在 HMM 与 ME 模型中的作用示意图

对于图 3.3 中的 HMM，当要计算路径评价值时，从式 $P(S_i|S_{i-1})\times P([人名]|S_i)$中的转换概率 $P(S_i|S_{i-1})$可以看出，丰富、恰当的状态 S_{i-1} 将有助于精细地描述 $P(S_i|S_{i-1})$。同理，这种先验知识可以改善 ME 模型处理的性能。命名实体识别标记样式如下。

我/O　荣幸/O　地/O　拜访/B-PER_PREFIX　孙/B-PER　桂/I-PER　平/I-PER　女士/B-PER_SUFFIX。

其中，“孙桂平”为中国人名，而“拜访”为前缀，“女士”为后缀。鉴于中国人名与外国翻译名的特点存在一定不同，本书又将人名分为两类，分别为中国人名（CPN）和翻译名（FPN），加上地名（LOC）与机构名（ORG），共有四种实体标记。由于中缀（INFIX）不按照实体类型区分，于是标记总数为：4×4＋1（O）＋1（INFIX）＝18（个）。

ME 模型进行命名实体识别的基本特征模板如表 3.2 所示。ME 模型不对特征的独立性作任何假设，因此易于融入丰富的上下文特征来描述标注知识。在特征采集时，如果考虑过少的特征描述会因为描述能力弱而影响模型性能，而考虑过多的特征描述不仅会增加模型存储规模，还会降低泛化性能。

表 3.2　命名实体识别的基本特征模板

特征类型	特征模板
一阶词特征	w_{i-2}，w_{i-1}，w_i，w_{i+1}，w_{i+2}
二阶词特征	$w_{i-1:i}$，$w_{i:i+1}$
实体标记特征	t_{i-1}

命名实体语言现象存在较强的局部相关性，即局部上下文对于判别命名实体具有非常大的作用，表 3.2 中的特征模板用于抽取局部上下文特征。除了局部上下文特征，还有一些其他较为重要的特征，主要分为两类：①实体自身的特征；②特殊的上下文特征。实体自身特征在本节阐述，而特殊的上下文特征将在 3.3.2 节阐述。表 3.3 列出了使用的 8 个词典资源。

表 3.3　命名实体识别中的词典资源

词典类型	词典	举例
基于词统计	Place lexicon（地名词典）	北京，纽约，哈尔滨
	Chinese surname（中国人的姓）	姜，赵，岳，欧阳
实体缀	Prefix of PER（人名的修饰前缀）	老，阿，小
	Suffix of PLA（地名的后缀）	山，湖，寺，台，海
	Suffix of ORG（机构名的后缀）	会，联盟，组织，局
基于字统计	Character for CPN（中国人名常用字）	军，刚，莲，茵，倩
	Character for FPN（外国人名常用字）	科，曼，斯，娃，贝
	Rare character（稀少字）	滗，胨，嬷

上述实体特征可以融入 ME 模型中。除了实体特征，还有特殊的上下文特征，所谓特殊是指不是利用简单的模板采集特征。

3.3.2 线索词特征的抽取方法

不同于英文，中文命名实体识别任务不仅需要识别实体类型还需要判别实体边界。这种不确定的实体边界通常会影响实体的识别效果。例如，“对{张/红}说”“对{孙/桂/平}说”，其中“对[Person]说”是较好的语法规则，但因二者切分不同，模型的标注过程不易获得与训练时相一致的特征。再如，“三博/同学/上午/说”，这里“三博”①或许是人名的昵称，特别是根据后面的“同学”与“说”两个词比较容易判别出这是人名。为了能有效地利用这类稳定的特征，抽取“word→tag”形式的触发对特征，获得针对某一类别具有较好提示的稳定上下文，如“说→[Person]”。这里将 word 称为线索词。

为获得有效的线索词特征，将互信息（公式中用 MI 表示）方法引入衡量上下文词与实体类型之间的关联关系，即

$$\mathrm{MI}(W,C)=\log\frac{P(W\cap C)}{P(W)\times P(C)} \tag{3.15}$$

式中，$P(W)$为候选线索词W的概率，而$P(C)$为相应实体标记C的概率。由式(3.15)，可以进一步计算候选线索词W的互信息值。式（3.16）代表利用平均法计算互信息值：

$$\mathrm{MI}_{\mathrm{avg}}(W)=\sum_{i=1}^{m}P(C_i)\times\mathrm{MI}(W,C_i) \tag{3.16}$$

另一种方法是利用每个子类C_i中的最大互信息值作为词的互信息值，即

$$\mathrm{MI}_{\max}(W)=\max_{i=1}^{m}\mathrm{MI}(W,C_i) \tag{3.17}$$

本章采用式（3.17）衡量词的互信息值。互信息主要用于衡量元素对之间的独立性（independence），然而却未能很好地度量其间的依赖性（dependence），这是因为没有考虑一个元素未出现时对另外一个元素的影响。而另外一种衡量标准，平均互信息（公式中用 AMI 表示）却考虑到相互之间的依赖性。平均互信息的定义为

$$\begin{aligned}\mathrm{AMI}(W,C)=&P(W,C)\log\frac{P(C|W)}{P(C)}+P(W,\bar{C})\log\frac{P(\bar{C}|W)}{P(\bar{C})}\\&+P(\bar{W},C)\log\frac{P(C|\bar{W})}{P(C)}+P(\bar{W},\bar{C})\log\frac{P(\bar{C}|\bar{W})}{P(\bar{C})}\end{aligned} \tag{3.18}$$

式（3.18）与互信息的不同体现在两方面：①右侧第一项表达式包括互信息

① 三博是一个小朋友的昵称，其父母都是博士、博士后，希望小朋友未来也能获博士学位。

中的度量，即已知 W 而对类别 C 的不确定性。此外，平均互信息进一步考虑到 W 未出现时对于 C 出现时的不确定性的度量等信息。②互信息实质上是对于点对（point-wise）间的信息度量，而平均互信息是对于两个概率分布的度量，可以看作 Kullback-Leibler（KL）距离：

$$\mathrm{AMI}(X,Y)=D(P(X,Y)\,\|\,P(X)\times P(Y)) \tag{3.19}$$

从式（3.19）可以看出，平均互信息实质是衡量 $P(X,Y)$ 与 $P(X)\times P(Y)$ 之间的概率分布的距离。除了互信息、平均互信息衡量指标，还存在其他几个衡量指标，如信息增益（information gain，公式中用 IG 表示），2.4.2 节也介绍了 χ^2 方法，还可以使用关联规则挖掘的方法采用置信度或者提升度等指标来衡量。信息增益的定义为

$$\begin{aligned}\mathrm{IG}(W)=&P(W)\sum_i P(C_i\,|\,W)\log\frac{P(C_i\,|\,W)}{P(C_i)}\\&+P(\bar{W})\sum_i P(C_i\,|\,\bar{W})\log\frac{P(C_i\,|\,\bar{W})}{P(C_i)}\end{aligned} \tag{3.20}$$

式中，$P(C_i\,|\,W)$ 为 W 出现在上下文时当前字串是实体 C_i 的概率，$P(C_i\,|\,\bar{W})$ 为 W 没有出现在上下文时当前字串是实体 C_i 的概率。类似式（3.16）和式（3.17），词的信息增益可以综合各个类别的增益结果，例如，当采用式（3.17）利用子类 C_i 中最大互信息的方法时，信息增益可以表示为

$$\mathrm{IG}_{\max}(W)=\max_{i=1}^{m}\mathrm{IG}(W,C_i) \tag{3.21}$$

对比式（3.15）、式（3.18）、式（3.20），可以获得计算触发对的基本原理：需要考虑线索词对各个实体类别的区分程度，还需要考虑触发对的出现次数。

利用 1998 年上半年《人民日报》语料进行触发对挖掘，获取线索词列表。对于上述统计公式中，设 O 为非实体类别，在统计时也将其视为一种实体。设 s 为到目标实体的距离，如 $s=4$，则搜集所有的触发对候选在窗口$[-s,+s]$中。在利用式（3.15）、式（3.18）、式（3.20）实际计算触发对时，需要利用极大似然估计方法估计计算式中的概率，如计算互信息时可以采用式（3.22）的形式：

$$\mathrm{MI}(W,C)=\log\frac{A\times N}{B\times D} \tag{3.22}$$

式中，$A=\mathrm{Count}(W,C)$，$B=\mathrm{Count}(W)$，$D=\mathrm{Count}(C)$，N 为所有实体数。同理，在利用式（3.18）和式（3.20）计算触发对时，也需要通过计数计算相应的概率。在为每个候选触发对计算出相应的衡量值后，可以在其中选择触发对。这里按计算的候选触发对衡量值从大到小排序，并选择顶部的 500 个候选对作为触发对。表 3.4 给出了一些典型的触发对以及这些触发对在三种方法中的排名。

表 3.4 一些从语料库中获取的触发对举例

触发对	AMI		MI		IG	
	衡量值	排名	衡量值	排名	衡量值	排名
同志 CPN	3.9×10^{-4}	6	2.71	144	3.7×10^{-4}	7
说 CPN	2.3×10^{-4}	11	1.85	885	2.2×10^{-4}	11
主任 ORG	1.2×10^{-4}	23	2.63	181	1.2×10^{-4}	23
会见 CPN	1.1×10^{-4}	27	2.43	269	1.0×10^{-4}	27
举行 LOC	9.5×10^{-5}	34	1.61	1279	9.1×10^{-5}	35
北部 LOC	3.9×10^{-5}	80	2.45	271	3.6×10^{-5}	84
会议 ORG	3.8×10^{-5}	83	1.39	1650	3.7×10^{-5}	81
教授 CPN	3.1×10^{-5}	96	2.21	463	3.0×10^{-5}	95

将触发对特征加入 ME 模型中，用于完成命名实体识别任务。设“word→*C* tag”代表触发对，则其作为 ME 模型特征的形式如式（3.23）所示。由于实体在语料库中呈现稀疏分布，并且对于错误的统计分析也表明许多错误是由于分类时缺乏有效上下文特征而产生的，为了降低模型的规模以及保持原有识别方法的稳定性，这里仅对分布稀疏的实体[①]增加触发对特征。

$$f_j(h,t)=\begin{cases}1, & \exists \text{word}\in h \text{和} t = C\,\text{tag} \\ 0, & \text{其他}\end{cases} \tag{3.23}$$

式（3.23）表示在命名实体识别 ME 模型中，当出现线索词 word 时，当前决策词倾向于标记为 *C* 的约束关系。

3.3.3 特征扩展方法研究

仅通过上述方法抽取特征用于命名实体识别中会存在如下的问题：①Zipf 定律表明，数据稀疏问题是不可避免的，在 3.1.1 节已经说明实体在语料库中的分布具有稀疏性，而实体自身分布满足 Zipf 定律。由此，在通过语料库抽取常规特征难以进一步改善命名实体识别性能的情况下，引入额外的语言知识来提高识别性能是一种有效途径。②命名实体识别的错误主要发生在对未知命名实体的识别上，这说明对于数据稀疏问题的解决迫在眉睫。③语义与语用知识有助于改善命名实体识别的性能。例如，如果知道“教授”是人名识别的有益特征，那么与“教授”相类似的特征，如“老师、助教、讲师”等词，也将有助于判别人名实体。基于

① 如实体在语料库中的出现次数小于等于 5 次。

上述考虑，本节采用基于词语相似度计算与同义词词典相结合的方法来扩展抽取的实体特征。

图 3.4 显示出两个词“舞蹈”“软件”在二维词向量空间（word vector space）的构成，其中“艺术”“计算机”分别构成向量空间的两个轴。这种特征描述的方法是假设一个词 w 可由邻近的词来表示，通过与邻近词的同现情况来代表该词在词向量空间的语义。在词向量空间中，通过计算两个词向量之间的接近程度（本书使用典型的余弦夹角）来估计两个词之间的相似程度。这是基于两个相似的词通常在相类似的上下文环境中出现的假设。在构造词向量空间后，两个词 v 与 w 的相似度可以利用公式计算，这里余弦值等价于归一化的相关系数（normalized correlation coefficient)，式中 N 为向量空间维数。

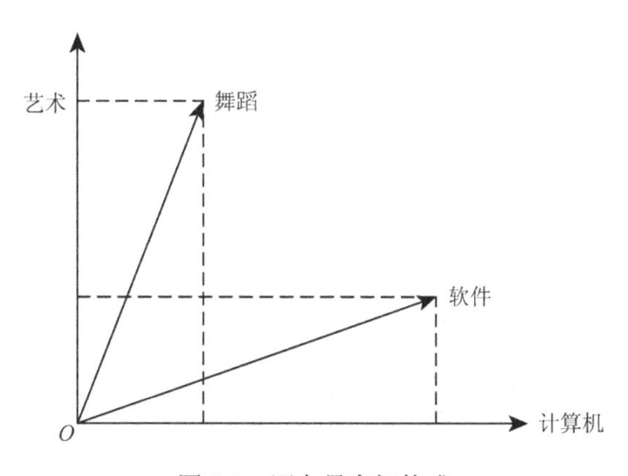

图 3.4　词向量空间构成

$$\operatorname{corr}(\vec{v},\vec{w})=\frac{\sum_{i=1}^{N}v_i w_i}{\sqrt{\sum_{i=1}^{N}v_i^2\sum_{i=1}^{N}w_i^2}} \tag{3.24}$$

在词向量空间中，选择数轴上的特征词尤为重要，因为所有词向量空间中的词都需要利用特征轴衡量。在选择数轴上的特征词时需要考虑以下特性：单义词、正交性、覆盖性和代表性。一种典型的选择特征词的方法是利用词频-反文档频率（term frequency-inverse document frequency，TF-IDF）算法（参见第 4 章）。本章结合词典 HOWNET2005 的义原与 TF-IDF 算法共同选择特征词。选择特征词的具体做法是：首先通过 TF-IDF 选择比较典型的特征词候选，然后利用 HOWNET2005 的义原对 TF-IDF 算法生成的结果再一次过滤。为了生成高质量的特征词组，一定的手工挑选工作是必需的，挑选的原则主要符合上述四种特性。

通过第 1 章的分词系统对 1998 年与 2000 年《人民日报》语料进行重新切分，

然后利用[−8, 8]窗口内的上下文特征来计算词 w 与特征词的同现，最终将 w 表示在特征空间中。当词 w 与词 v 都表示在特征空间后，就可以利用式（3.24）计算两个词之间的相似度。

表 3.5 中给出六个词“电脑”“计算机”“教授”“老师”“面包”“馒头”的相似度矩阵。如果进行 k-均值聚类，当 $k=3$ 时，便获得三个聚类{电脑、计算机}、{教授、老师}、{面包、馒头}。

表 3.5　相似度矩阵举例

实例	向量的余弦相似度					
	电脑	计算机	教授	老师	馒头	面包
电脑	1.000	**0.659**	0.122	0.189	0.072	0.092
计算机	**0.659**	1.000	0.143	0.111	0.049	0.056
教授	0.122	0.143	1.000	**0.218**	0.036	0.063
老师	0.189	0.111	**0.218**	1.000	0.159	0.131
馒头	0.072	0.049	0.036	0.159	1.000	**0.480**
面包	0.092	0.056	0.063	0.131	**0.480**	1.000

注：加粗表示较大的数值，不考虑数值 1

如果对所有词都利用词向量空间衡量相似度会存在如下问题：①计算量太大；②语言本身极其复杂，并且语料库存在不均衡性，那么这种方法对一些词的衡量必然存在不足；③词向量空间模型基于相似的词具有相似的上下文环境的假设，然而由于语料库的选取或一些词本身的特性，无法对全部词进行有效衡量；④作为轴的特征词选取目前并没有完美的算法。上述原因会导致词向量空间计算词之间的相似度存在一定的局限性，为此，通过同义词词林以及词典 HOWNET2005 计算相似度的方法辅助词向量空间法。首先利用同义词词林中的同义词类获取一定相似词的候选，在该候选中利用词向量空间法，最终辅以 HOWNET2005 相似度的计算方法。对坐标轴词进行一定量的手工检查和筛选通常有助于精确获取相似词对。

3.4　双层混合模型方法研究

3.4.1　双层混合模型

不同于英文，中文命名实体识别任务不仅需要识别实体类型还需要判别实体边界。这种不确定的实体边界通常会影响实体的识别效果。例如，“对{张/红}说”和“对{孙/桂/平}说”，其中“对[Person]说”是较好的语法规则，但因二者切分不同，不易获得一致特征。

类似的特征如组块特征等也受到该问题的严重影响。此外，一些切分错误，如将“孙桂平/等”切分为“孙/桂/平等”，也会影响实体识别。稳定的上下文环境能为识别具有不同表现形式的同类型实体提供重要信息，于是提出采用双层混合模型的方法（图 3.5）以克服上述问题。

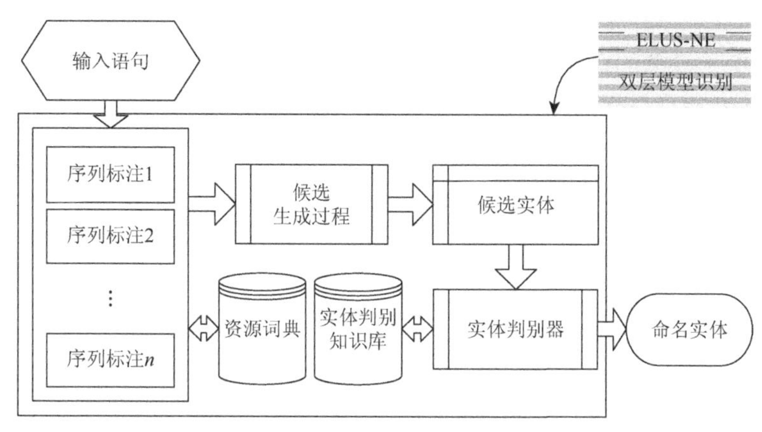

图 3.5　双层混合模型命名实体识别系统结构

从归纳偏置角度看，图 3.5 的双层混合模型并未比单一模型作更多的假设，相反，它恰是设法利用单一模型 n 个序列标注器从多种角度来提高边界识别的召回率的优点，并利用一定的规则融合这些序列标注器的标注结果生成实体候选，再通过实体判别器提高实体识别的精确率。一般来说，单一模型实体标注方法可作为序列标注器，如 HMM、ME 模型等；而实体判别器可在相对稳定的上下文环境中判别实体，从而易于使用更多的先验知识来提高识别效果。

本章以 HMM、ME 模型作为序列标注器，处理中文人名（PER）、中文地名（LOC）和中文机构名（ORG）。其中，为了便于采集特征和识别，中文人名（PER）分成中国人名（CPN）和外国人名的中文译名（FPN）。候选生成器用来融合 HMM 与 ME 模型识别的结果。通过对两个标注器进行评测，寻找两个分类器之间能够互补的规则，生成实体候选。

实体判别器用于对候选实体进行判别，与序列标注过程不同，判别时候选实体的边界是固定的，此时不仅可以使用稳定的上下文信息，还可以使用候选来自哪个序列标记等信息。本章是规则与统计相结合的方法：①若两个标注器具有相同的标注结果，还需判别是否存在嵌套实体，如 Sighan2005 语料库中的“梅/B-FPN 西/I-FPN 大学”“贺/B-CPN 龙/I-CPN 体育场”“克/B-FPN 木/I-FPN 里/I-FPN 河”。②如果候选实体处于相同覆盖或者交叉的位置，例如，“刘永”“刘永好”，则按照所在语句上下文的熵衡量。③融入对评测结果进行人工评价的规则。例如，ME 模型识别结果“王/CPN 在希/CPN 说”被规则合并为“王在希/CPN 说”。再如，

HMM 识别语句为“位于/O 三/O 圣/O 桥/O 河/O 下/O”，而 ME 模型识别为“位于/O 三/O 圣/O 桥/I-LOC 河/I-LOC 下/LOC-SUFFIX”，可以看出“位于……下”是有益特征以及“三圣桥河”之间为非常见搭配[①]，“河”又是地名的有益特征。

3.4.2 双层混合模型分析

相比单一模型的命名实体识别系统，双层混合模型具有更好的标注效果。HMM 与 ME 模型在标注实体时召回率呈现互补关系，图 3.6 显示两个模型对正确实体的召回情况。

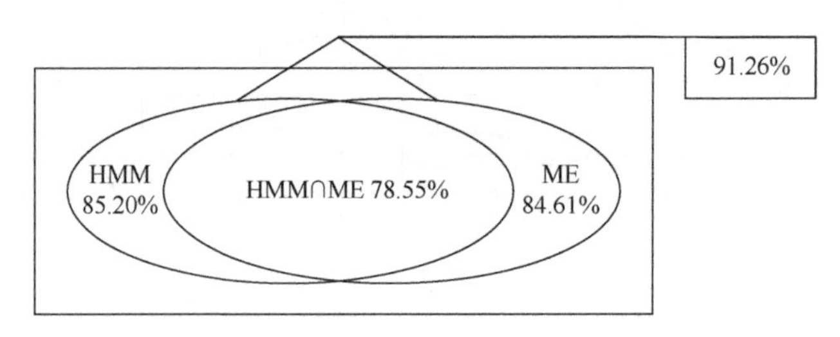

图 3.6　HMM 与 ME 模型互补关系情况

图 3.6 表明两个模型存在一定的互补优势，而这种互补恰恰是模型融合的必要条件。同时，它也表明存在 91.26%–78.55% = 12.71%的调整空间，对这部分实体的判别需要从实体自身特征、上下文环境甚至远距离上下文环境入手。也正是如此，在实体判别过程中，不仅应用了 4.2 节陈述的词典特征，也应用了粗糙集挖掘的规则对可能的实体类型进行判别。此外，作者认为基于机器学习的实体判别算法也应该能够较好地工作。

以下原因导致单一模型的能力有限：①模型能力的限制，例如，HMM 是产生式模型，对加入的特征作彼此独立性假设，因此不易融入更多的特征；②加入特征的限制，例如，ME 模型虽然易融入更多的特征，但是过剩的特征将导致模型过拟合问题，另外，一些非典型性特征可能会降低典型性特征的作用程度。在单一模型不易进一步提升性能的情况下，双层混合模型将成为一种有益的尝试方法。双层混合模型可以利用更多的上下文知识推理，如在 3.4.3 节将说明局部段落或篇章范围也有助于实体的判别。

3.4.3 领域实体扩展方法研究

领域实体扩展学习主要是在各个划分的子领域[②]内自动获得更多的实体知识。

① 根据评测结果的统计，如果对于已知实体识别效果非常好，那么候选实体将更大概率属于未知词。

② 可以尝试利用文本分类技术划分文本所在的子领域，如篮球新闻语料、足球新闻语料等划分方法。

其意义不仅在于能够提高实体识别模型的性能，还在于能够提高问答系统在用户问句中的实体识别能力。如以下例句[①]，

S_1：体育新闻问句“陈忠/CPN 和哪年执教国家队？”

S_2：体育新闻语句“姚明成/CPN 为了火箭队的唯一得分点。”

HMM 与 ME 模型均发生了误识，S_1 的错误源于“和”经常用作连词或介词；而 S_2 又表明分词与实体识别是一个交织的过程，近距离范围内“姚明成/CPN 为了火箭队”看不出问题，甚至比“姚明/CPN 成为了火箭队”更合理，所以只有综合全局语义才能正确判别。

因为完美地处理句法分析与命名实体都属于非常困难的问题，句法分析又是一个更难的任务，所以上述问题在基于词特征的常规模型中是不容易解决的。领域实体扩展学习则可利用高重复、低兼类性将实体先验知识用于识别过程。在篮球领域易于判别“姚明”是人名，在排球领域易于判别“陈忠和”是人名，因而上述问题可通过领域实体扩展方法正确处理。这里还包含一种潜在的规律：人们在问句中所关心的实体往往是在领域中较重要或者热点实体，因而时常出现。

基于 Bootstrapping 策略，图 3.7 中领域实体扩展学习是在原始数据中迭代获取实体知识。原始数据预处理是经过中文分词、词性标注之后，基于 ELUS-NE 进行实体标注。扩展学习则是在初始标注的原始数据中进行迭代学习，获取可信的候选实体、实体的相应属性以及边界模板。类似许多 Bootstrapping 策略，这里基于实体实例与边界模板来描述实体知识。对于每一个标注实例，定义两个边界模板。

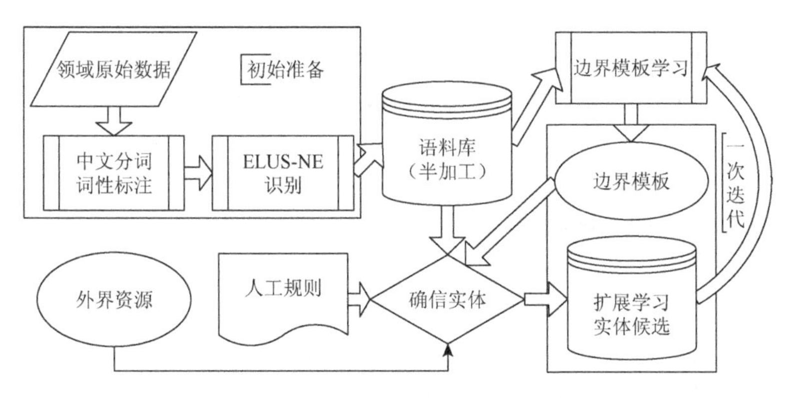

图 3.7　命名实体领域扩展学习框架图

$\text{bps} = [f(w_{-2})f(w_{-1})f(w_{-0})]$与 $\text{bpe} = [f(w_{+0})f(w_{+1})f(w_{+2})]$，其中“–”代表处于实体左侧，“+”代表处于实体右侧。采用边界模板分数衡量模板的性能：

① 在 2005～2006 年体育新闻中时而会出现的排球教练和篮球球员名。

Score(bp) = pos(bp)/(pos(bp) + neg(bp) + unk(bp))，其中 pos(bp)代表匹配同类型实体数，neg(bp)代表匹配不同类型实体数，unk(bp)代表仍未标记的实体数。可看出，Score( )函数是采用极大似然估计方法，通过估计模板对于正例的概率来衡量模板的性能。

迭代过程中尽可能地减少噪声的引入是非常重要的，这需要确保每次标注都具有较高的精确率。为此，采用规则方法进一步保证获取的实体满足一定的精确率，例如，利用人名常用字限定新获取的人名，获取的实体应该满足不是惯用搭配的条件。这些限定规则是通过对学习性能自我评价后人工追加的规则。

在迭代过程中精确率最为重要。迭代终止条件有两点：①限定迭代次数；②迭代到某一指标，如不再产生新的模板。然而，由于中文句法分析并不成熟，以及语言本身的复杂性，本章采用控制迭代次数的方法。要知道，人们感兴趣的实体通常在原始数据中会大量出现，领域扩展学习仍能很好地增强命名实体识别的性能。

受领域扩展学习方法的启发，局部范围的主题一般更加相同或相近，此时表述的人物、地点等往往相一致，于是应用缓冲策略，将当前出现多次的可信实体用于识别相同候选实体。不同于领域实体扩展学习，缓冲策略无迭代过程，需要进行两遍处理：首先，利用 ELUS-NE 与领域扩展模块标注文档；其次，采用基于实例的方法对标注文档中的可信实体进行学习；最后，利用学到的知识去标注未识别的候选实体。

3.5　实验结果与分析

实验中采用的评价指标为精确率、召回率和 F 量度。其中精确率 P = 正确识别数/模型识别数；召回率 R = 正确识别数/语料库中实体数；F 量度 = $(2 \times P \times R)/(P + R)$。

3.5.1　命名实体识别性能评价

首先采用北京大学标注的 1998 年上半年《人民日报》，其中对人名、地名和机构名进行了标注。为了更符合真实情况，也更有利于实体边界识别，利用分词系统 ELUS 对语料库数据重新切分，同时把非系统词典中的实体进行了再切分。用前 5 个月《人民日报》进行训练，第 6 个月语料进行测试，实验结果如表 3.6 所示。其中，BaseLine 实验采用具有最大出现概率的命名实体；基本 HMM 与基本 ME 模型未使用前缀、中缀以及后缀标记特征；HMM 与 ME 模型应用了前缀、中缀以及后缀标记特征；双层混合模型代表 ELUS-NE 识别模型；上界估计采用 HMM 或 ME 模型识别结果作“或”运算，即只需二者之一正确。

表 3.6　几种方法的命名实体识别性能对比（单位：%）

识别模型	精确率	召回率	*F* 量度
最大匹配 BaseLine	68.99	73.54	71.19
基本 HMM	79.20	79.96	79.58
基本 ME 模型	84.77	83.23	83.99
HMM	83.68	85.20	84.43
ME 模型	87.95	84.62	86.25
双层混合模型	89.32	87.81	88.56
上界估计	93.59	91.67	92.62

注：ME 模型采用 Beam Search 算法

表 3.6 中使用收集的包括第 6 个月的标记词典。实验表明 ME 模型因为使用了更多的上下文特征，所以表现出比 HMM 更好的性能。双层混合模型可以更好地利用实体两侧的稳定特征，从而获得更好的性能，*F* 量度 88.56%，这比 HMM 高 4.13 个百分点，比 ME 模型高 2.31 个百分点。此外，也看到它距上界估计还存在一定差距，这说明即使在不调整序列标注模型以及候选生成算法时，还有很大空间可以提高实体判别模型的性能。进一步分析得知：错误主要源于上下文特征的稀疏性，但这在有监督方法中不进一步挖掘实体内部特征而仅通过基于词的上下文特征不易获得显著改善，这可在稍后扩展领域学习方法中得到进一步解决。

下面评价增加触发对特征的性能。触发对如表 3.4 所示，选择最优的 500 个用于下述实验，表 3.7 给出在 1998 年上半年第 1 个月《人民日报》语料训练的实验对比。

表 3.7　带有 AMI 触发对的命名实体实验对比（单位：%）

实体类型	ME			ME + AMI		
	P	*R*	*F*	*P*	*R*	*F*
CPN	84.54	77.71	80.98	86.36	82.41	84.34
FPN	73.27	53.21	61.65	78.50	56.90	65.97
LOC	86.95	76.53	81.41	87.57	77.62	82.30
ORG	74.87	55.29	63.61	74.08	60.95	66.88
总体	82.81	69.74	75.71	83.60	72.97	77.92

表 3.7 表明，增加 AMI 触发对特征后，命名实体识别性能的 *F* 量度值提高了 2.21 个百分点。图 3.8 给出增加 MI 触发对的性能比较。

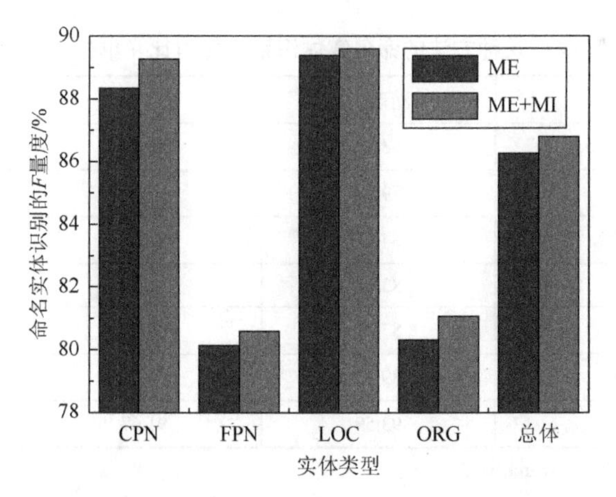

图 3.8　ME 命名实体与 ME + MI 触发对性能对比

如果通过 IG 搜集触发对也可获得相类似的性能。下面给出词向量空间的词聚类方法的实验，其中所有词与特征词的同现计数统计来自 1998 年与 2000 年《人民日报》语料。通过同义词词林，发现“教授”有 63 个同义词，表 3.8 给出其中几个词的相似度矩阵。

表 3.8　相似度矩阵

实例	向量的余弦相似度					
	学生	教授	副教授	导师	大学生	中学生
学生	1.000	0.352	0.280	0.288	0.433	0.331
教授	0.352	1.000	0.722	0.815	0.310	0.174
副教授	0.280	0.722	1.000	0.641	0.216	0.136
导师	0.288	0.815	0.641	1.000	0.226	0.139
大学生	0.433	0.310	0.216	0.226	1.000	0.674
中学生	0.331	0.174	0.136	0.139	0.674	1.000

图 3.9 给出层次聚类的显示结果。在实际使用中，可以在本章的词向量空间法的辅助之下，建立有效的同义词资源库，用于扩展实体识别特征。

3.5.2　领域扩展学习作用评价

本书 ELUS-NE 与领域扩展学习策略的实体识别系统参加了由美国国家标准局组织的 2005 年自动内容抽取（automatic content extraction，ACE）国际评测，其中实体划分为 7 个主类，包括人名、地名、机构名、设施等，每一主类又划分

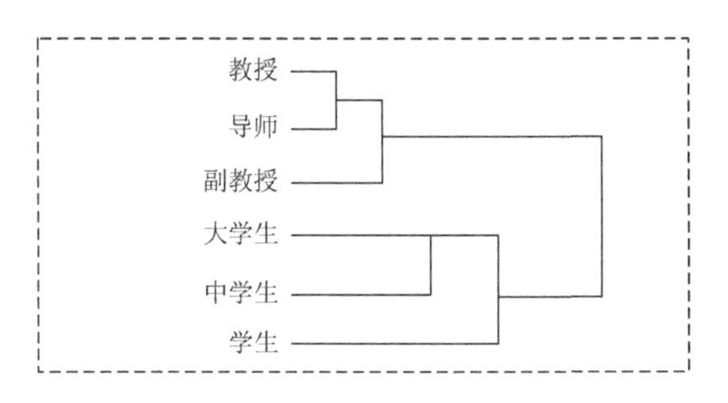

图 3.9　层次聚类结果

为若干子类，共 45 个，要求识别出子类实体及其类型。因为实体种类非常多，所给定语料规模较小，所以就限制了常用模型的性能。

下面把给定的训练语料按照 9∶1 的比例重新随机划分为训练语料 569 篇和测试语料 64 篇，实验结果[①]如表 3.9 所示。

表 3.9　在 ACE2005 语料库上领域扩展学习的作用（单位：%）

语言模型	精确率	召回率	*F* 量度
ME 模型	76.03	42.18	54.26
ME 模型 + 领域扩展学习	73.70	53.91	62.27

表 3.9 表明，增加领域扩展学习后，系统性能 *F* 量度可以进一步提高 8.01 个百分点，这也再次说明领域扩展学习因为使用了局部领域具有相同主题，实体满足高重复度和低兼类性，可以有效提高命名实体识别系统的性能。此处大幅度提升也源于实体类别多，基本命名实体识别系统的性能较低，此时领域扩展学习的效果更加明显。下面在一个特定的领域——篮球新闻语料[②]内评测人名（包括中国人名和外国人名）识别的性能。因为目的是验证跨领域的识别性能，所以使用 1998 年上半年《人民日报》前 5 个月语料训练，而并未使用篮球新闻语料训练。实验结果如表 3.10 所示。

表 3.10　篮球新闻语料人名识别评测（单位：%）

语言模型	精确率	召回率	*F* 量度
ME 模型	79.03	73.23	76.02
ME 模型 + 缓冲模型	81.56	83.19	82.37
ME 模型 + 领域扩展学习	87.96	90.04	88.98

① 由于实体类别非常多，本实验采用 ME 模型，特征模板为 w_{-2}，w_{-1}，w_0，w_1，w_2，$w_{-1:0}$，$w_{0:1}$，t_{-1}。

② 2005 年 12 月初在 http: //news.sina.com.cn 下载了 25 篇篮球新闻。

该实验结果表明领域扩展学习能够获得更高的性能。从识别结果来看，语句“姚明成/CPN 为了火箭队的唯一得分点。”能被纠正，并正确识别出“姚明”，而辅以分词消歧策略后，语句被正确处理为“姚明/CPN 成为了火箭队的唯一得分点。”可见本章的领域扩展学习策略不仅可以提高实体识别性能，正确的实体识别还能作用于分词过程。进一步分析领域扩展学习在识别实体时所起到的主要作用，如表 3.11 所示。

表 3.11 领域扩展学习的主要作用

作用分类	说明	人名（次数）	语句示例
实体边界判别	按照比例关系判别实体边界，应考虑缩略语规则	姚明（167） 姚明才（1） 姚明成（1）	姚/B-CPN 明/I-CPN 才/I-CPN 表现出了自己的强悍
实体类型判别	辨别实体类型按比例关系与规则	范甘迪/FPN（48） 范甘迪/CPN（3）	火箭主帅范/B-CPN 甘/I-CPN 迪/I-CPN 只能考虑进行改变
不一致标记修正	因上下文的影响，出现不一致标记	韦斯利/FPN 麦蒂/FPN	韦/B-CPN 斯/I-FPN 利/I-FPN 麦/B-CPN 蒂/B-FPN
实体召回	上下文关系，有时无法召回实体	坎比/FPN 莫科/FPN	坎比场均贡献 16.8 分

就数据集上的表现来分析，篮球新闻语料中语言表述简短、精练，这和《人民日报》语言风格有所不同，且人名、地名和机构名比较多，数据稀疏问题更为严重，因此表 3.10 中的实体识别性能没有《人民日报》上的实体评测性能表现好。就使用的方法分析，辅以一定的判别策略，领域扩展学习能够有效地提高命名实体识别的性能，尤其对局部范围内难以判别的实体，如表 3.11 中的示例，从而克服仅通过单个语句上下文环境内不易进行判别的影响。

3.6 本 章 小 结

不同于英文，中文语句中没有明显的词边界标记，因此中文命名实体识别不仅需要识别实体的类型，还需要判别实体的边界。然而实体边界的不确定性导致一些有益的上下文特征在模型中不易稳定地采集和利用。本章利用互信息、平均互信息等方法抽取稳定的实体特征。实验用 1998 年上半年《人民日报》前 5 个月语料进行训练，此外在第 6 个月用数据进行测试，结果表明：利用互信息方法抽取 500 个触发对特征并将其融入 ME 模型中，相比 ME 模型，精确率提高了 0.85 个百分点，召回率提高了 0.25 个百分点，F 量度提高了 0.54 个百分点。进一步，又研究了基于词向量空间与同义词词典的方法扩展这些稳定的特征。

两种原因使得现有单一模型的性能有限：①过剩的特征容易导致过度拟合问题；②模型融入各种特征的能力有限，或者易于出现一些特征被其他特征淹没的问题。针对上述两个问题，鉴于中文命名实体识别的特点，提出了双层混合模型的识别方法，其可利用具有不同偏好的多个单一模型作为基本的标注模型，在综合决策过程中可以利用额外的统计特征，包括利用段落或局部篇章信息。实验表明段落特征或局部篇章特征有助于提高实体边界以及实体类型的判别，这些改善是传统基于语句级实体识别模型难以获得的。双层混合模型命名实体识别的实验表明，它比 HMM 的 F 量度提高了 4.13 个百分点，比 ME 模型的 F 量度提高了 2.31 个百分点。

第 4 章　文本分类技术

文本分类是将文本按照一定的分类体系或标准进行自动分类标记，可能分到一个类或者几个类中。这里的文本是指以自然语言表示的文本文档，可以是科技文献、故事、笑话、新闻网页等。文本分类过程中需要预先定义类别，即分类前已经确定都包括哪些类。有些文本分类技术只将文档归到一个类别中，而有些文本分类技术可以将文档分到多个类别中，这应根据实际需求加以选择。分类过程是自动进行的，由处理模型根据自身的知识判别后，将文本自动归类。文本分类技术已经逐渐与搜索引擎、信息抽取、信息过滤、问答系统等信息处理技术相结合，有效地提高了信息服务的质量。

有些时候对评论进行褒贬情感分析分类也视作文本分类，只是划分到褒义、贬义和中性三个类别中。从技术处理上，文本分类仍属于机器学习中的分类技术，只是强调分类技术在自动文本类别划分上的应用，因此应该更多结合文本分析中的领域知识。歧义消解问题也可看作一种分类问题，如针对分词切分歧义、多词性标注的消解以及命名实体的判别，这里的“歧义”只是在计算机处理技术上存在困难而给定的称呼，因为对于人来说可以根据实际语境进行无歧义理解，然而对于一些计算机技术处理可能仍比较困难，为了便于理解，本书仍称为“歧义”，4.6 节将阐述基于分类技术的歧义消解问题。

4.1　文本的向量空间模型

4.1.1　向量空间模型

向量空间模型（vector space model，VSM）由 Salton 等于 20 世纪 70 年代提出，并成功地应用于著名的 SMART 文本检索系统。向量空间模型的主要思想是文本的语义通过其中的词语来表达，因此可以抽取文本中能更多表达文本语义的一些主要词语（称作术语，term），将这些词语描述为向量的形式。

例如，存在五个文档，分别为 D_1、D_2、D_3、D_4 和 D_5。

D_1 为在高校学习文本分析与文本挖掘。

D_2 为高校学习真有趣。

D_3 为文本分析与文本挖掘是一门重要课程。

D_4 为数据处理是重要的。

D_5 为数据处理是数据挖掘的重要基础。

这五个文档可以采用向量的形式描述，注意在形成向量描述时以词为基本单位，因此中文文档需要进行中文分词，而英文文档需要进行词干还原。英文词干还原是指对于 go-going-gone 之类的不同时态形式的词统一成基本形式，例如，go 要避免虽然含义一致，但表现形式不同，导致计算机认为是多个词的现象，此外对于单复数、变形的表达等也都采用统一的基本词来描述。词干还原目的是将相同词语的不同变形替换成它们共同的词干（根词）。例如，将“stemming”替换成“stem”，“went”替换成“go”。该技术在克服数据稀疏问题的同时也减小了向量规模，并且有利于同一语义词的匹配理解。词干还原的实现技术常包括给予规则的词形分析和查词典法，如 Wordnet 词典。

大多数词的词干还原可以简单处理，但对某些词来说仍然存在一些陷阱，如词干还原只用句法后缀拆分可能会增加匹配不相关文档的风险。例如，university 和 universal 的词干都是 univers，可能会被视作同一语义。当分析有很多缩略语的技术文档或文本中有多种双关语时，还会出现语义的歧义问题。

除了中文分词和英文的词干还原，通常还需要一个步骤：去掉停用词。例如，中文中的“的”“地”“得”“了”“啊”“呢”等对于分类的作用比较小，如果以词汇来描述文档特征，这些词汇还可能会降低分类的性能。英语中这些词一般是介词和冠词，如“a”、“the”或“on”，因为它们会出现在几乎所有文档中，所以一种方法是收集构建停用词表，然后从文档向量中删除停用词。

假设经过分词后的文档去掉仿词，再经过停用词处理后，变为如表 4.1 所示的内容。需要注意的是，这里使用主要词来描述文档，但不关心词在文档中的出现顺序，可以看作词袋（bag of words）形式。

表 4.1　分词与去停用词后的文档表示

文档	词汇 1	词汇 2	词汇 3	词汇 4	词汇 5	词汇 6
D_1	高校	学习	文本	分析	文本	挖掘
D_2	高校	学习	有趣			
D_3	文本	分析	文本	挖掘	重要	课程
D_4	数据	处理	重要			
D_5	数据	处理	数据	挖掘	重要	基础

如果将剩余可用的词汇都看作术语，那么表 4.1 可以描述为表 4.2 的形式，其中对于术语的出现表示为 1，不出现表示为 0。术语一般是经过精心挑选的有代表性的词汇，现假设表 4.1 中全部的词汇都是术语，并且向量中只描述文档中术语

的出现与否，出现为 1，不出现为 0，不考虑术语出现的次数，这种描述称为布尔向量，如表 4.2 所示。

表 4.2　利用术语来描述文档的布尔向量

文档	高校	学习	文本	分析	挖掘	有趣	重要	课程	数据	处理	基础
D_1	1	1	1	1	1	0	0	0	0	0	0
D_2	1	1	0	0	0	1	0	0	0	0	0
D_3	0	0	1	1	1	0	1	1	0	0	0
D_4	0	0	0	0	0	0	1	0	1	1	0
D_5	0	0	0	0	1	0	1	0	1	1	1

用布尔向量对文档进行描述时，其分量的值为 1 或 0，属于二值向量。如表 4.2 所示，当将术语作为向量空间的各个轴之后，各文档就成为向量空间中的一个向量。这样就实现了把对文本内容的处理转化为向量空间中的向量运算，例如，可借助空间上的相似度表达语义的相似度，文本处理中最常用的相似性度量方式是余弦距离。向量空间模型（有时也称作术语向量模型）有较广泛的应用，包括应用于文本分类、文本聚类、信息过滤、信息抽取等。例如，SMART 是首个使用这种模型的信息检索系统。

4.1.2　文本特征 TF-IDF 度量

在向量空间模型构建中，首要的两个问题是如何更好地选取特征轴词（术语）与如何更好地描述文档的向量。空间的特征轴对应文档中出现的关键词，也称为术语或标记（token）。关于术语选择将在 4.1.3 节讨论，这里假设去掉停用词后的所有词都可以看作术语。

在前面的布尔向量空间中，针对术语对应的分量只是采用 1 或 0 表示，代表出现或不出现，这种表示方法缺少对数量次数的度量。例如，表 4.1 中“文本”出现两次，通常词频高意味着文档的内容更强调该词所描述的语义。设想某一篇文档中“计算机”一词频繁出现，那么这篇文档与计算机内容相关的假设是合理的。在表 4.3 的向量表示中，增加了词频信息，即向量的分量代表术语出现的频次。

表 4.3　带有词频信息的文档向量表示

文档	高校	学习	文本	分析	挖掘	有趣	重要	课程	数据	处理	基础
D_1	1	1	2	1	1	0	0	0	0	0	0
D_2	1	1	0	0	0	1	0	0	0	0	0
D_3	0	0	2	1	1	0	1	1	0	0	0
D_4	0	0	0	0	0	0	1	0	1	1	0
D_5	0	0	0	0	1	0	1	0	2	1	1

一般来说，当考虑了词频信息之后，文档在向量空间中的向量表示更加合理，但仍需要考虑其他要素，如词汇本身的区分能力。为了解决简单布尔向量方法的缺陷，文档一般用 TF-IDF 转换形式描述，该方法由 Salton 在 1975 年提出。词频（term frequency，TF）即词在文档中出现的频次；反文档频率（inverse document frequency，IDF）有时也称作逆向文档频率，它是用来衡量一个词对于区分文档类别的重要程度。TF-IDF 的总体思想是：词的描述能力受两个要素影响，一是词的频次，词在文档出现的频次越高则描述该文档的代表性越强；二是词本身的描述能力，用反文档频率来度量，即若一个词出现在较少的文档类别中，则其描述能力较强。

词频描述某个词在一篇文档中出现的频繁程度，并通常作出假设：重要的词语出现频次更高。考虑到文档长度，为了阻止较长的文档中的特征会有更高的向量权值，必须进行文档长度的某种归一化。文档的归一化可以设计多种方法，但长文档特征通常赋予适当高些的权值也存在合理性。下面给出相对简单的三种方法。

方法一：将文档中词出现的实际次数除以该文档中各关键词中出现的最多次数，即

$$\mathrm{TF}(i,d)=\frac{\mathrm{freq}(i,d)}{\max\mathrm{freq}(d)} \tag{4.1}$$

方法二：将文档中词出现的实际次数除以该文档中其他关键词出现的最多次数，可由式（4.2）来表示。注意这种方法，对于最高频率的词其 TF 值会超过 1。

$$\mathrm{TF}(i,d)=\frac{\mathrm{freq}(i,d)}{\max\mathrm{Others}(j,d)},\quad j\neq i \tag{4.2}$$

方法三：将文档中词出现的次数除以所有词汇出现的总次数，即

$$\mathrm{TF}(i,d)=\frac{\mathrm{freq}(i,d)}{\sum_{j}\mathrm{freq}(j,d)} \tag{4.3}$$

$\mathrm{TF}(i, d)$为文档 d 中关键词 i 的归一化词频值。设 $\mathrm{freq}(i, d)$是 i 在 d 中出现的绝对频率，$\max\mathrm{freq}(d)$ 为文档 d 中出现频次最高的术语所对应的频次，$\max\mathrm{Others}(j,d)$ 为 $\max(\mathrm{freq}(j,d))$，$j\neq i$，是文档 d 中不包括 i 的其他术语中所对应的最高频次。

$\mathrm{IDF}(i, d)$为计算反文档频率，旨在降低所有文档中几乎都会出现的关键词的权重。其思想是，常见的词语对区分文档没有用，应该给仅出现在某些文档中的词更高的权值。反文档频率用于描述关键词的区分能力，通常指在文档分类、文档聚类或文档检索中的区分能力。一般采用下述两种方法计算。

方法一：文本频率是指某个关键词在整个语料库所有文章中出现的次数。反文档频率是文档频率的倒数，主要用于降低所有文档中一些常见却对文档分类、文档聚类或文档检索影响不大的词语的作用。其计算方法可由式（4.4）表示。

设 N 为所有文档的数量，$n(i)$为 N 中出现过关键词 i 的文档的数量。i 的反文档频率可以采用式（4.4）进行计算，这里的对数常使用自然对数或者以 2 为底的对数。为了防止出现次数为零导致分母为零的情况，可以采用式（4.5），通过增加计数 1 的方法解决。当然这里分母可以增加 1 也可以尝试用其他值（如 0.5）来替代。

$$\mathrm{IDF}(i)=\log\frac{N}{n(i)} \tag{4.4}$$

$$\mathrm{IDF}(i)=\log\frac{N}{n(i)+1} \tag{4.5}$$

方法二：按照类别去统计反文档频率，即通过熵值来度量。这里隐含一种假设，如果一个词越分散在多个类别中，那么该词的区分能力越不强。考虑到需要衡量在各类别中的比例关系，设计熵值来度量。

$$P(i,c)=\frac{\mathrm{Count}(i,c)}{\mathrm{Count}(c)} \tag{4.6}$$

式（4.6）描述一个术语 i 在类别 c 中出现的概率。Count(c)为类别 c 中的总文档个数。Count(i, c)为术语 i 在类别 c 中出现的文档的个数，即统计在类别 c 中有多少篇文档包括术语 i。再令 $c_1,c_2,\cdots,c_k,\cdots,c_m$ 描述各个类别，共有 m 个类别。式（4.7）度量反文档频率值。

$$\mathrm{IDF}(i)=-\sum_{k=1}^{m}P(i,c_k)\log_2 P(i,c_k) \tag{4.7}$$

其中，约定 $0\ln 0=0$ 、$0\log_2 0=0$ 。也可以尝试用在各个类别中出现的次数增加 1 的方法解决零概率问题，此时可以修改式（4.6）为式（4.8），这样再应用式（4.7）就不会出现零概率问题，也实现了适当进行平滑的功能。

$$P(i,c)=\frac{\mathrm{Count}(i,c)+1}{\mathrm{Count}(c)+m} \tag{4.8}$$

当计算完 $\mathrm{TF}(i,d)$ 和 $\mathrm{IDF}(i)$ 之后，$\mathrm{TF\text{-}IDF}(i,d)$ 值为

$$\mathrm{TF\text{-}IDF}(i,d)=\mathrm{TF}(i,d)\times\mathrm{IDF}(i) \tag{4.9}$$

利用 TF-IDF 值替换表 4.3 中的各个分量值，从而形成既考虑词频又考虑词区分度的向量构建方法。在实际应用中，还可以进一步改善 TF-IDF 的计算，以引入更多的衡量要素。

4.1.3　文本术语选择

文本向量空间属于多维向量空间，其各个维度对应的术语选择至关重要。这里的向量空间的各个维度有时也称为特征轴，术语代表关键词，有时也称为特征词。为了便于向量空间表示和度量，通常要求各术语之间是无关的，这样形成的特征轴是正交的。实际情况下可能很难挑选完全无关的术语，所以通常假设这些术语之间是无关的，总体上的实际效果仍比较理想。

除了无关性，术语的挑选通常要满足代表性。代表性通常是指出现频次不要太低，但同时具备较强的文本区分能力。术语的挑选有多种方法，这里介绍五种。

（1）通过专业词典挑取具有基本语义的词作为术语，如通过 Hownet、Wordnet 等词典来挑选，有时还需要辅以手工挑选。

（2）通过 IDF 值和术语出现的频次来衡量，既要保证术语的区分能力较强，还要保证在较多文档中出现，这样才具有较高的代表性。实际操作中设计一个符合这两项指标的合成公式，按照合成指标计算各个候选术语，再按照合成指标从大到小排列并加以选择，必要的时候辅以手工挑选。

（3）通过模型评价，例如，当基于 SVM 模型时，在利用 IDF 进行初始选择的基础上，通过某些迭代策略进行优化，找到使得 SVM 模型优化的术语集合。这种基于模型的评价方法目前已成为研究的重点。

（4）利用 χ^2、交叉熵等方法度量各个词与分类的相关度，然后选择相关度较高的术语。

（5）混合方法度量，构建一个多种评价指标综合的合成计算公式，例如，兼顾领域内的术语、相关度和术语频次等方面，构建合成公式，用于衡量术语的重要性。

4.2　文本相似度与 kNN 分类

4.2.1　文本相似度与文本距离

在文本分类、文本聚类和文档检索中经常使用相似度（similarity）的概念，相似度代表两个文本（文档）之间的类似程度。通常取值为[0, 1]，如果两个文本完全一样通常为 1，如果完全不一样为 0，否则在 0～1 取值，值代表着相似程度，值越大越相似。

在数据挖掘中还经常使用距离（distance）的概念，距离是一种相异度

（dissimilarity）的度量。一般来说，相似度和相异度属于同一层次的两个相反概念，相似度代表两个文本对象的相似程度，而相异度代表两个文本对象的不相似程度。但通常使用距离作为相异度的一个度量，认为两个文本对象距离越小越相似，距离越大越不相似。

相似度和相异度都称邻近性（proximity）。相似度和相异度是有关联的。典型地，如果两个对象 i 和 j 不相似，则它们的相似度将返回 0。相似度值越高，对象之间的相似度越大，一般约定采用值 1 代表两个文档对象相同，即对象是等同的。相异度正好相反，如果对象相同，则它返回 0 值，相异度值越高，两个对象越相异。

相似度和距离之间可以相互转换，按照惯例相似度处于[0, 1]，而距离的长短则与具体问题中的衡量方法相关。下面介绍两种可供参考的转换方法。如果距离 $d(x,y)$ 是有限范围，能够确定距离的最大值 $\max\_d(x,y)$，则可以转换到[0, 1]，于是相似度 $\mathrm{sim}(x,y)$ 可以使用式（4.10）计算：

$$\mathrm{sim}(x,y)=1-d(x,y)/\max\_d(x,y) \tag{4.10}$$

如果距离是在无穷范围内取值，则可以使用式（4.11）进行转换：

$$\mathrm{sim}(x,y)=\frac{\alpha}{\alpha+d(x,y)} \tag{4.11}$$

式中，α 是一个可调节的参数，其一般是指当相似度为 0.5 时的两个对象 x 和 y 的距离值。式（4.10）和式（4.11）都是将距离的含义进行反转，对应着相似度的计算，并且将映射区间取值为 0～1，其含义为距离越小相似度越大，距离越大相似度越小。实际应用中可以参照这两个式子构建自己的距离和相似度之间的映射公式，需要注意的是：①含义要与常规的距离和相似度含义保持一致；②考虑到映射区间，一般相似度为[0, 1]，而距离则根据实际取值，但必须大于等于 0；③注意映射的均匀性，有些问题希望等距离变化时，相似度也近似均匀变化，有些映射函数可以完成这种转换，而有些函数不满足等距离变化时相似度均匀变化的条件。不过有些问题可能希望二者不同步匀速变化，或许希望同样距离长度在距离值小时比距离值大时导致的相似度变化速率慢些或者快些。

对于文本文档，其中的数据词可看作名词（nominal）属性，可以构造一种不通过转换为向量就可以计算两个文档相似度的方法。将两个文档按照其各自出现的术语排序，不考虑术语出现的频次，然后进行相似度计算。例如，D_1：＜学习/文本/分类＞，D_2：＜文本/分类/聚类/技术＞，D_3：＜学习/数据/挖掘＞。相似度为

$$\mathrm{sim}(D_i,D_j)=\frac{\mathrm{CommonCount}(D_i,D_j)}{\mathrm{maxWordCount}(D_i+D_j)} \tag{4.12}$$

即按照两个文档共同出现的术语的个数除以两个文档共出现的术语总个数。式(4.12)

并没有考虑词频等信息，一般只是作为最基本的相似度计算方法。虽然可以改进，但通常都使用下面的向量描述形式作为替代。

表4.2和表4.3中，将文档表示为向量的形式。假设有n个文档，p个术语，则可以使用图4.1的矩阵形式描述各个文档数据。

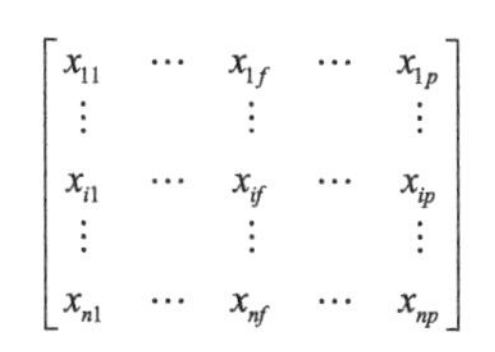

图4.1　利用矩阵来描述各文档向量

文档之间的相似度可以描述为图4.2的三角矩阵形式，同理，距离矩阵也有类似的形式。

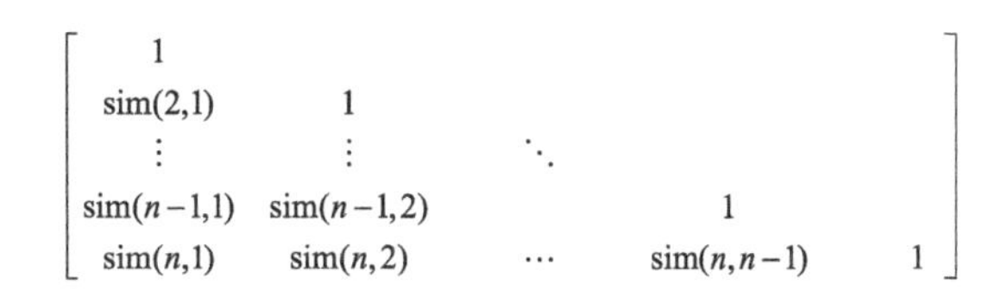

图4.2　各文档相似度可以用三角矩阵形式表示

如果按照表4.2的布尔向量描述形式，每个分量取值1或0，代表术语是否出现。此时，两个文档便以二元向量的形式描述。对于表4.2中的二元向量：

D_1为1　1　1　1　1　0　0　0　0　0　0

D_2为1　1　0　0　0　1　0　0　0　0　0

可以构建各分量对应的列联表（contingency table），如图4.3所示。

		Object D_j		
		1	0	sum
Object D_i	1	q	r	$q+r$
	0	s	t	$s+t$
	sum	$q+s$	$r+t$	$q+r+s+t$

图4.3　文本的二元特征表示时的列联表

如果文档中的1和0同等重要，则称为对称的二元向量，而如果更强调1对应的特征，则称为非对称的二元向量。如果是对称的二元向量，则可以按照式（4.13）计算：

$$\text{sim}(D_i,D_j)=\frac{q+t}{q+r+s+t} \tag{4.13}$$

如果是非对称的二元向量，则可以按照式（4.14）计算，也称作Jaccard相似系数。

$$\mathrm{sim}(D_i,D_j)=\frac{q}{q+r+s} \tag{4.14}$$

显然，表 4.2 描述的形式中采用全部术语作为特征轴，因此可能对于两个文档中对应分量同时都是零，例如，前面的 D_1 和 D_2 后五个分量都是零，意味着这五个术语没有出现在两个文档中，所以分量都是零的情况作为相似度依据的作用不大，甚至会降低相似度的意义，常采用非对称的二元向量相似度计算，如式（4.14）所示。易于分析出式（4.14）与式（4.12）描述的相似度计算原理是相同的。

对于表 4.2、表 4.3 以及 TF-IDF 描述的文档特征向量，两个文本之间的距离计算通常采用闵可夫斯基距离（Minkowski distance），该测度为

$$d(D_i,D_j)=\sqrt[h]{|x_{i1}-x_{j1}|^h+|x_{i2}-x_{j2}|^h+\cdots+|x_{ip}-x_{jp}|^h} \tag{4.15}$$

式中，h 为开 h 次方，$D_i=(x_{i1},x_{i2},\cdots,x_{ip})$ 为第一个文本对象，$D_j=(x_{j1},x_{j2},\cdots,x_{jp})$ 为第二个文本对象。该测度表示也可称作 L_h 范数（h-norm）。

闵可夫斯基距离满足测度（metric）的三个属性要求。

（1）正定性（positive definiteness）：对于同一文档，$d(D_i,D_i)=0$；如果 D_i 和 D_j 内容不同，则 $d(D_i,D_j)>0$；如果 D_i 和 D_j 内容相同，则视作同一篇文档。

（2）对称性（symmetry）：$d(D_i,D_j)=d(D_j,D_i)$。

（3）三角不等式（triangle inequality）：$d(D_i,D_j)<d(D_i,D_k)+d(D_k,D_j)$。

需要说明的是：①两个文本也可能内容完全相同，在距离计算时，如果两个文档内容完全相同，则可以视作同一篇文档，其距离为 0。②关于距离的定义可以根据实际问题需求适当修改或设计新的度量方式，但通常要满足测度的三个属性要求。

常使用闵可夫斯基距离的三种特殊形式，包括 L_1 范数的曼哈顿距离（Manhattan distance）、L_2 范数的欧几里得距离（Euclidean distance）和 L_∞ 范数的上确界距离（supremum distance）。

$$d(D_i,D_j)=|x_{i1}-x_{j1}|+|x_{i2}-x_{j2}|+\cdots+|x_{ip}-x_{jp}| \tag{4.16}$$

式（4.16）代表曼哈顿距离，是 L_1 范数。计算上是对每一个对等分量之差的绝对值进行求和的，其可以理解为在横竖规则的街道上，从一点到另一点，必须沿着道路“拐直角弯”[①]走到对方的最小长度。

$$d(D_i,D_j)=\sqrt{|x_{i1}-x_{j1}|^2+|x_{i2}-x_{j2}|^2+\cdots+|x_{ip}-x_{jp}|^2} \tag{4.17}$$

① 属于便于理解的形象描述。对于二维向量，相当于第一个分量差的绝对值加上第二个分量差的绝对值，如果两个分量轴正交，几何上可看作拐直角弯。对于高维，如果各分量正交，则仍可看作拐直角弯。如果分量不正交，则代表沿着各轴方向分量拐弯。

式（4.17）代表欧几里得距离，是 L_2 范数，若将两个对象视作点，则为两点间的线段距离，几何上为两个向量的差向量的模。

$$d(D_i,D_j)=\lim_{h\to\infty}\left(\sum_{k=1}^{p}|x_{ik}-x_{jk}|^h\right)^{\frac{1}{h}}=\max_k^p|x_{ik}-x_{jk}| \tag{4.18}$$

式（4.18）代表上确界距离，是 L_∞ 范数。计算上为两个向量的最大分量差绝对值。

在实际应用中，如果各个分量的作用不同，则可以使用加权距离。如果对每个变量根据其重要性赋予一个权重，则加权的闵可夫斯基距离为

$$d(D_i,D_j)=\sqrt[h]{\omega_1|x_{i1}-x_{j1}|^h+\omega_2|x_{i2}-x_{j2}|^h+\cdots+\omega_p|x_{ip}-x_{jp}|^h} \tag{4.19}$$

文本的相似度也可以由文本的距离计算而获得。例如，将距离归一化到 0～1，然后 1 减去距离就代表相似度。

文本的距离还可以使用向量的夹角 θ 来度量，取值范围通常在[0, π]，夹角为 0 时，两个文档完全相似，夹角为 π 时两个向量相反，代表完全不相似。相似度可以使用 $\mathrm{sim}(D_i,D_j)=(\pi-\theta)/\pi$ 来度量。在实际使用时常用计算夹角余弦来替代夹角的计算，因为夹角余弦更容易计算。夹角余弦值为 0 时两个向量垂直，夹角余弦值为–1 时两个向量相反，夹角余弦值为 1 时两个文档完全相似。夹角余弦计算如式（4.20）和式（4.21）所示。余弦相似度（cosine similarity）可由两种方式表示：①可以使用 $\mathrm{sim}(D_i,D_j)=0.5\times\cos(D_i,D_j)+0.5$，转换到[0, 1]的相似度表示。②如果在某些问题中只使用 $\cos(D_i, D_j)$非负值区间，那么可以不作映射，直接使用余弦值。

$$\cos(D_i,D_j)=\frac{D_i\cdot D_j}{\|D_i\|\times\|D_j\|} \tag{4.20}$$

式（4.20）中，分子代表两个文档向量 D_i 和 D_j 的点积，分母代表两个向量各自模的乘积。该式展开后变为

$$\cos(D_i,D_j)=\frac{\sum_{k=1}^{p}(x_{ik}\times x_{jk})}{\sqrt{\sum_{k=1}^{p}x_{ik}^2}\times\sqrt{\sum_{k=1}^{p}x_{jk}^2}} \tag{4.21}$$

这里的文本可以是两篇文本文档，也可以是两个语句。例如，计算两个语句的相似度，也可以使用式（4.20）和式（4.21）进行计算。相比利用距离再转换为相似度的计算，余弦相似度与向量长短无关，而只是与两个向量的夹角相关。

4.2.2　文本分类问题描述

文本分类属于一类应用在文本领域的分类问题，是指计算机将一篇文章归于

预先给定的某一类或某几类的过程，可看作机器学习与模式分类中的分类问题的应用。因此关于文本分类的特征构造、特征抽取、特征选择、分类算法都可以利用机器学习或模式分类中的相关分类知识，此外，在应用时还需要考虑文本处理领域中特有的现象和特征，应该注重领域知识的充分运用。

作为分类问题，文本分类属于有监督学习，其类别一般预先定义。一般来说，存在训练数据集（简称训练集），也称作训练语料。分类模型或分类器（classifier）基于训练语料进行训练，然后在测试预料中进行性能测试。虽然可以人工确定分类的知识，并将知识直接集成在分类器中进行文本分类，这样就不需要训练语料，但是实际情况中由于文本分类的知识较多，完全人工比较复杂并且目前很少有学者去尝试。

目前典型的做法就是事先构建训练集（training set），可以对一些文档进行人工分类标注或者半自动化标注。训练集为分类模型提供学习的数据来源，一般是用于确定分类模型的参数。常见的分类模型有贝叶斯分类器、决策树、SVM 模型等。当分类模型建立好并经过训练后，就可以用于新样本的分类。在研究上通常还使用测试集（test set）评价分类模型的性能。

在文本分类中，分类模型的训练也存在过度拟合问题，即过于追求分类模型对训练语料的分类性能，很可能导致泛化（generalization）性能变差。所谓泛化性能，是指在一个不完全属于训练集的测试集上的分类性能。这里需要明确一般的分类问题中，训练集与测试集通常要满足独立同分布条件（independent and identically distributed，i.i.d.），也就是说，训练集和测试集都应该是来自同一数据源采用同一采样规律进行采样生成的两个集合，训练集与测试集相互独立而又满足相同的数据分布。对于分类模型经由训练集训练后，在训练集上进行性能评价，称为封闭测试，而在测试集上进行测试称为开放测试。通常测试集要满足与训练集的独立同分布条件，实际中也可能近似独立同分布，测试集中可能存在训练集中不存在的一些测试样本，更有助于测试分类模型的学习效果，评价分类模型的泛化性能。

过度拟合问题就是过于强调封闭测试性能，而降低了泛化性能。可以采用一些策略避免过度拟合问题，如尽可能利用本质特征、适时停止训练、增大训练数据规模、增加验证集等策略。增加验证集是指在训练集和测试集的基础上通过收集构建（或抽样）方法获得一个验证集（verification set），把验证集看作训练模型的一部分，在模型训练时作内部测试，评价模型学习的程度，避免过度拟合，而测试集则作为最终的评价集合。

Holdout 验证是指将数据集中的样本随机分在训练集和测试集中，例如，按照原数据集的 80%作为训练集，20%作为测试集；有时也按照原数据集的 90%作为训练集，10%作为测试集。样本选择通常采用随机分配的方式，但有时也需要兼顾数据量以及数据的分布，虽然理论上对于原始数据按照均匀分布随机划分训练集和测试集满足两个数据集的独立同分布，但实践上也常考虑文本的类别标记，对于样本数过少的数据类别中样本划分时也应适当兼顾代表性。Holdout 验证中可以根据实验需要设定测试集和训练集的数据比例，通常训练集数量更多。也有学者的 Holdout 验证采用固定测试集规模，而剩余的数据作为训练集。为了保证测试结果相对准确，通常采用多次随机构造训练集和测试集的方法，然后对多次测试结果取平均值，评测结果的可信性往往更高。

在机器学习中，将数据集分为训练集和测试集，在样本量不充足的情况下，有时也是为了确保每个样例都有被测试的机会以保证评价相对公平，常采用 k-折交叉验证（k-fold cross validation）：将数据集随机分为 k 个包，每次将其中一个包作为测试集，剩下 k–1 个包作为训练集进行训练，逐一将每个包作为测试集后可得到 k 个评测结果，通常取平均值作为综合评测结果。在实践中通常采用十折交叉验证（10-fold cross validation）来测试算法准确性：将数据集分成 10 份，轮流将其中 9 份作为训练数据，1 份作为测试数据，最后将 10 次评测结果取均值作为综合评测值。Holdout 验证并不是交叉验证，多次 Holdout 取均值也属于一种提高结果估计准确性的方法。文本分类评测上多采用 Holdout 验证和十折交叉验证。

值得强调的是，采用交叉验证有时不只是最终评测的需要，还可能是针对训练集、验证集和测试集划分时，系统内部在训练集和验证集上做出的交叉验证，以确定学习的程度，防止过度拟合问题。通过交叉验证确定学习程度也是一种可考虑的有效手段，当模型训练后，再在测试集上进行最终的评测。

文本分类可以是单分类或多分类，单分类是指每个文本只能归到一个类别中，而多分类是文本可以同时归到多个类别中，有多个类别标记。在进行文本分类处理时需要考虑分类模型的能力，大多分类模型都具有单分类能力，而对于多分类则应该选择或构建新的具有多分类能力的分类模型。

4.2.3　kNN 算法

k-最近邻分类（k-nearest neighbor classification，kNN）算法有时也称作 k-近邻算法，它是一种“由邻居来确定类别”的分类算法，该算法属于一种基于实例匹配的算法。为了给一个新的数据分类，kNN 算法要从训练集中找到和新数据最接近的 k 条记录，然后根据它们的主要分类来决定新数据的类别。为了运行该算法，程序需要存储所有的训练数据，对于新的数据则直接和训练数据匹配，找到和新数据最接近的 k 条记录，然后根据 k 条训练数据所标记的类别，采用投票法确定新数据的类别。kNN 算法中涉及三个主要因素：训练集、距离或相似度的衡量、k 值。

kNN 算法的计算步骤如下。

（1）计算距离：给定测试对象，计算它与训练集中的每个对象的距离。

（2）寻找邻居：圈定距离最近的 k 个训练对象，作为测试对象的近邻。

（3）决定类别：根据这 k 个近邻归属的主要类别，对测试对象分类。

kNN 算法的训练集就是一些已经标注好类别的文本，用于分类时产生测试对象的邻居。距离或者相似度用于衡量训练集中各对象与测试对象的接近程度，若按距离度量，则距离越小视作越接近，若按相似度度量，则相似度越大视作越接近。前面提到距离和相似度都是邻近程度的度量，可以完成度量测试对象的各邻居这一功能。通常当文档采用向量形式描述后（如 4.1.2 节的 TF-IDF 转换为文本向量），可以采用欧几里得距离进行独立的度量，也可以使用夹角余弦进行相似度的度量。针对文本分类中的距离和相似度计算，还需要注意两点：①高维度对距离衡量的影响（变量数越多，欧几里得距离的区分能力常变得越差）；②变量值域对距离的影响（值域大的变量常常会在距离计算中占据主导作用，因此应先对变量进行标准化）。较多的实验表明，使用夹角余弦来计算相似度比欧几里得距离更合适。

邻居的个数 k 值的选择通常需要实验确定，一般取值范围从几个到几十个，目前没有十分有效的理论指导。通常如果 k 值太小，容易受到噪声（周围偶然性非正确分类的类别出现）干扰，如果 k 值太大，容易被过多的类别淹没正确类别的邻居所起的作用。有时还在设定 k 过滤参数的基础上，增加相似度阈值（或者距离阈值）对邻居的选择加以限定。关于 k 值和相似度阈值（或者距离阈值）的取值，一些研究可能对实验系统运用循环迭代尝试各取值，实验中常使用交叉检验评价，选择最佳值。

当确定测试对象的邻居后，需要利用邻居的类别决定测试对象的类别，通常采用投票法决定。一种简单的投票方法是：少数服从多数，近邻中哪个类别的点最多就分为该类。如果系统中需要增加各邻居的作用程度，则可以采用加权投票法：根据距离对近邻的投票进行加权，距离越近则权重越大，如权重为距离平方的倒数。一般来说，加权投票方法性能比简单投票方法更优化。

在 kNN 算法中仍需要一些研究工作，例如，在训练集中，有些样本可能更值得依赖，因此可以给不同的样本施加不同的权重，加强依赖样本的权重，降低不可信赖样本的影响。通过对训练集中各样本进行评估，确定样本的作用程度，用于在测试对象的加权投票中改善分类性能。还有其他仍在研究的工作，包括：通过对训练集进行评价，实现压缩训练样本量；投票权重的确定；k 的合理选择等。

kNN 算法较为简单，易于理解，易于实现，无需估计参数，无需训练。kNN 算法还适合多分类问题（对象具有多个类别标签），一些问题上能展现出较好的性能。kNN 算法属于懒惰算法，对测试样本分类时的计算量大，内存开销大，评分较慢，另外，分类的可解释性较差，无法给出决策树那样的规则。kNN 算法很简单，没有显式的学习过程，但在对测试样本分类时的系统开销大，需要扫描全部训练样本并计算距离以确定邻居，其分类时的时间复杂度为 $O(n)$。

4.3　朴素贝叶斯文本分类

4.3.1　朴素贝叶斯文本分类模型

朴素贝叶斯（naive Bayes）分类器是一种基于最小错误的贝叶斯决策理论的分类方法。朴素贝叶斯算法是一种概率方法，通过贝叶斯公式转换计算在一个文档 d 出现的条件下类别 c_i 出现的条件概率，可表示为

$$P(c_i \mid d) = \frac{P(c_i)P(d \mid c_i)}{P(d)} \tag{4.22}$$

式中，d 为当前正在判别的文档，c_i 为各可能的文本类别。该式的左侧代表着后验概率，通过贝叶斯公式转换为右侧的概率表示形式。按照贝叶斯最小错误率判别方法，当计算完 d 条件下的每一个类别条件概率后，应将 d 分类到具有最大条件概率的类别中，可以描述为

$$c^* = \arg\max_{c_i} P(c_i \mid d) = \arg\max_{c_i} \frac{P(c_i)P(d \mid c_i)}{P(d)} \tag{4.23}$$

式（4.23）可作为文本分类的判别函数，代表把文档 d 分配到具有最大条件概率的类别中。在对文档 d 做判别时，只需要依照条件概率找出最大的类别即可，且式（4.23）中的分母与类别无关，因此判别过程可表示为

$$c^* = \arg\max_{c_i} P(c_i)P(d \mid c_i) \tag{4.24}$$

这样虽然 $P(d)$ 很难准确估计，但因为与贝叶斯判别无关，所以可以不去计算并且不影响判别。式（4.24）中，判别函数由类别的概率与文档的类条件概率表示。类别概率 $P(c_i)$ 是先验概率，可以通过训练语料由极大似然估计方法获得。类别概率表示为

$$\hat{P}(c_i) = \frac{N_i}{N} \tag{4.25}$$

式中，$\hat{P}(c_i)$ 为 $P(c_i)$ 的估计，N_i 为类别 c_i 具有的训练文档数，N 为总训练文档数。

类条件概率 $P(d \mid c_i)$ 也是一个需要估计的参数。因为数据的稀疏性，如果以整篇文档 d 为单位，则其在训练语料中很少出现，甚至根本不会出现，所以难以直接计算获得该类条件概率值。$P(d \mid c_i)$ 需经转换以获得近似估计。假设文档的语义是利用其中的特征词向量来描述的，文档 d 可由其所包含的特征词表示，即 $d=$

$(w_1, w_2, \cdots, w_m)$，其中 m 代表特征词的个数。为了便于估计类条件概率，贝叶斯假设特征对于给定类 c_i 的影响独立于其他特征，即特征的类条件独立性假设（有时简称为特征独立性假设）。对文本分类来说，它假设各个单词 w_i 和 w_j 之间对类别 c_i 的影响两两独立。此时文档的类条件概率可估计为

$$P(d \mid c_i) = P((w_1, w_2, \cdots, w_m) \mid c_i) = \prod_{k=1}^{m} P(w_k \mid c_i) \tag{4.26}$$

在式（4.26）中，基于特征独立性假设，文档的类条件概率转换为求特征词的类条件概率。其采用极大似然估计方法为

$$\hat{P}(w_k \mid c_i) = \frac{N_{ik}}{\sum_{j=1}^{M_i} N_{ij}} \tag{4.27}$$

式中，N_{ik} 为训练集中特征词 w_k 在类别 c_i 中出现的次数，M_i 为该类别中特征词个数。在式（4.27）中，当某一特征词在类别中不存在时，会出现零概率问题。1.5 节单独阐述了概率模型中面临的零概率问题和低频概率问题，一些处理方法在此处仍然有效。一种方法是在式（4.27）中增加一个非常小的经验值；另一种方法就是平滑算法。可以采用 Lidstone 法则增加一个统一的贝叶斯估计。

$$\hat{P}(w_k \mid c_i) = \frac{\lambda + N_{ik}}{\lambda \cdot M_i + \sum_{j=1}^{M_i} N_{ij}} \tag{4.28}$$

式中，λ 一般取值范围为[0, 1]。若 λ 取 0 则回归到式（4.27），若 λ 取 1 则成为 Laplace 法则。Johnson 证明了它可以看作在极大似然估计和统一的先验概率之间的线性插值。最常用的 λ 值为 1/2。这个选择在理论上可以被证明是极大似然估计的最大化的期望，即期望似然估计。

当 $\lambda > 0$ 时，可以克服式（4.27）中可能出现概率为 0 的现象，也可以对低频概率实现一定的平滑。但该方法存在两点不足：①需要预先指定一个 λ 值；②使用 Lidstone 法则的折扣总是在极大似然估计频率上给出一个线性的概率估计，但是这和低频情况下的经验分布不能很好地吻合。

4.3.2　文本分类特征向量

就使用的方法来看，文本分类技术开始主要是基于规则的，之后基于统计的自动文本分类方法日益受到重视。主要的分类算法包括 kNN、朴素贝叶斯、SVM 等。可以说，机器学习中的典型分类技术都已在文本分类上做了尝试。

就使用的特征选择来看，目前以词特征为主，也有研究使用组块特征与短语特征等其他特征内容。典型的词特征使用方式包括：①将文本进行中文分词后使

用全部的词作为特征。②将文本进行中文分词后去掉仿词（数字、日期、时间等）作为分类特征。③将文本进行中文分词后去掉仿词、停用词作为分类特征（如果内部包含较多英文，还需要包括英文的词干还原过程）。④将文本进行中文分词后使用术语列表进行过滤，只保留术语列表中的词作为文档的特征描述，这里的术语列表是经过预先由某些算法评价而获得的可以较好地描述分类的代表性词。⑤进行多种特征过滤的混合技术。在一些特殊的文本分类中，例如，垃圾邮件过滤中，除了邮件正文的文本内容，还增加了标题、邮件来源等其他的特征，在情感的褒贬分析中，专门依据分类性能做特殊词的筛选工作。如果使用组块特征或短语特征等非术语特征，典型使用方式是将这些非术语特征视作术语特征的补充，构造统一的文档向量空间描述，该方法还可设置术语特征权重和非术语特征权重以区分各类特征的作用程度。

就使用的特征值度量来看，完成特征选择后，就可构造文本的特征向量，典型的采用：①术语向量形式的多元组描述，如表 4.1 所示；②布尔向量形式，将术语向量形式按照各术语形成的特征轴作度量，如果术语出现就是 1，如果不出现就是 0，形成布尔向量，如表 4.2 所示；③带有词频的向量描述形式，将术语向量形式按照各术语形成的特征轴作度量，文档向量中的分量用于描述词的频率信息，可以是词的出现频数或者频数的某些函数值映射，如频数取对数值；④构造 TF-IDF 文档向量形式，如 4.1.2 节的 TF-IDF 向量构造；⑤自定义的文档向量度量，如在 TF-IDF 的基础上又引入其他术语权重的衡量方法。特征的表示形式应与具体模型要求相适应，例如，在 kNN 和朴素贝叶斯分类中可以使用术语向量形式，在 SVM 分类中常使用 TF-IDF 文档向量形式。

4.3.3　朴素贝叶斯文本分类过程

朴素贝叶斯分类模型是基于贝叶斯定理与特征独立性假设的分类方法，属于概率模型。按 4.3.1 节的最小错误率的贝叶斯判别准则，如式（4.23），它是选择具有最大后验概率的类别。为了估计类条件概率 $P(d\,|\,c_i)$，朴素贝叶斯分类器假设文档中的各个特征是条件独立的（作如此假设是为了便于估计类条件概率，并且克服数据稀疏问题的影响，然而缺点是文档中的特征往往并不满足条件独立性假设）。人们在撰写文档时，为了描述文档想表达的含义，通常内部的词汇之间存在深层次的关联关系，而这些关系如果采用贝叶斯网络等技术都加以描述，则面临着需要估计的概率较大并且难以准确估计的问题，数据稀疏问题更为严重。虽然朴素贝叶斯方法作的特征独立性假设在实际文档中不能够完全满足，但实际评测表明，作此假设后使用朴素贝叶斯分类器仍然能够获得较好的分类效果。也就是说，模型本身存在分类的近似描述形式，尽管贝叶斯对模型的使用条件作了较为

苛刻的限制假设，从理论上会降低模型描述能力，然而面对实际的文本分类问题，这样的特征独立性假设却极大地减少了参数数量，有利于参数估计的准确性。大量实验表明，即使在不满足特征独立性假设的条件下其仍能取得较好的结果，表现出相当的健壮性，该分类方法实现简单，学习与预测的效率均较高，在文本分类领域有广泛的应用。

朴素贝叶斯模型的训练过程主要是从训练语料中统计两类概率：各类标记的文档数量和各术语在各类表中出现的频次。训练语料的统计结果需要保存，以在分类过程中使用。如果需要进行高级的特征缺失补偿计算，如 4.4 节的补偿策略，则还需要进行其他统计。

朴素贝叶斯模型的分类过程主要包括两个部分：一是计算类标记的先验概率，可按照式（4.25）计算；二是计算类条件概率，此时需要考虑零概率和低频概率的数据平滑处理过程，如果使用 Lidstone 法则，则可按照式（4.28）进行计算，如果使用其他特征缺失补偿策略，则也仍然是基于训练时统计的术语在各类别出现的频次，增加零概率和低频概率的处理策略，属于在式（4.27）计算基础上的改进。分类判别使用式（4.24）进行。

4.4 朴素贝叶斯分类中的特征缺失补偿策略

4.4.1 文本分类中的特征补偿问题

通常采用两种方式改进朴素贝叶斯分类器：一种是构建新的样本特征集（对每个类别分别构建，但类别保持不变），期望在新的特征集中的特征间存在较好的条件独立关系；另一种是弱化特征独立性假设，在朴素贝叶斯分类器的基础上增加特征间可能存在的依赖关系。

从特征角度，目前的统计文本分类方法中将特征词作为特征采集的基本单元[17, 18]。因为文本类别通常很多，如“中图分类法”含 36 个类别，并且分类中的特征词较多，所以在训练语料中，往往存在一些特征词仅在某些类别中出现，而在其他的类别中并不出现的问题，例如，“卫星”常出现在“航空、航天”“自动化技术、计算技术”类别中，而在“艺术”“建筑科学”类别中少见甚至根本不出现。这种情况下，按照极大似然估计，缺失的特征词出现的概率为零。这种概率估计并不十分合理，自然语言现象复杂，不能因为在训练语料中不出现，就认为该词永不会出现在某些类别中。因为语料库中的词语出现分布情况遵循 Zipf 定律，所以不能依靠简单增加训练语料的方式解决这种“未出现词概率估计”问题。

针对上述贝叶斯文本分类中的特征词缺失问题，借鉴统计语言模型中数据稀疏问题的处理方法，提出引入数据平滑算法补偿贝叶斯分类中缺失的特征词，克服数据稀疏带来的问题[19, 20]。对于缺失特征词问题，以往常使用两种方法处理，一是对其忽略不计或依据经验赋予一个较小的数值，然而对该值的选取缺少理论依据；二是采用 Laplace 法则，对于每一个特征词的出现次数加 1 避免零概率问题。本书采用“折扣再分配”策略对统计参数进行重新估值，进而补偿缺失特征词对分类带来的影响。本书引入统计语言模型中 Good-Turning 平滑算法直接对特征词的条件概率平滑，此外，又将贝叶斯文本分类中的类别与特征词看作 Bi-gram 模型中的二元对，并引入绝对折扣平滑算法针对二元对进行平滑。在国家 863 文本分类语料库上的实验表明，本书方法可以有效地起到分类中缺失特征词的补偿作用。

4.4.2　N-gram 模型和贝叶斯分类的关系

在 1.4.1 节中，N-gram 模型通过估计概率 $P(w_n \mid w_1, w_2, \cdots, w_{n-1})$ 获得对每条可能的转移路径计算概率。基于马尔可夫假设，当前词 w_n 只受前 $n-1$ 个词的约束。在 N-gram 模型中，重要的是如何通过训练语料计算出较佳的条件概率 $P(w_n \mid w_1, w_2, \cdots, w_{n-1})$。数据稀疏问题的存在，使得 N-gram 模型同样面临着“未出现词”的概率估计问题。

本章提出把贝叶斯分类中的式（4.27）中 $\hat{P}(w_k \mid c_i)$ 的计算视作求解 Bi-gram 模型中估计条件转换概率 $\hat{P}(w_k \mid w_{k-1})$。因此，文本分类中词的类概率估计与 Bi-gram 模型中的二阶转换概率面临着相同的困难，就是由数据稀疏带来的对“未出现词”的概率估计问题，即数据平滑问题。一种基本想法是“劫富济贫”，即从已出现词中“折扣”出一定的概率，再分配到未出现词中。Laplace 法则以及式（4.28）中的 Lidstone 法则已经用于处理 N-gram 模型中的数据稀疏问题。

4.4.3　贝叶斯分类中特征缺失与特征补偿

当用各特征词 w_k 描述文档 d 时，可以构造文档向量 $d = (w_1, w_2, \cdots, w_k, \cdots, w_m)$，其中 m 代表 d 中的特征词的个数。在假设各特征条件独立的情况下，将式（4.26）代入式（4.24）可得到贝叶斯判别公式：

$$c^* = \arg\max_{c_i} P(c_i) \prod_{k=1}^{m} P(w_k \mid c_i) \tag{4.29}$$

由式（4.29）可知，在计算词的类条件概率时，需要对每个类别均判别特征词 w_k 出现的概率，然而由于数据稀疏，w_k 可能在某些类别中不出现，即存在特征词缺失现象。表 4.4 显示在 2004 年国家 863 评测语料的封闭测试与开放测试中，每个类别平均缺失特征词的统计情况。统计中去掉了时间、日期、数字等仿词。

表 4.4 平均每类别的特征词缺失情况（单位：%）[①]

统计条件	封闭标注	开放标注
全部特征	14.35	14.25
去掉停用词	23.41	23.17
交叉熵选择	67.81	67.42

表 4.4 表明，特征词缺失在贝叶斯判别方法中较为常见，因此对其有效处理也将影响整个贝叶斯判别的性能。因为停用词一般是常用的虚词等，所以去掉停用词后特征词缺失情况会更严重。而通过交叉熵算法选择特征词后，特征词对于各个类别更具有针对性，故特征词缺失情况更为严重。

缺失的特征词可以看作“未出现对象”（unseen object）。将类别 c_i 与其中的特征词 w_k 构成二元对 $<c_i,w_k>$。假设特征词 w_k 满足二项分布，这种假设的合理性与 Bi-gram 模型相似，于是可以借助统计语言模型中的平滑算法重新分配已出现对象与未出现对象的概率分布。

图 4.4 显示在分类语料中特征词的出现次数（occurrence）与其排名（rank）符合 Zipf 定律。

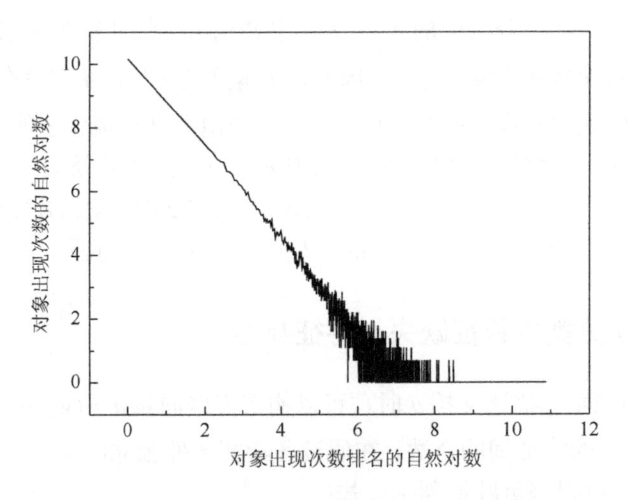

图 4.4 训练语料特征词出现符合 Zipf 定律

图 4.4 显示的 Zipf 定律表明，语言中的大部分词都属于低频词，所以不太可能有一个足够大的训练语料解决数据稀疏问题。克服该问题的典型方法包括：

① 本书停用词表包含 507 个停用词，如“把”“被”“比”“并”“和”等。在利用交叉熵选择特征词的方法中，抽取 10 000 个特征词用于文本分类实验。

①增大训练语料。但收集语料比较耗费人力，并且无法根本解决数据稀疏问题。②增加领域知识。例如，应用主题词词典等，但收集这种资源较为困难。③数据平滑算法。重新估计特征的概率分布克服数据稀疏问题。

在为未出现的特征词分配多大概率的问题上，Good-Turing 算法是根据图灵机原理提出的一种确定事件频率或者概率估计的方法，即假设事件的分布是二项分布。该方法适用于大词表中得来的大量数据观测，尽管文本中的词汇不服从二项分布，但是也可以很好地处理未出现特征词的概率估计[21, 22]的问题。

对于出现 r 次的事件，假设它的出现次数为 $r*$，$r* = (r+1)\dfrac{n_{r+1}}{n_r}$，其中 n_r 是训练语料中实际出现 r 次的事件的个数，那么，出现次数为 r 的事件 α 的条件概率 $P_{\text{GT}}(\alpha) = \dfrac{r*}{N}$，$N$ 为总事件的个数。分配给所有未出现事件的概率为

$$P(\text{unseen objects}) = N_1/N \tag{4.30}$$

式中，N_1 为出现 1 次的事件的个数。假设对于文本类别 c_i 的特征词数为 M_i，而词典中词的个数为 M（该值可以通过分词词典或者切分后的训练语料获得估计），则未出现对象的个数可以估计为 $M–M_i$。因此类别 c_i 中缺失特征的补偿概率为

$$P_{c_i} = P(\text{unseen objects})/(M - M_i) \tag{4.31}$$

式（4.30）给出折扣值，而式（4.31）则采用均匀分配的策略分配在缺失特征词上。本章采用 Good-Turing 算法[21]对每一个类别 c_i 的条件概率 $P(w_k \mid c_i)$ 进行平滑。

关于平滑的方式，一种是应用上述 Good-Turing 算法直接针对条件概率平滑，另一种是将类别 c_i 与其中的特征词 w_k 构成的二元对 $< c_i, w_k >$ 视作对象，对所有对象进行平滑。本章应用绝对折扣算法[1]，其描述如下。

$N_{1+}(w_{i-n+1}^{i-1}\bullet) = |\{w_i : c(w_{i-n+1}^{i-1}w_i) > 0\}|$，式中，$\bullet$ 为任意变量，$c(\ )$ 为计数函数。此时转换概率为

$$P(w_i \mid w_{i-n+1}^{i-1}) = \frac{\max\{c(w_{i-n+1}^{i}) - D, 0\}}{\sum_{w_i} c(w_{i-n+1}^{i})} + \frac{D}{\sum_{w_i} c(w_{i-n+1}^{i})} N_{1+}(w_{i-n+1}^{i-1}\bullet) P(w_i \mid w_{i-n+2}^{i-1}) \tag{4.32}$$

由于作为二元对看待，n 的最大取值为 2。参数 D 是折扣参数，用于对每个非零计数进行折扣，D 可由训练语料上的删除算法估计，即

$$D = \frac{n_1}{n_1 + 2n_2} \tag{4.33}$$

式中，n_1 与 n_2 分别为语料库中同现次数为 1 与 2 的对象个数。

4.4.4 实验结果与分析

实验中数据来自2004年国家863评测语料。其包含36个类别，训练语料3600篇文档，测试语料3600篇文档。实验中按照每个测试文档只归属第一个给定的分类答案评分。因为数字、日期、时间等仿词作为特征词时对分类作用不大，甚至会影响分类效果，所以下述实验中去掉了这类词。分词及仿词识别利用第1章的ELUS分词系统。

首先选用全部训练语料中出现的词作为特征词测试平滑算法在朴素贝叶斯分类中的作用。表4.5给出几种方法的对比。

表4.5　全部词作为特征词的朴素贝叶斯分类（单位：%）

方法	封闭标注	开放标注
设定小值×10^{-20}	99.94	61.17
Laplace法则	91.19	61.28
Lidstone法则（λ =0.5）	94.64	64.64
Good-Turing算法	97.25	67.03
绝对折扣算法	98.61	66.97

表4.5的实验结果表明：增加Good-Turing算法的贝叶斯分类相比增加Laplace法则开放测试提高了5.75个百分点，封闭测试提高了6.06个百分点。相比Lidstone法则，Good-Turing算法可以不必预先指定经验参数，即可获得67.03%的分类性能。绝对折扣算法直接针对二元对象平滑，也获得了66.97%的分类性能。此外，利用Laplace法则克服零概率问题获得的性能好于设定小值×10^{-20}的方法。

从表4.4可知，去掉停用词后的特征词缺失情况相比表4.5的实验严重。在表4.6中评价了去掉停用词时几种方法的性能。

表4.6　去掉停用词的朴素贝叶斯分类（单位：%）

方法	封闭标注	开放标注
设定小值×10^{-20}	99.97	61.36
Laplace法则	92.92	64.39
Lidstone法则（λ =0.5）	95.64	66.44
Good-Turing算法	97.67	67.44
绝对折扣算法	98.61	67.23
ME模型0	95.69	68.14
ME模型1	92.53	68.39

其中，ME 模型 0 代表未进行特征过滤，而 ME 模型 1 代表去掉了只出现 1 次的特征词。该实验的开放测试表明：Good-Turing 算法相比设定小值×10^{-20}提高了 6.08 个百分点，相比 Laplace 法则提高了 3.05 个百分点，相比 Lidstone 法则（$\lambda=0.5$）提高了 1.00 个百分点。而增加绝对折扣算法的贝叶斯分类性能相比 Lidstone 法则（$\lambda=0.5$）提高了 0.79 个百分点。

进一步，在交叉熵抽取特征词的类过程中，表 4.7 对比了分类中引入平滑算法的性能。

表 4.7　特征选择后的朴素贝叶斯分类（单位：%）

方法	封闭标注	开放标注
设定小值×10^{-20}	98.81	63.36
Laplace 法则	92.67	70.56
Lidstone 法则（$\lambda=0.5$）	93.69	71.25
Good-Turing 算法	95.64	71.36
绝对折扣算法	96.39	71.11
ME 模型 0	95.69	69.11
ME 模型 1	92.53	69.41

表 4.7 与表 4.5 和表 4.6 的实验结果相一致，经过平滑后的朴素贝叶斯算法获得了更好的分类性能。此外，与表 4.6 相对比，通过交叉熵选择特征的朴素贝叶斯分类中采用 Good-Turing 算法比 ME 模型性能高 1.95 个百分点。

图 4.5 对比了上述三个实验中，五种特征词缺失的补偿方法的贝叶斯分类性能。

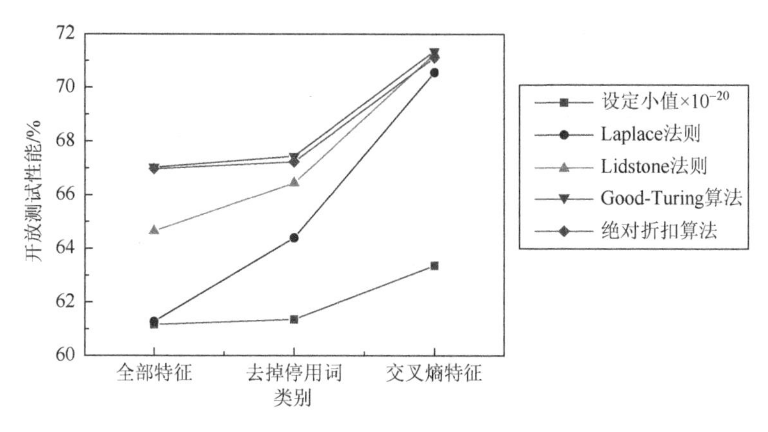

图 4.5　几种特征词补偿方法的开放测试对比

图 4.5 表明：引入 Good-Turing 算法的贝叶斯分类方法要好于其他几种特征缺失词的补偿方法。此外不同于 Lidstone 法则，Good-Turing 算法不需要预先指定参数。

4.5 基于 SVM 的文本分类

4.5.1 SVM 文本分类模型

SVM①是 Vapnik 等于 1995 年首先提出的，是一种用于分类问题的有监督机器学习算法，在解决小样本、非线性及高维模式识别中表现出许多特有的优势。在机器学习中，可用于分析数据、识别模式，用于分类和回归分析。SVM 以结构风险最小化原则取代传统机器学习方法中的经验风险最小化原则，在有限样本的机器学习中显示出优异的性能。2.5 节使用了 SVM 做音字转换任务。

SVM 能在高维空间中构建一个超平面，常用于分类和回归任务。其主要技术包括：①选择最优超平面进行分类；②可映射到高维空间进行分类；③对于直接无法分类或者映射到高维空间后仍无法完全分类的样本，增加惩罚机制，构建用于最优分类的超平面；④前述最优超平面的选择使用结构风险最小化原则，而不是使用经验风险最小化原则。

给定一个 L 维的矢量空间，存在一个如式（4.34）定义的超平面，它能够把训练数据 $\{(x_i, y_i) \mid x_i \in \mathbf{R}^L, y_i \in \{1, -1\}\}$ 分成两个类，从图 4.6（a）可以看出，存在很多这样的超平面。SVM 的任务在于发现一个最优的超平面，使得这个超平面和最近分类点的距离最大，如图 4.6（b）所示，图中虚线上的样本称为支持向量。

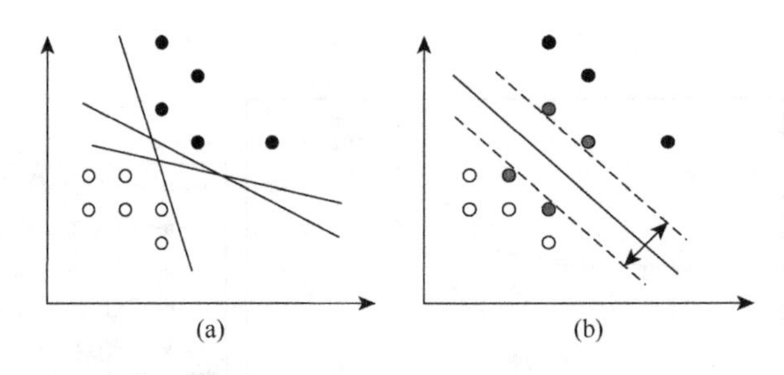

图 4.6　SVM 中最优超平面选择与支持向量示意图

二值分类的决策分类超平面可以定义为

① SVM 的工作细节可阅读作者的《数据分析与数据挖掘》一书。

$$w \cdot x + b = 0, \quad w \in \mathbf{R}^L, b \in \mathbf{R} \tag{4.34}$$

一旦找到这样的超平面，分类决策函数为

$$y_i = \text{sign}(w \cdot x_i + b) \tag{4.35}$$

针对一个线性不可分问题，特征向量 x 可以用一个非线性的函数 $\Phi(x)$ 映射到一个线性可分的更高维的空间中，这种映射一般具有较高的时间复杂度。在 SVM 模型中，从式（4.34）和式（4.35）可以看出涉及的运算只有内积运算，所以并不需要真的将数据点映射到高维空间中去，而需要通过核函数来模拟数据点在高维空间中的内积运算，即

$$\Phi(x_i)\Phi(x_j) = K(x_i, x_j) \tag{4.36}$$

常用的核函数为多项式函数，即

$$K(x_i, x_j) = (x_i \cdot x_j + 1)^d \tag{4.37}$$

2.5 节给出 $K(x_i, x)$ 为线性核情况下的 SVM 描述。在有些问题中，除了线性核，还可选用多项式核、径向积核等核函数自动将样本向高维空间映射，实现高维空间分类的 SVM 模型。更多内容请参看作者的《数据分析与数据挖掘》，或者《支持向量机》等相关书籍。综合来说，SVM 模型可以利用统计学习理论中的概念进行理论的分析，图 4.6（b）中的最优超平面将使测试错误的期望值最小。另外，通过对核函数的应用，简单线性分类算法也可以处理一些非线性问题，同时所有必要的计算都在原始的输入空间中完成，避免了在高维空间中进行运算。基于以上优点，SVM 模型在自然语言处理中的文本分类、组块分析、词性和词义标注等领域得到了广泛的应用，而且在典型的模型中性能较优。

SVM 用于文本分类时着重解决几个问题：①收集样本并确定文本的类别；②文本的特征向量构建；③多值分类转换为二值分类问题；④SVM 模型的核函数与参数选择；⑤向量空间降维。

收集样本是文本分类中比较耗时的，但却又是非常重要的工作。收集的样本要符合独立同分布的要求，并且和文本分类实际应用的场合相近，这样会充分发挥文本分类模型在实际应用中的性能。SVM 文本分类属于有监督学习，因此对于收集的样本还需要标记相应的类别。在对文本标记类别之前还有两件事情：一是确定所有可能的类别，如有些样本集合按照中图分类的类别标记，包括 E 军事；F 经济；N 自然科学总论；O 数理科学和化学；TP 自动化技术、计算机技术；TN 无线电电子学、电信技术；V 航空、航天等共 36 个类别。二是确定样本所属的类别是单类别还是多类别。如果一个文本样本只能归属于一个类别，就属于单类别

分类问题，而如果一个样本属于超过一个的类别，就属于多类别分类问题。在单类别分类和多类别分类的处理技术上会存在一定的不同。

文本特征向量的构建是指对于给定的文本如何构建相应的特征向量。目前许多文本分类研究都是采用 TF-IDF 的文本特征向量描述。4.1 节已经阐述了 TF-IDF 描述文本向量，其中着重研究两个问题：一是可用于文本特征的术语选择；二是文本的向量构建。4.1.3 节说明了若干术语选择的方法，通过相应方法构建术语集合。当确定术语集合后，一个文本中所包含的特征就可以找到，并利用 TF-IDF 计算出，形成文本向量。

SVM 是二值分类器，在处理多分类问题时常用三种方法：①逐一类别识别法；②分解树法；③混合方法。假设存在五种类别{A、B、C、D、E}。逐一类别识别法采用四个分类器，第一个分类器完成{A、not A}分类，对于 not A 类别，使用第二个分类模型完成{B、not B}分类，对于 not B 类别，再使用{C、not C}分类，对于 not C 最后使用{D、E}分类。第一个分类器的模型性能对整体识别性能影响很大，例如，一个类别为 C 的文本，假设在第一个分类器进行{A、not A}分类时划分到 A 类别，则根本没有机会再由其他分类器划分到 C 类别。在逐一分类模型中也需要研究如何寻找最优的分类识别顺序，例如，按照 A—B—C—D—E 识别，还是按照 C—D—E—A—B 识别，或是按照其他可能的顺序识别。顺序的确定一般可以通过实验进行，将二值分类{X、not X}中最准确的 X 类型分类器作为第 1 分类器，然后依次评价剩余的类别寻找第 2 分类器，接着再寻找第 3 分类器……依次找到所有分类器，并确定各个分类器的顺序。分解树法是对分类标记划分集合，直到确定最终的类别。假设存在五种类别{A、B、C、D、E}。可以按照第 1 分类器划分{{A、B}、{C、D、E}}，然后第 2.1 分类器实现{A、B}类别的划分，第 2.2 分类器实现{C、{D、E}}的划分，第 3 分类器完成{D、E}的划分。这样的树可以有多个，那么选择哪种分解方法最优往往需要实验来评价。逐一类别识别法可看作分解树法的一种特例，它与一般性分解树法各有优缺点，有时混合使用。

需要特别注意的是，因为 SVM 属于二值分类，所以前面的术语集合的构建和 TF-IDF 的向量构建有时专门针对二值分类进行优化。例如，在术语集合构建时，针对{A、not A}构建一个术语集合，而针对{B、not B}构建另一个术语集合，但前后两个术语集合并不是同一个集合。同理还针对其他的各个模型都专门收集一个术语集合。实验表明，经过精心挑选的单独二值分类术语集合通常要好于整体就使用一个术语集合的方法。

SVM 模型的核函数与参数选择也是一项重要工作，如果已经编写好 SVM 模型的算法，这项工作可看作相对容易评价，如尝试选择线性核或者多项式核及其相应的不同参数取值。如果核函数与参数选择再结合特征集合及特征向量生成，则需要精心实验，以寻找最优的方案。

向量空间降维也是文本分类中常见的一种研究工作，当文本术语较多时，这里假设 3000 维，那么 3600 篇文档的存储空间就比较可观。有一种研究称作潜在语义索引（latent semantic index，LSI），又称作潜在语义分析（latent semantic analysis，LSA），这是一种自然语言处理中用到的方法，通过语义空间来提取文档与词中的概念，进而分析文档与词之间的关系。LSA 使用大量的文本上构建一个矩阵，这个矩阵的一行代表一个词，一列代表一个文档，矩阵元素代表该词在该文档中出现的次数，然后在此矩阵上使用奇异值分解（singular value decomposition，SVD）来保留列信息的情况下减少的矩阵行数，之后每两个词语的相似度则可以通过其行向量的夹角余弦值（或者归一化之后使用向量点乘）来进行标示，此值越接近于 1 则说明两个词语越相似，越接近于 0 则说明越不相似。SVD 方法将阐述在 8.4 节用于协同过滤推荐技术。如果将文档看作第 8 章的用户，术语看作第 8 章的产品，则 LSA 就是使用 8.4 节的 SVD，选取特征值较高的子空间来描述特征，从而实现降维。

4.5.2 常见的分类评价指标

文本分类的性能评价也使用机器学习中的交叉验证方法和分类器评价指标。封闭测试（close testing）指利用训练集训练，利用训练集测试。开放测试（open testing）指利用训练集训练，利用测试集测试。开放测试中，训练集就是测试集，所以主要用于测试模型的拟合能力（fitting performance）。封闭测试中，测试集与训练集独立同分布，但可能一些测试样本在训练集中没有出现过，因此主要测试模型的泛化性能。大多实验中，封闭测试性能略高于泛化性能很正常，但如果模型出现过于拟合训练数据，而泛化性能明显弱的情况，可能就是过度拟合现象了。

测试采用 Holdout 验证和交叉验证两种方式。Holdout 验证方式一般就是将样本按照一定比例随机划分为训练集和测试集[①]，如 80%训练集、20%测试集，分别用作训练和测试。k-折交叉验证采用将样本分为 k 份，然后将 k–1 份用作训练，将另一份用作测试，分别使用 k 份中的每一份用作测试，然后对 k 次评价取均值计算综合评价值，这种方法称作 k-折交叉验证。最典型的是使用十折交叉验证。一般来说，交叉验证更能综合地展现模型的性能。

对于模型的评价通常是构建混淆矩阵（confusion matrix），见表 4.8。

---

① 在某些算法中，还可能划分出三个集合：训练集、验证集和测试集。验证集是用于训练时，为防止过度拟合而设置的一个集合。

表 4.8　分类器性能评价的混淆矩阵

		模型预测的类别		
		C	～C	
真实类别	C	True Positives（TP）	False Negatives（FN）	P = TP + FN
	～C	False Positives（FP）	True Negatives（TN）	N = FP + TN
		Pred_P = TP + FP	Pred_N = FN + TN	ALL = TP + FN + FP + TN

表 4.8 中，区分四种情况，其中 TP 的含义就是模型预测的类别与真实类别都是 C 的样本数量，FN 的含义是真实类别是 C、模型预测的类别是～C 的样本数量，FP 的含义是真实类别是～C、模型预测的类别是 C 的样本数量，TN 的含义是真实类别是～C、模型预测的类别是～C 的样本数量。

精确率（precision rate）表示被分类器标记为正例的样本中真的就是正例的样本比例，即

$$P = \text{precision rate} = \frac{\text{TP}}{\text{TP} + \text{FP}} \tag{4.38}$$

召回率（recall rate）表示所有为正例的样本中有多大的比例标记为正例，即

$$R = \text{recall rate} = \frac{\text{TP}}{\text{TP} + \text{FN}} \tag{4.39}$$

F 量度表示精确率和召回率的调和平均值，即

$$F = F \text{ measure} = \frac{2 \times P \times R}{P + R} \tag{4.40}$$

因为精确率和召回率在模型中一定程度上存在矛盾，所以构造 F 量度进行综合度量。矛盾冲突举例：为了提高召回率，将所有测试样本全部标记为正例，但这样精确率可能就下降了。

此外，可以构建其他评价指标，如准确率（accuracy rate，AR）代表标记正确的比例，即

$$\text{AR} = \text{accuracy rate} = \frac{\text{TP} + \text{TN}}{\text{ALL}} \tag{4.41}$$

错误率（error rate，ER）表示不准确的比例，可以使用 1–AR 进行计算，即

$$\text{ER} = \text{error rate} = 1 - \text{AR} = \frac{\text{FP} + \text{FN}}{\text{ALL}} \tag{4.42}$$

上述评价指标常用于分类模型的评价。根据实际需要也可以构建其他评价指标。

4.6　基于分类技术的歧义消解问题

4.6.1　词法分析中的歧义消解问题

语言中的歧义问题是自然语言难以处理的主要原因。歧义现象广泛地存在于语言处理中的多个层次上，如词法分析、语义分析、句法分析，因此一个实用的自然语言处理系统必须具有良好的消除歧义的功能。人们在利用语言交流的过程中，通过结合上下文环境能够具体地表述交流的内容，也就是说鲜有歧义发生。那么，在处理语言过程中产生的歧义，通常是因为没有充分利用上下文信息，这主要包括两种可能因素：上下文信息采集不足或上下文信息使用方式不正确。

语言表述歧义是指人在理解语言本身时就存在歧义，例如，“两个朋友的孩子”，一种理解是强调两个朋友，孩子可能是一个或者多个，另一种理解是强调两个孩子。要想更准确地理解该语句的含义，仅通过该语句上下文很难判别，需要扩大上下文环境，如通过篇章的理解来判别。语言处理歧义是指语言模型处理中不充分利用上下文造成的歧义，例如，第 1 章中的举例“中国/有”还是“中/国有”，“才能”还是“才/能”。语言处理歧义通常不是语句一级表达没有歧义，而是语言模型自身没有充分考虑语句内的上下文信息造成的处理上的错误。表 4.9 给出分词中的部分切分歧义，表 4.10 给出若干复杂兼类词。

表 4.9　分词中面临的部分切分歧义举例（单位：%）

歧义对象	切分 1	出现比例	切分 2	出现比例
才能	才能	10.15	才/能	89.85
不要	不要	73.14	不/要	26.86
从小学	从小/学	38.89	从/小学	61.11
将来	将来	96.89	将/来	3.11
个人	个人	55.39	个/人	44.61

表 4.10　词性标注中面临的部分复杂兼类词举例

词	主要词性	词	主要词性
为	介词、动词	和	介词、连词
与	介词、连词	给	介词、动词

续表

词	主要词性	词	主要词性
到	介词、动词	上	方位词、动词
以	介词、连词、简称	用	介词、动词

语言表述歧义需要扩展到语句所在上下文处理，语言处理歧义则通常需要更充分地利用语句内的上下文特征，有时如果能使用到语句所在的上下文特征也十分奏效。在第 3 章的人名识别中曾说明篇章内的上下文人名识别，有助于对单个语句内的人名准确识别，这就是利用篇章信息处理语言处理歧义的一种有效事例。在现实语句及词法分析中，通常语言处理歧义会更多，这也是本节的歧义消解重点。

在分词、词性标注和命名实体识别中都面临着歧义消解问题，分词中的切分歧义，如“中国/有”和“中/国有”；词性标注歧义，如“为/v”和“为/p”；命名实体识别歧义，如“孙桂平/等”和“孙桂/平等”。歧义消解可以看作一种分类问题，目前通常采用预先收集可能的划分类别，然后应用更多的上下文特征，使用分类器实现类别划分的目的。有些时候不易提前收集歧义的候选类别，例如，“去太平开会”中的“太平”就是一个地名，若写成“太平村”则相对容易识别，因此如何生成各可能类别的列表也值得深入研究。

4.6.2　挖掘新的分类特征

消解的方法总体上分为人工制定规则的方法和统计方法。有时还可能人工制定识别规则，如分词中的“高高兴兴”“越来越好”。统计的方法是指基于训练语料的统计信息实现歧义消解，现在许多研究工作都属于基于统计的方法。统计的方法中包括两个主要问题：一是决定统计哪些上下文信息；二是选用哪种有效模型。

关于上下文信息的挖掘，一种情况是基于语言自身的特点考虑，例如，分词更多的是与邻近几个词密切相关，一个词的词性也更多的是与邻近的几个词密切相关；另一种情况是通过实验的方法进行。

就语言现象分析，通常情况下，分词的歧义消解、复杂兼类词的词性消歧以及命名实体判别都与邻近的几个词、密切关联的一些触发对相关。邻近的几个词体现出局部上下文特征，触发对体现出远距离约束特征，如“只有……才”。除了单纯的词与消歧对象之间的约束关系，有时还将若干个词组合在一起形成对消歧对象的组合约束关系，例如，在地名识别中，“与……说话”对人名识别有益，“在……开会”对地名和机构名识别有益。表 4.11 列出几个常见的上下文特征与采集方法。

表 4.11　词法分析中的消歧常用的上下文特征

上下文特征	特征采集方法
邻近上下文特征	可使用特征模板采集，如 w_{i-2}，w_{i-1}，w_{i+1}，w_{i+2}
触发对特征	可以利用相关性分析方法：χ^2 方法、互信息、平均互信息、信息增益、关联规则、粗糙集等方法
组合词特征	对每个候选组合对进行相关性分析，可以利用相关性分析方法：χ^2 方法、互信息、平均互信息、信息增益、关联规则、粗糙集等方法

在对消歧对象标记类别时，表 4.11 中的特征形成约束关系，常见的三类约束特征描述的约束关系如图 4.7 所示。

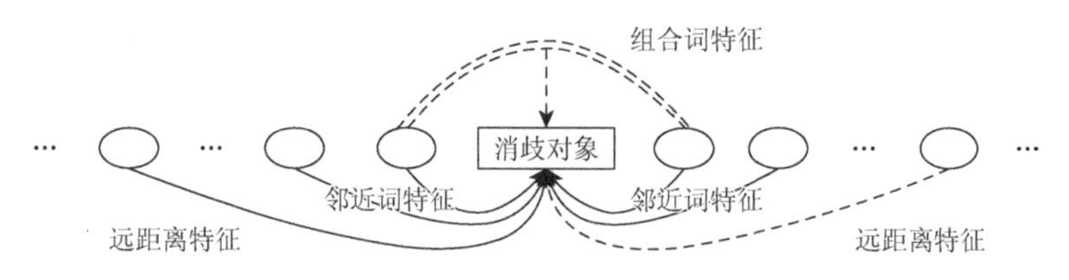

图 4.7　消歧中的几类约束特征示意图

就特征选择的方法来看，邻近上下文特征使用特征采集模板就可以收集，而触发对特征和组合词特征的特征形式有所不同，但都是用于判别消歧对象所属的类别，如分词中的“中国/有”和“中/国有”，词性标注中的“为/p”和“为/v”，因此可以使用度量与“消歧对象 + 类别”相关性较高的特征。直观地说，就是寻找一些特征能够“较显著地”判别消歧对象所属的类别。

邻近上下文特征就是从语言角度上默认邻近上下文对消歧对象的上下文分类作用明显。需要注意的是，消歧过程通常是在基本模型的基础上增加的处理模块，例如，分词采用 N-gram 模型后发现某些切分错误较多，才对其进行进一步处理，词性标注采用 HMM 或者 CRF 模型也是复杂兼类词的词性标注错误率较高才增加的消歧模块，这说明邻近上下文特征在基本模型中对这些消歧对象起的作用不明显，为此在消歧过程中寻找和补充其他特征就是很自然的想法。图 4.7 中在邻近词特征的基础上，增加了远距离特征和组合词特征，就是希望增加新的有助于判别消歧对象类别的约束关系。

远距离特征和组合词特征都应该有助于判别消歧对象类别，那么经由相关性分析选择具有较好类别判别的特征往往是一种可行方法，较多实验也表明该方法的有效性。邻近词特征与消歧对象的组合数量相对少，而远距离特征和组合词特征与消歧对象的组合数量非常多，如果简单地增加全部特征，那么可能会由于模型描述能力的不够充分、特征表示的非本质性、数据本身面临噪声问题，出现模型存储空间和计算量较大，且性能提高不明显甚至有时会下降的情况。可见对远距离特征和组合词特征利用评价方法进行筛选是必要的，进行相关性分析就属于一种筛选有效特征的方法。表 4.11 中列出了若干常见相关性分析的方法，包括 χ^2 方法、互信息、平均互信息、信息增益、关联规则、粗糙集等方法。χ^2 方法参见 2.4.2 节，互信息、平均互信息与信息增益方法参见 3.3.2 节，粗糙集方法参见文献[3]和文献[11]。

前面提到的特征都是设法深入挖掘语句内部的特征，然而受目前技术手段的限制，采用消歧技术能一定程度提高消歧对象的分类性能，但仍很难完全解决。通过对实验结果的错误分析，发现两个至关重要的问题：①数据稀疏问题对消歧性能的提高有着严重的影响；②若在文本文档处理中适当利用语句外部信息也会对消歧对象的处理有较大作用。可见，深入挖掘语句级的内部特征是提高消歧性能的一个方面，同时可以考虑其他方面加以改善。

如果有条件，补充消歧对象相关的语料数据是一个可以考虑的选择。补充消歧对象相关的语料数据时需要注意语料数据不平衡问题，新的数据如果简单地追加到原有语料集中可能会改变语言现象的分布。如果是概率模型，改变语言现象的分布可能会影响模型的性能，需要细致地进行利弊衡量。如果新补充的语料数据只是增加消歧处理模块，而并非对原有基本模型进行改变，则新补充的数据往往都是有益的。

文本文档性质的篇章中挖掘特征对消歧也常有较大作用，例如，“中国/有”和“中/国有”，如果对文档统计，出现较多的是“国有企业”，那么切分为“中/国有”的概率就应该增大。许多语言现象也面临着局部性原理：空间局部性和时间局部性。分词、词性标注、命名实体识别都会采用邻近的上下文特征，是因为处理对象受邻近上下文的约束较大；篇章内分词现象、词性现象和命名实体等同一语言现象可能会多次重复出现，体现出空间的局部性。在第 3 章有实验表明对篇章内的人名识别做统计有助于单个句子中的人名识别，这也正是利用了空间局部性。一段时期内某知名人士的名字在各新闻中频繁出现体现出时间局部性。相比语句一级的语言处理技术，篇章一级的语言处理技术可以利用更多的特征，以进一步提高语言的处理性能。

4.6.3　基于分类的歧义消解方法

歧义消解问题可以视作消歧对象的分类问题。作为分类问题，多种机器学习中的分类模型都可以应用，只是性能可能会有所不同。考虑到消歧本身需要使用更多的特征，分类器选择上也应尽可能完成这些特征表示，并实现有效的分类。

关于分类模型，可以尝试kNN、朴素贝叶斯、ME模型、SVM、反向传播（back propagation，BP）神经网络等分类模型，也可以进行多种分类器组合。在模型的使用上需要注意各模型的要求，例如，朴素贝叶斯需要假设特征的条件独立性，SVM需要把多值分类问题转换为二值分类问题，并且按照SVM要求的向量描述方式表示，BP神经网络需要转换为神经元网络的映射过程等。

关于消歧的处理时机值得思考：一种方法是消歧作为一个后续处理模块，在原有词法分析之后进行，例如，分词之后进行歧义切分消解，词性标注后进行复杂兼类词消解等；另一种方法是在原有的模型基础上，针对消歧对象融入如表4.10所示的更多的特征，当然这要求原有模型具有融入新特征的能力。有些模型如N-gram模型和HMM不能针对复杂兼类词单独融入特征，所以无法一体化处理，必须在分词或词性标注等处理之后再进行消歧，而ME模型等易于融入新特征的模型，则可以在原有模型基础上直接针对复杂兼类词融入更多的特征。

下面以ME模型为例说明其中引入特征的过程。第3章已经指出ME模型作为条件概率模型，可以有效地融入多种特征，并且不做特征独立性假设。消歧问题可以看作分类问题，若用相应的标记代替决策值，那么所有的决策标记（即消歧对象的类别标记）构成标记集合T，用H代表所有上下文特征的集合，此时，ME模型作为分类模型，定义在$H\times T$上。给定一个特定上下文h，特定的标记t的条件概率表示为

$$P(t\mid h)=\frac{P(h,t)}{\sum\limits_{t'\in T}P(h,t')},\quad P(h,t)=\pi\mu\prod_{j=1}^{k}\alpha_j^{f_j(h,t)} \tag{4.43}$$

式中，f_j为一个二值函数，代表第j个特征是否出现在上下文h中，α_j为第j个特征的权重，模型的训练目的是完成其中的各参数值估计，与第3章模型相同，仍由GIS训练算法分配参数值。

远距离特征或组合词特征所构成的约束r在ME模型中作为特征的方式表示为

$$f_j(a,b)=\begin{cases}1, & w=\text{KeyWord},\quad A_f(r)=b,\quad a=d\\ 0, & \text{其他}\end{cases} \tag{4.44}$$

式中，$A_f(r)=b$代表指定上下文中能构建出约束r，也就是说，约束r存在于当前消歧对象KeyWord的上下文环境中。$a=d$代表当前消歧对象KeyWord的分类标记与约束r对应的标记类别一致。

为克服数据稀疏问题，借鉴插值平滑方法而采用高低阶特征混合的方法。基于高阶规则的可信度更高的假设，在规则过滤时，采取对低阶规则的过滤相对严格、对高阶规则的过滤相对宽松的策略，合理发挥高低阶规则的作用。

多分类器组合通常比单一分类器的性能更高。一种典型的组合是通过投票法

或加权投票法对各分类器的分类结果进行整合。关于多分类器的组合方式，可以借鉴第 8 章中推荐模型的组合技术。

4.7 本章小结

文本分类是文本分析和文本挖掘中的一项重要内容。文本分类中的数据集、特征和分类模型是需要重点关心的三方面内容。本书中的文本分类数据集样本都已做类别标记，是单分类样本。文档的特征描述通常采用术语向量和 TF-IDF 描述的特征向量形式，需要注意的是，目前使用术语描述文档但不关心术语的出现顺序，属于词袋形式。用于分类的术语较多，因此文档分类也可看作高维空间分类问题。在文本向量的构建中，一种是严格的术语匹配计算术语的频次（TF 值）；另一种是引入术语与其他非术语的语义信息，增强语义的度量，可参考后面的语义相似度计算。分类模型可以使用多种机器学习的分类模型，但考虑到高维空间分类，因此采用典型的分类模型，包括 kNN、朴素贝叶斯和 SVM 模型。在现有基于术语向量的分类方法中，由于文档的高维特性，一些规则模型如决策树分类模型的表现性能不够理想，而朴素贝叶斯、SVM 等模型表现性能相对突出。

kNN 可以用于文本分类，属于基于实例的分类方法，其中相似度或距离的计算、邻居的选择都影响着 kNN 分类方法的性能。朴素贝叶斯方法也是一种典型的文本分类方法，它处理文本分类任务时，往往存在特征词缺失问题。因为语料库中词语的分布情况遵循 Zipf 定律，所以依靠简单地增加训练语料的方式难以解决由数据稀疏引发的特征词缺失问题。本章引入平滑算法补偿缺失特征词的概率。关于数据平滑的方法可以使用 Laplace 法则和 Lidstone 法则，此外，基于文本中的特征词符合二项分布的假设，引入 Good-Turing 算法直接针对类条件概率平滑并引入绝对折扣算法对二元对进行数据平滑。

SVM 是一个表现较突出的文本分类模型，其特征向量一般采用 TF-IDF 或改进的算法计算空间向量。考虑到文本分类属于一个高维空间的分类问题，而 SVM 模型恰在高维空间样本分类上表现突出，所以 SVM 模型比较适合文本分类，已成为文本分类中的一种代表性模型。在文本分类的研究中，LSI 技术用于压缩样本数据量和一定程度地去除数据噪声问题。LSI 技术主要将术语和文档构造成一个大的矩阵，然后使用 SVD 获得潜在特征向量，再利用该变量进行文本分类。使用 LSI 技术可以实现数据的一定程度压缩，如果压缩规模合理往往还能起到去除噪声、深入表示语义关系的作用，带来性能的微弱提高，但当压缩规模较大时性能可能会有所下降。关于 SVD，在第 8 章中有所阐述。

本章最后对歧义消解问题进行了阐述，针对词法分析中面临的歧义问题，可以视作分类问题。在语句级处理中，需要深入挖掘消歧对象的上下文特征，并构建一个易于融入特征的分类模型，例如，机器学习中的许多分类模型都可以完成，如朴素贝叶斯、ME 模型、BP 神经网络、SVM 模型。如果能够使用篇章特征，将有助于歧义消解，这是一个值得深入研究的方向。

第5章　文本聚类技术

文本聚类（text cluster）是自动地按照内容的相似度将文本分组聚为若干类。文本的内容用于承载文本的语义，所以文档聚类过程的更高目标是按照文档的语义相似度进行聚类。只是目前语言处理技术主要按照内容聚类，更多的是以内部的主要词（术语）来作为文档的语义特征，并构建相应的聚类模型实现聚类功能。深入地理解文档的内容，深层语义理解层面上的聚类将是文本聚类的一个发展方向。

文本聚类问题上，数据、特征和模型仍是三个主要问题，由于聚类问题上相似度至关重要，有时将相似度计算从模型中提出加以强调，这样数据、特征、相似度计算和模型是文本聚类所要关注的要点。文本聚类的数据集就是指文本集合，如果每个文本使用一个文档存储，则构成文本文档集合。聚类样本不要求存在类别标记，聚类的过程属于无监督的机器学习过程，聚类不需要训练过程。文本聚类是找到这样一些类的集合：类内部的文本相似度尽可能最大，而类之间的文本相似度尽可能最小。聚类的性能与所使用的特征和模型密切相关，常将文档描述在向量空间中，一个文档对应一个向量，聚类模型完成空间向量的聚类时，常用模型包括k-均值（k-means）聚类、k-中心点（k-medoids）聚类、层次聚类（hierarchical clustering）等。因为聚类不需要预先对文档进行手工标注类别，聚类技术较灵活并有较高的自动化处理能力，所以目前已成为对文本数据初步分析，将文本信息有效地组织、摘要和导航的重要手段。

5.1　聚类方法与文本聚类问题

5.1.1　聚类分析的类型

聚类是将数据对象分组为多个类或簇（cluster），同类对象间具有较高的相似性，不同类的对象间具有较大的差异性。聚类的过程属于无监督学习（unsupervised learning，又称无指导学习），数据样本不需要预先标记类别，也没有预先定义的类别，好的聚类的衡量准则是：类内相似度高、类间相似度低。有时聚类的质量也用它发现某些或全部隐藏的模式的能力来度量。在给定数据集上，聚类的质量主要依赖所使用的特征、相似度的计算和聚类模型。

直观地理解，聚类是设法通过特征和聚类模型来挖掘隐含在各样本数据内部的相似关系，并把相似的样本数据聚集在一起。不同于有监督学习，模型参数学习可由训练数据提供显式知识（如估计模型的参数值），聚类方法的性能完全依赖样本特征的表示、相似度的计算以及聚类的工作原理。

机器学习中的聚类方法已有较多，这些方法有着各自的问题和适用性，大致可分为六种聚类类型：划分聚类方法（partitioning clustering methods）、层次聚类方法（hierarchical clustering methods）、基于密度的方法（density-based methods）、基于网格的方法（grid-based methods）、基于模型的聚类方法（model-based clustering methods）、竞争聚类类型（competition based clustering methods）。

第一种聚类类型是划分聚类方法。将数据集划分成 k 个聚类，满足的要求如下：①每个组至少包含一个对象；②每个对象必须属于且只属于一个组（对于一些模糊聚类方法，可以适当放宽该条件）。划分聚类方法一般是创建一个初始的划分，然后采用迭代技术，调整数据对象所在的划分，直到找到满意的划分或者达到终止条件。好的划分聚类的衡量准则是：类内相似度高、类间相似度低。典型的聚类方法为k-均值聚类和k-中心点聚类。

第二种聚类类型是层次聚类方法。对给定数据对象集合进行多个层次的聚类，各层次聚类的粒度不同。通常有两种层次聚类方法：①凝聚型层次聚类（自底向上的方法），开始将每个对象作为单独的一个组，此时相当于在层次聚类的底层，然后逐层向上地合并相近的对象或者组，直到所有的对象或组合并为一个类，即到达聚类的根或者达到一个终止条件。②分裂型层次聚类（自顶向下的方法），开始将所有的对象置于一个簇，此时相当于在层次聚类的顶层，然后逐层向下在迭代的每一步中一个簇分裂为更小的簇，直到每个对象在单独的一个簇中或者达到一个终止条件。

第三种聚类类型是基于密度的方法。按照邻近区域的密度聚类，只要邻近区域的密度达到指定阈值，就连接在一起形成一个类。密度可以使用区域范围内对象的个数来衡量。基于密度的方法中，类中的每个数据点所在的区域中至少包含指定阈值数目的对象。基于密度的方法中某些对象周围密度不足，可能不能归属在某一个类中，形成离群点。根据需要离群点可以视作单独一类或者噪声等。

第四种聚类类型是基于网格的方法。通过量化的方法在对象空间构造出一个网格结构，聚类操作都在这个网格结构上进行。以三维空间为例，对每一维空间进行离散化，例如，对于文本类型的取值，则可以按照所有可能的文本进行离散化；对于数值类型的取值，可以在取值范围内按照一定间隔进行离散化。离散化后的网格空间就相当于对对象空间打格，聚类基于网格进行，例如，每个对象归到最近的网格点，再按照网格点的密度来进行聚类等操作。

第五种聚类类型是基于模型的聚类方法。该方法需要为每个类假定一个模型，然后寻找数据对给定模型的最佳拟合。EM 算法就可用作基于模型的聚类方法。

第六种聚类类型是竞争聚类类型。自动寻找样本数据的内在规律和本质属性，通过竞争机制逐步抽取主要特征实现聚类过程。自组织神经网络是一种典型的竞争聚类类型。自组织神经网络是无监督学习网络，一个神经网络接收外界输入模式时，自动地将其划分到不同的对应区域，各区域对输入模式有不同的响应特征。自组织神经网络的目标是用低维（通常是二维或三维）目标空间的点来表示高维空间中的所有点，尽可能地保持点间的距离和邻近关系（拓扑关系）。

各类型聚类算法的聚类特点可能有所不同，有些算法在小规模数据上表现较好，在大规模数据上表现较差，有些算法只能处理数值类型的数据，而对文本类型的数据处理不好。聚类的形状不同，例如，k-均值聚类和 k-中心点聚类一般按照相似度或距离来聚类，因此属于球状类，而基于密度的方法是当邻近密度满足阈值时，就归为同一类，因此能够发现任意形状的类。噪声处理能力也不同，例如，k-均值聚类受噪声样本或离群样本的影响较大，而基于密度的方法所受影响较小。有些算法还受输入聚类算法的样本顺序影响，如 k-均值聚类的结果与样本输入顺序有关。因此聚类算法的选择也应与具体问题需求相关。

5.1.2　文本聚类分析的常用特征表示

文本聚类是将相似的文档聚在一起，而文本分类是依据文档的内容将文档归到相应的类别中，二者都需要文档特征的表示。目前许多文本聚类的特征表示方法与文本分类相同，常采用 4.1 节中所述的文档术语构成文档向量，其中不考虑术语的出现顺序，属于一种词袋方法。通过将文本利用术语表示为向量后，文本就处于向量空间中，对文本内容的聚类处理就转化为向量空间中的向量运算，并且它以空间上的相似度表达语义的相似度。

文档的向量形式常用两种：第一种，基于术语构造的文档向量形式；第二种，布尔向量、词频向量、TF-IDF 特征向量以及其他改进的利用权重描述的特征向量表示形式。在第一种形式中，一个文档 d_i 就使用其出现的术语（主要词）形成向量，不考虑术语顺序，即

$$d_i = (w_{i1}, w_{i2}, \cdots, w_{ig(i)}) \tag{5.1}$$

第一种描述形式正如表 4.1 的表示形式，只用其中术语描述。对于朴素贝叶斯分类器等直接使用其中术语特征的模型，采用这种描述较为方便。式（5.1）中每个文档中术语出现的个数可能不同，所以其中的 $g(i)$ 代表当前文档 d_i 中出

现的术语个数。第二种描述形式是将所有可能的术语列举出来构成向量空间的特征轴，如式（5.2）所示，文档则相当于在该向量空间中的一个向量，向量的各个分量（特征轴上的取值）对应着各个术语特征上的权重，表示形式如式（5.3）所示。

$$T = (T_1, T_2, \cdots, T_n) \tag{5.2}$$

$$d_i = (t_{i1}, t_{i2}, \cdots, t_{in}) \tag{5.3}$$

式（5.2）描述了向量空间的各特征轴，也是所有用于描述文档的术语。在用词袋形式描述时，不考虑术语在文档中的出现顺序。系统实现上常将各术语按字符串排序，便于术语查找和文档向量的生成。n 代表所有候选术语的个数，也是向量空间的维数。式（5.3）描述了文档 d_i 在各特征轴上的权重。可见，d_i 分量的取值代表相应术语的权重，分量的总数为 n 。

当采用布尔向量描述时，式（5.3）中每个分量为 1 或 0 代表术语是否出现，如表 4.2 所示。当采用词频向量描述时，式（5.3）中每个分量为术语在当前文档 d_i 中的出现频次，如表 4.3 所示。当采用 TF-IDF 权重描述向量时，式（5.3）中每个分量为术语在当前文档 d_i 中 TF-IDF 计算的权重。当基于 TF-IDF 度量做改进向量度量表示时，可以调整式（5.3）的权重，如果做特征选择，则修改式（5.2）的向量。

在 4.1.2 节已说明，TF-IDF 计算出术语的权重构造的文档向量，是一种典型的文档特征表示方式，目前一些关于特征表示的研究也是基于 TF-IDF 算法。TF-IDF 是一种用于信息检索与文本挖掘的常用权重度量技术。在术语选择阶段，需要由术语评估算法来选择哪些重要词（有时也可能包括一些重要的短语）可作为术语，形成用于文本特征描述的术语集合。该术语集合用来筛选文档中哪些词（有时也可能包括一些重要的短语）属于术语可以描述该文档。

在 TF-IDF 进行权重计算阶段，主要考虑了两个要素，一是术语的出现频次，二是术语自身的特征表示能力。术语的出现频次是指在该文档中该术语出现的次数，一种隐含的假设是术语在文档中出现的频次（TF）越高，描述文档的能力越强，因此术语的频次高时应该加大该术语对应的权重，可见，频次与表示文档的能力呈正向关系。术语自身的特征表示能力常用反文档频率（IDF）描述，它是术语自身的描述能力度量，一般来说有两种计算术语描述能力的方法：①利用不同文档进行区分，如果一个术语在许多文档中都出现，则描述能力比较弱，而如果术语只在少量的文档中出现，则描述能力较强，可见，术语所出现的文档的数量与文档描述能力呈反向关系；②利用不同文档类进行区分，对于文本分类问题，因为各文档都存在类别标记，所以当在较多类别中出现时区分能力较弱，当在较少类别中出现时区分能力较强，可见，术语所出现的文档类别的数量与文档描述能力呈反向关系。4.1.2 节给出了这两种详细计算方法。如果存在类别标记，那么实质上这两种方法可以结合，例如，基于加权方法计算综合术语的权重值，可以更好地度量术语的表示能力。

本章是文档聚类方法，不要求文档预先标有类别。有些聚类特征的选择和TF-IDF的计算都是基于大量无标记文档的统计，此时的IDF计算则采用前述第一种形式，即利用所出现的文本文档数量来计算IDF值，然而为了提高术语特征选择的性能并保证IDF值可更准确地度量术语的表示能力，也往往利用一些文本分类语料数据、自己手工标注一些特征或者利用一些语义词典帮助进行术语特征选择以及IDF值的计算，此时IDF值可以取上述两种方法（基于文档的和基于文档类型的IDF计算方法）的加权综合值。

本章假设使用式（4.3）来度量TF值，用式（4.4）来计算IDF值，为方便观察，列在此处。

$$\mathrm{TF}(i,d)=\frac{\mathrm{freq}(i,d)}{\sum_{j}\mathrm{freq}(j,d)}$$

式（4.3）代表文档d中术语T_i的 TF 值为该术语在d中出现的次数除以整个文档的总术语个数。例如，一篇文本中总术语个数为 100，术语“计算机”出现了 3 次，则“计算机”一词在该文本中的 TF 值就是 3/100 = 0.03。IDF 值采用式（4.4）进行计算。例如，“计算机”出现在 1000 份文本中，而文本总数为 100 000，则其 IDF 值为 log（100 000/1000） = log 100。如果式（4.4）采用自然对数计算，则 log 100 = ln 100 = 4.605 170 186。

$$\mathrm{IDF}(i)=\log\frac{N}{n(i)}$$

TF-IDF 取值为 TF 值与 IDF 值的乘积，即

$$\mathrm{TF\text{-}IDF}(i,d)=\mathrm{TF}(i,d)\times\mathrm{IDF}(i) \tag{5.4}$$

在前例的文本向量中，“计算机”的 TF-IDF 值采用式（5.4）进行计算，为TF×IDF = 0.03×4.605 170 186 = 0.138 155 105 58。

当文档映射在向量空间模型中时，文本数据就转换成了计算机可以处理的结构化数据，两个文档之间的相似度问题就转变成了两个向量之间的相似度问题。两个向量之间的相似度可以利用向量之间的距离、向量夹角、向量夹角余弦值来度量，参见 4.1 节。在实际使用中，通常采用向量夹角余弦值度量余弦相似度，计算文档之间的相似度。

5.2　k-均值与 k-中心点文本聚类方法

5.2.1　基于 k-均值的文本聚类分析

k-均值算法是一种常用的聚类算法，它属于一种划分方法。k-均值算法将 n 个数据对象划分为 k 个聚类，使得聚类满足：同一类中的对象相似度较大，不同聚类中的对象相似度较小。k-均值聚类中，对同一个类中的所有类对象求均值作为该类的类中心对象，因此 k-均值聚类中有 k 个类，每个类有一个类中心对象，共有 k 个类中心对象。因为类中心对象是通过对一个类的所有对象求均值获得的，所以类中心对象并不一定是聚类中的真实对象[①]，可看作一个虚拟对象。

当用类中心对象作为衡量，聚类的结果为：每一个对象到所在类中心对象的距离相比到其他类中心对象的距离都小；或者说，每一个对象与所在类中心对象的相似度相比于其他类中心对象的相似度都大。类中心对象可以想象成一个具有引力的虚拟核心吸引着该类中的所有对象。图 5.1 展示了 k-均值聚类的聚类效果示意图。

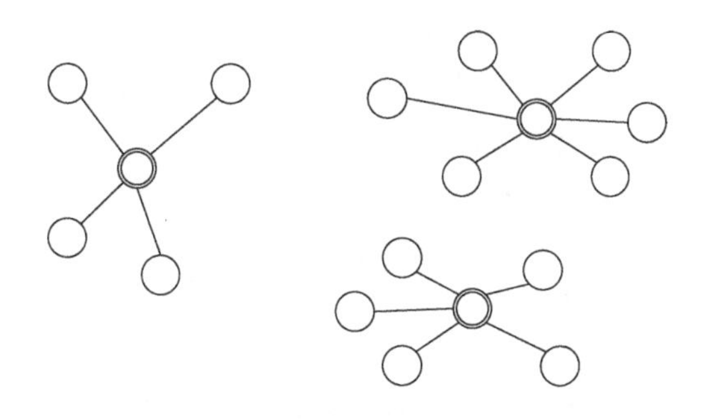

图 5.1　k-均值聚类的聚类效果示意图

k-均值算法的工作过程如下：①初始划分，从 n 个数据对象任意选择（或按照某种策略选择）k 个对象作为初始聚类中心。②对象划分到类，计算各个对象与这些聚类中心的相似度（或距离），然后将它们分别归到最相似的中心所在的类中，如果与超过 1 个聚类中心相似，则随机分配。③计算各个类的中心，计算各个聚类中所有对象的均值，并将其作为新的各个聚类的中心，同时计算均方差测

① 当然，也可能均值计算的结果恰好与其中的实际对象相同，这也是允许的，但仍可视均值计算的结果为一个虚拟的类中心对象。

度值[1]。④终止条件，如果新的聚类中心与上一次聚类中心没有变化，则聚类完成；如果达到预先设定的最大迭代次数，则聚类完成；如果本次每一个中心点到最相似的上一轮中心点的变化（可用距离或者相似度衡量）小于指定阈值，则聚类完成；否则，跳到步骤②进行下一次迭代计算。⑤判别均方差测度值，判别收敛情况，如果是多轮迭代，当算法结束时，均方差测度收敛，则判定求解成功，否则，可能需要重新启动k-均值算法，并随机初始化另外的对象作为初始中心。

举例解释聚类的主要过程，假设有8个样本，每个样本有2个分量：①＜1，1＞；②＜2，1＞；③＜1，2＞；④＜2，2＞；⑤＜4，3＞；⑥＜5，3＞；⑦＜4，4＞；⑧＜5，4＞。现在假设对这8个样本按照$k=2$进行k-均值聚类，主要执行步骤如下。

（1）第一次迭代：假定随机选择两个对象，如将序号1和序号3当作初始点，分别找到离两点最近的对象，并产生两个组{1，2}和{3，4，5，6，7，8}。对于产生的组分别计算平均值，得到平均值点。对于{1，2}，平均值点为（1.5，1）；对于{3，4，5，6，7，8}，平均值点为（3.5，3）。

（2）第二次迭代：通过平均值调整对象所在的组，重新聚类，也就是将所有点按距离各组的平均值点（1.5，1）和（3.5，3）最近的原则重新分配。得到两个新的组：{1，2，3，4}和{5，6，7，8}。重新计算组平均值点，得到新的平均值点为（1.5，1.5）和（4.5，3.5）。

（3）第三次迭代：将所有点按离平均值点（1.5，1.5）和（4.5，3.5）最近的原则重新分配，调整对象，组仍然为{1，2，3，4}和{5，6，7，8}，发现没有出现重新分配，而且准则函数收敛，程序结束。

文本聚类的过程与上例处理过程类似，下面分文本聚类的准备过程和文本聚类的过程两个部分来说明。文本聚类的准备过程如下。

（1）对给定数据集合的文本进行分词，如果存在大量英文，也需要进行词干还原，以处理英文特征。

（2）进行用于文本聚类的术语选择，构造所有用于聚类的术语特征集合。

（3）对于术语特征集合中的每个术语计算其IDF值，按照式（5.4）进行计算，并将结果存储，用于文本聚类的过程。

在5.1.2节说明用于文本聚类的术语特征集合制作是一项重要工作，有时还可能会参考文本分类中的术语特征选择结果。对于术语特征的保留数量也需要深入实验评价，一般来说，特征数量太少可能造成文本中的可用术语太少，影响文本的准确表示；特征数量太多可能会因大量作用不大的特征，而淹没作用较大的特征，导致聚类效果不佳。

---

① 若聚类中存在相似度计算公式，则一种距离的度量可以使用“1–相似度”。

文本聚类的过程如下。

（1）对给定数据集合的文本进行分词，如果存在大量英文，也需要进行词干还原，以处理英文特征。

（2）统计文本的 TF 值，并根据 IDF 值计算 TF-IDF，构建文本特征向量，这里需要根据所采用的特征集合来构造特征向量。如果采用除了仿词的词特征，则对文本的分词内容逐一判别，非仿词都作为术语特征，并统计 TF 值。如果预先已构造出术语特征集合，则利用术语特征集合对文本的内容进行筛选，挑选出相应的术语，并统计 TF 值。将 TF 值和 IDF 值相乘计算 TF-IDF 值，并构造文本的特征向量。

（3）将每个文本向量视作一个对象，按照 k-均值算法进行聚类。

k-均值算法有优缺点，一般来说，k-均值算法可以直接按照指定的 k 值聚到 k 个类别中，现在属于一种典型的聚类算法。k-均值算法的时间复杂度表示为 $O(tkn)$，其中 n 是对象数目，k 是簇数目，t 是迭代次数。一般相比 n 来说，k 取值比较小，t 取值也比较小。k-均值算法也有一些值得深入讨论的问题，主要包括以下内容。

（1）k 值需要预先指定，而若对于聚类数据事先不甚了解，则准确估计 k 值就不是一件容易的事。现有一些研究大致可分为如下三种策略：一是尝试方法，通过设定不同 k 值来观察聚类效果；二是通过层次聚类的结果来分析 k 的合理取值；三是通过评估算法来估计合理的 k 值，如用研究模糊划分熵、协方差估计等技术来估计 k 的合理取值。从目前效果来看，关于 k 的合理取值仍需进一步研究。

（2）初始聚类中心的选择对聚类结果有较大的影响。受初始值选取影响较大，说明 k-均值算法不是一个鲁棒性足够强的算法，k-均值算法属于局部最优求解，并非全局最优求解。针对该问题一般采用三种策略：一是利用人工观测聚类结果进行判别；二是随机初始化聚类中心的多次聚类，利用多次聚类获得的聚类中心重新估计一个合理的中心（如对多次聚类中心再进行 k-均值聚类获得 k 个中心）；三是应用遗传算法（genetic algorithm，GA）进行初始化，以内部聚类准则作为评价指标，进行聚类。

（3）k-均值算法通过相似度（或者距离）衡量到聚类中心的接近程度，各个类属于球形聚类空间（若数据在平面上就是圆形）。k-均值算法不能解决非球形聚类，也不能解决非凸（non-convex）数据聚类问题。

（4）k-均值算法对于噪声和离群值非常敏感。倘若存在一个偏离大多数据较远的离群值，那么它就会对聚类中心的均值计算带来较大影响，引起聚类中心的较大偏移，严重影响聚类结果。稍后的 k-中心点算法对于离群点的敏感性下降。

目前以下几方面工作对于聚类性能影响较大，包括文本聚类中有效特征集合的评价和选择，以及特征向量中的权重计算。在特征选择上，除了使用 χ^2 方法、交叉熵、互信息等方法度量，也有必要寻找多种要素衡量的特征选择方法。在权重计算方面，除了 TF-IDF 方法，有必要探索改进的或新的权重计算方法。相似度计算一般可采用余弦相似度。除了相似度也可以尝试一些距离的方法，如欧几里得距离。

5.2.2 基于 k-中心点的文本聚类分析

k-中心点算法不将簇中对象的平均值作为中心点，而是将簇中的中心点对象作为参照点。中心点对象是数据集中的一个实际对象，而 k-均值算法中的类中心对象是通过求簇中各对象均值而获得的虚拟对象。

k-中心点算法的工作原理是：首先为每个簇随机选择一个初始代表对象（代表对象就相当于所在簇的中心），剩余的对象根据其与代表对象的距离分配给最近的一个簇，之后，反复地用非代表对象来替代代表对象，以改进聚类的质量。聚类的质量用一个代价函数来估算，该函数评估了对象与其代表对象之间的平均距离。在该迭代计算过程中，每个簇中的临时代表对象可能不断替换，直到算法最终结束，最终聚类结果中的各个簇的代表对象就是各个簇的中心点，有时也称作中心对象。

k-中心点算法围绕各个中心点形成聚类，且属于划分聚类类型。要想求解最优的若干中心点，需要穷举所有可能的划分，显然这个计算量较大，然而这却是一种全局最优求解算法。取而代之的是近似求解算法，k-中心点算法是通过设置初始代表对象，然后尝试用其他非代表对象替换代表对象的代价，寻找代价降低的替换方案，依次逐步迭代，最终获得满意解，该算法属于局部寻优算法。k-中心点算法的工作过程如下。

（1）随机选择 k 个对象作为初始代表对象；

（2）重复；

（3）指派每个剩余的对象给离它最近的代表对象所在的簇；

（4）随意地选择一个非代表对象 O_{rand}；

（5）计算用 O_{rand} 代替 O_j 的总代价 $C_{j\text{irand}}$；

（6）如果 $C_{j\text{irand}}<0$，则用 O_{rand} 替换 O_j，形成新的 k 个代表对象的集合；

（7）直到不发生变化。

算法中代价 $C_{j\text{irand}}$ 的变化计算如图 5.2 所示，分为四种情况，用于判别是否由 O_{rand} 去替换 O_j 更为合适，令 p 是一个非代表对象。

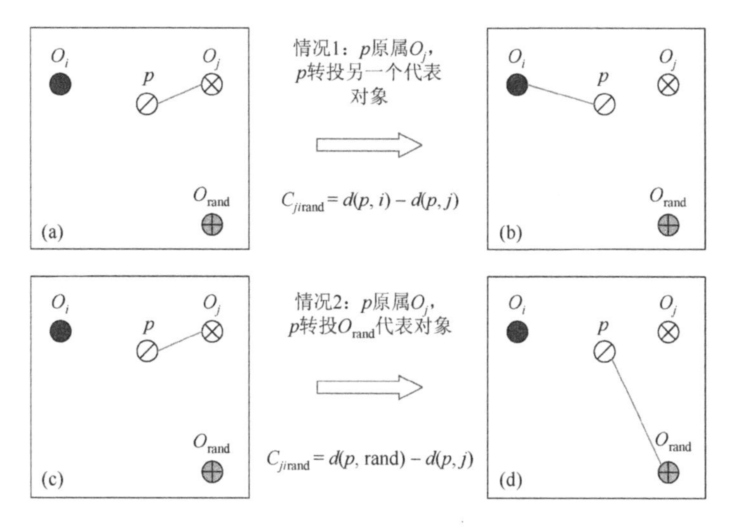

图 5.2　k-中心点算法中的代价计算前两种情况

对于基于划分方法的聚类质量要求是：类内具有更大的相似度，而类间具有更小的相似度。如果以每个对象到所在簇中心的距离来度量，通常可表述为：所有对象到其所在簇中心的距离和最小。当然也可以使用所有对象到其所在簇中心的距离平方和最小等变化的度量方式，但核心思想仍然是由距离来度量，聚类评价原则是类内相似性更大、类间差异性更大。这里以所有对象到其所在簇中心的距离和最小作为 k-中心点算法的评价准则。依照这种准则，k-中心点算法寻优策略就是不断地尝试用其他非代表对象去替代现有代表对象，以降低所有对象到其所在簇中心的距离和。

图 5.2 和图 5.3 给出计算由 O_{rand} 去替换 O_j 的代价，最终根据综合代价是否降低来判别是否需要替换。令 $C_{ji\text{rand}}$ 表示如下评价函数值变化：对于非代表对象 p 来说，如果由 O_{rand} 去替换 O_j，则总的 k-中心点聚类评价准则的代价降低程度。为了计算替换的代价，假设使用 O_{rand} 去替换 O_j，然后由所有其他非代表对象的变化引发的总代价作判别。p 代表着一个非代表对象，需要将每个非代表对象视作 p 计算一次 $C_{ji\text{rand}}$，然后求和所有非代表对象对应的 $C_{ji\text{rand}}$，计算由 O_{rand} 去替换 O_j 的总代价 $\text{Sum}C_{ji\text{rand}}$，若 $\text{Sum}C_{ji\text{rand}} < 0$，代表替换后总的 k-中心点聚类准则函数值下降，因此应该替换，以提高聚类效果，但如果 $\text{Sum}C_{ji\text{rand}} \geqslant 0$，则不应该替换。

若由 O_{rand} 去替换 O_j，对于任意一个非代表对象 p 来说，计算代价变化需要分四种情况，如图 5.2 和图 5.3 所示。算法的核心是：对于任意的 O_i、O_j 和正在判别的非代表对象 O_{rand}，将所有非代表对象依次视作 p，循环计算 $C_{ji\text{rand}}$ 并累加，求得 $\text{Sum}C_{ji\text{rand}}$，再根据 $\text{Sum}C_{ji\text{rand}}$ 的正负判别是否应该由 O_{rand} 去替换 O_j，如果是负数就进行替换。

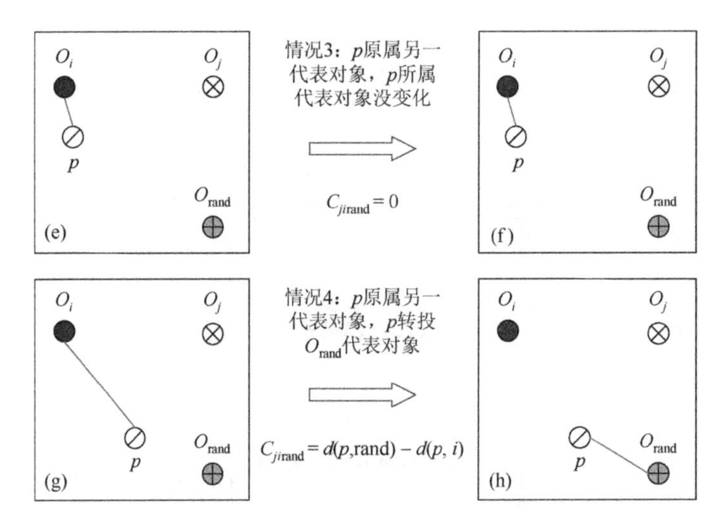

图 5.3　k-中心点算法中的代价计算后两种情况

使用 k-中心点算法进行文本聚类时类似基于 k-均值算法的文本聚类，也包括两个过程，即聚类的准备过程和聚类的过程。k-中心点算法聚类的准备过程与 k-均值算法聚类的准备过程相同，聚类的过程也需要进行文本分词、文本的向量表示以及用 TF-IDF 等算法计算文本向量中的权重。聚类的过程使用 k-中心点算法。因为 k-中心点算法的计算复杂度较高，所以通常对于中小型数据集有效，而不宜用于大型数据集的聚类。

5.3　文本层次聚类方法

5.3.1　层次聚类和簇间距离的计算

层次聚类的结果是分层次的，每层的聚类个数不同，粒度不同。层次聚类方法可分为两种：凝聚型层次聚类（自底向上的聚类）和分裂型层次聚类（自顶向下的聚类）。凝聚型层次聚类首先将每一个对象视作一个簇，其次寻找最近的两个簇合并为一个簇，再计算两个簇之间的距离，然后合并两个最近的簇，依此方式分层逐步合并，直到合并到最后一个簇。分裂型层次聚类首先将全部对象视作一个簇，然后划分为两个簇，并尽可能使得这两个簇距离最远，再针对每一个新生成的簇，若簇中对象个数大于 1 则继续分裂为两个簇，并尽可能使新生成的两个簇距离最远，依此方式逐步分裂，直到最终每一个簇都只含有 1 个对象。

在层次聚类中，距离计算至关重要，两个对象之间的距离可以使用向量间的距离计算，如欧几里得距离、利用 1–余弦相似度转换的距离等，其中 1–余弦相似度转换的距离较为常用。在两个对象之间的距离计算基础上，需要制定两个簇之间的距离计算方法。有四种广泛使用的簇间距离计算方法。

（1）最小距离（minimum distance），在各簇中任取一个对象，可计算这两个对象间的距离，取分别来自不同簇中最近的两个对象之间的距离作为簇间距离。

（2）最大距离（maximum distance），在各簇中任取一个对象，可计算这两个对象间的距离，取分别来自不同簇中最远的两个对象之间的距离作为簇间距离。

（3）算术平均距离（average distance），利用算术平均计算每个簇的中心，然后计算这两个中心的距离。

（4）中位数距离（median distance），计算每个簇的中位数中心，然后计算这两个中心的距离。

上述四种距离计算方式可以直接使用，有时可以通过加权方式组合几种使用。实践中也允许构建特有的簇间距离度量公式。

5.3.2　层次聚类方法

凝聚型层次聚类的主要工作过程如下。

（1）将每一个对象视作一个簇，视作层次聚类树的底层，准备向顶层逐步聚类。

（2）对于所有待聚类的簇计算任意两个簇之间的距离。

（3）合并具有最小距离的两个簇。如果存在几组具有相同距离的两个簇，且簇之间不存在交叉（例如，a 与 b 的距离和 c 与 d 的距离相同，则不交叉；而 a 与 b 的距离和 a 与 c 的距离相同，则存在交叉，因为 a 是同一个），则可以同时合并。当存在交叉时随机选择一个进行合并。

（4）如果全部对象合并为一个簇，或者满足停止合并的条件（如限定最大合并次数）则停止凝聚，否则跳到步骤（2）。

在凝聚型层次聚类方法中每一次合并之后，不允许撤销，这种方法不一定合理，面临着局部寻优的问题。实际使用中可以调整为允许有限步内进行回撤，当然这就需要增加聚类评价，以决定是否需要回撤。上述算法的聚类过程中簇之间不能交换对象，也不一定合理，实际使用中也可以适当改进。

分裂型层次聚类的主要工作过程如下。

（1）将所有对象视作一个簇，视作层次聚类树的顶层，准备向底层逐步聚类。

（2）利用某种算法计算待分裂的簇，划分为两个簇的分裂点，准备进行分裂。注意，如果簇中只有一个对象则不再分裂。

（3）评价所有待分裂簇的分裂点，选择一个可使得分裂后簇间距离增大最大的分裂点，分裂对应的簇为两个新簇。

（4）如果全部簇都仅有 1 个对象，或者满足停止分裂的条件（如限定最大分裂次数）则停止分裂，否则跳到步骤（2）。

对于一个簇如何寻找最佳的分裂点，并期望按此分裂为两个簇，正是步骤（2）和（3）中所关心的问题。枚举法是一种很好的、可以做到全局最优的分裂点寻找方法，然而计算量太大，因此实际上可能使用一些启发式方法，例如，使用 k-均值聚类或 k-中心点聚类算法，将当前簇聚为 2 类，以获得分裂点。

因为分裂型层次聚类中分裂评价至关重要，会严重影响层次聚类的效果，所以在层次聚类中较广泛地使用凝聚型层次聚类方法。基于层次聚类的文本分类过程与 k-均值聚类过程类似，也需要进行文本分词和词干还原，然后表示为 TF-IDF 文本向量，再利用层次聚类算法进行聚类。

5.4　基于聚类技术的词义分析

5.4.1　上下文与词义表达关系

基于大量文本数据集来构建词的语义关系是文本分析与文本挖掘的一项重要研究内容。在第 4 章文本分类和本章的文本聚类中，都直接使用术语作为文档的特征。术语之间通常视作条件独立或者正交。在实际情况下一些术语之间也常存在语义联系。术语是文档中出现的重要词或短语，本节专注一些词的同义关系分析。

在文本中，词的语义可由上下文来描述。对文本进行分词，然后去掉仿词和停用词，文本就转换为词序列。词的语义可看作由该词所在位置的前后一段范围内的词汇来表述，例如，该词的语义环境可用其之前的 12 个词和该词之后的 12 个词来描述。当然这里的 12 是一种经验或需要更多的实验来验证。具体可描述为，假设对于一个词 w，取该词 w 所在的位置之前的 n 个词和之后的 n 个词作为上下文，构成描述该词的上下文文本，该上下文文本的词长小于等于 $2n$。可将该上下文文本视作 w 的语义描述（图 5.4）。

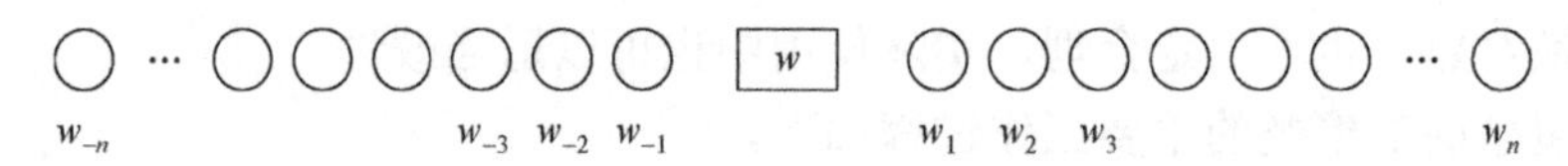

图 5.4　词义是由上下文来描述的示意图

当存在 w 的语义表述上下文文本后，两项研究工作可以开展：①通过上下文之间的相似度来研究词语之间的词义相近关系，即词的相近词义研究；②通过同一个词的上下文聚类研究一个词的多义性，即词的多义性研究。

如果将描述词语义的上下文文本看作一个短文本，那么还可以进一步考虑词距离对于词语义描述能力的影响，一般来说，离该词越近则作用越强，所以可以通过权重调节与 w 的位置相关的描述重要程度。图 5.5 展示出上下文环境对当前词 w 依远近不同位置赋予不同的权重。

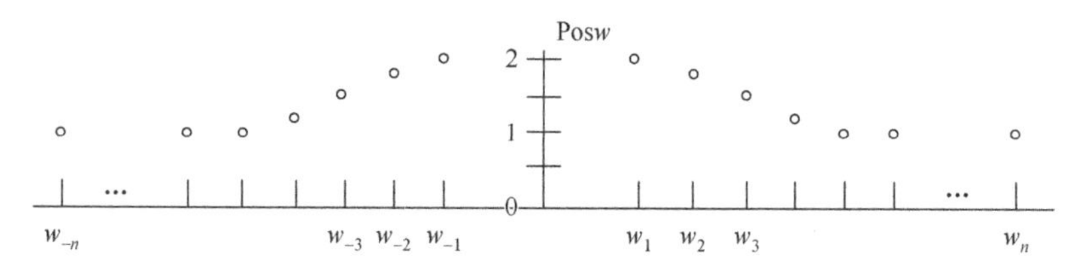

图 5.5 上下文环境中位置权重的设置示意图

图 5.5 中展示了一种位置权重设置的方式：与 w 紧邻的位置赋权值 2，间隔 1 个的位置权重为 1.8，间隔 2 个权重为 1.5，间隔 3 个权重为 1.2，间隔 4 个和 4 个以上权重为 1。位置权重的使用可以放在 TF-IDF 的计算上，可用式（5.5）来计算。

$$\text{TF-IDF}(i, d, p) = \text{Pos}w(p) \times \text{TF}(i, d) \times \text{IDF}(i) \tag{5.5}$$

对比式（5.4），式（5.5）在原有 TF-IDF 计算基础上引入了当前词在上下文的位置 p 的影响，增加了文档向量中位置的作用。

5.4.2 词义的上下文抽取与聚类

词的上下文文本可用于词的语义关系分析和聚类，下面阐述三种典型的应用：语义相似度扩展、多义词分析和典型词例句抽取。语义相似度扩展是指对任意给定的词收集与其语义相近的词集合。有多种角度定义两个词语的相似度，有学者从它们的共性（commonality）和个性（difference）角度出发，认为词语的相似度为：描述 x 和 y 两个词的共性所需要的信息量除以完整地描述 x 和 y 所需要的信息量。这里，完整地描述 x 和 y 所需要的信息量等于描述 x 和 y 两个词的共性所需要的信息量，加上描述 x 个性所需要的信息量，再加上描述 y 个性所需要的信息量。

也有学者定义语义的相似度，即两个词语在不同的上下文中可以相互替换使用而不改变文本的句法语义结构的程度。如果两个词语在不同的上下文中可以相互替换而且不改变文本的句法语义结构的可能性越大，则二者的相似度越高，否则相似度就越低。

关于词语的相似度，一种方法可以基于语义词典计算，另一种方法可以通过词语的上下文环境进行计算。通过对大量的文本数据集进行语义相似度计算，可以寻找与一个词相近的若干词，实现同义词扩展功能。上下文文本的收集过程如下。

（1）进行文本分词，去掉仿词和停用词。这里停用词是一些基本的的、地、得、了、阿、吗等构成的停用词，可使用与第 4 章文本分类相同的停用词表，也可以自己构建停用词表。

（2）指定每个词的上下文长度（即收集左侧词的个数和右侧词的个数），然后收集上下文文本，如果只需要对部分词计算语义相似度，则只需要收集它们对应的上下文文本，否则可以按枚举法收集全部词对应的上下文环境。

（3）如果包含大量的英文，则需要进行词干还原。

（4）利用式（5.5）为每个上下文文本进行文本向量表示，构造向量空间。

当上下文文本构建好后，各个词的上下文文本都描述在向量空间中，于是可以借助向量空间中的向量计算求得上下文之间的相似度（距离）。语义相似度扩展计算过程如下。

（1）执行“上下文文本的收集过程”，构建向量空间。

（2）将每个词的上下文环境集合看作一个簇，计算指定词与其他词形成的簇之间的平均距离，或者计算全部词形成的簇之间的平均距离。

（3）依据到指定词的距离从小到大排列其他词汇，形成与该词相近的其他词列表。可以使用一定的过滤阈值，如最大相近词个数、最大距离等，仅寻找最相近的部分词汇。

在该算法中还存在一些值得深入研究的问题，包括：①如何更好地利用两个词汇的上下文环境构成的簇来衡量两个词汇的语义相近程度；②算法中上下文向量描述是否需要考虑上下文词的顺序关系，如何引入序关系改善相似度计算的准确性；③收集多长的上下文文本计算相似度更为准确；④如果一个词具有多义性，那么是否需要对多义词的上下文环境先进行聚类形成多个语义簇，再利用各个簇去计算词之间的相似度。

前面设法利用多个簇之间的关系进行相似词扩展，相似词有许多应用，如在信息检索中用户的查询词扩展、在个性化推荐中用户兴趣的扩展等。在第 4 章的文本分类和本章的聚类问题中，利用 TF-IDF 构造向量都采用术语的严格匹配来计算，对于不属于术语的词不加以考虑，那么可以想象与术语相接近的一些词汇也应该对于文本的语义表达有用。例如，如果“存储器”是一个分类或聚类中的术语，而“闪存”“U 盘”等词汇与存储器有一定相似度，那么需要考虑后者的出现是否也应该适当增加“存储器”术语的频次。

当存在非术语与术语之间的相似关系后，可以开展一些改进工作，包括：

①可以适当修改文本分类和文本聚类中的特征向量表示与权重计算，以增加非术语在文本向量表示中的作用；②在术语集合的收集中，判别哪些候选术语之间的语义相似度较大。因为这里的语义完全通过大量的文本数据收集，加上仅采用上下文有限词汇来描述，描述模型的能力有限，所以相似度的计算也会带来一定的噪声，在文本分类和聚类问题上引入语义知识也应注重使用的尺度。该问题也引发一个思考：语言之间的若干处理技术与其性能之间的相互影响。

借助上下文环境还可以辅助进行多义词分析，这主要是针对指定词的上下文文本形成的集合进行分析，如果数据集足够大，就会包含词语的多种语义上下文，借助词语的上下文可以开展多语义研究，如通过聚类技术，分析词汇的多语义环境。多义词分析的处理过程如下。

（1）针对需要分析的若干词，执行“上下文文本的收集过程”，构建向量空间。

（2）针对每一个词的上下文环境空间，使用聚类技术进行分析。

这里的聚类可以使用层次聚类、k-均值聚类、k-中心点聚类等。这种分析存在的一个问题就是如果预先不知道常见语义有几种，那么不容易确定聚类的个数。例如，“苹果”可能是指常吃的水果，也可能是指当前常见的苹果手机 iPhone，还可能是苹果计算机等。作为水果和作为手机来使用时，上下文还是存在一定不同的。在常见语义个数的确定上，一种研究就是尝试几个类的值，然后评价类的大小和两个类的距离，构建一个衡量聚几个类更适合的评价公式，可以借鉴关于 k-均值聚类中 k 值确定的一些研究成果。

采用语义聚类的方式还能进行典型词例句抽取，通过聚类技术获取一个或几个中心，然后围绕中心在一定距离内（该距离要比簇的边界小得多，相当于围绕中心的内核空间）选取若干个上下文文本所对应的原始文本，构成词的典型例句。前面提到 k 值不容易确定问题，这里也同样面临该问题，对于多义词也存在不易准确选取每个词义对应的例句。然而这种研究对于一些要求不十分精确的语言使用举例，还是有很大作用的。

最后需要注意的是除了语义研究还存在语用研究。以三博聊天作为此处的例子。三博说：机智人（三博的智能机器人），我问你，都说时间是宝贵的，是吗？机智人说：是啊，一寸光阴一寸金。三博说：好像有问题啊，都说生命是无价的，时间就是生命，那么时间就是无价的了？机智人：这……这……这是复杂语言现象，我需要咨询一下设计师（三博爸妈），补充知识库……三博爸正在写《文本分析与文本挖掘》一书，听此问题，想好好把握住教育机会：三博，这需要深层“语意”理解，你刚上小学二年级，能自己联想形成推理，已经表现出爱思考的优点了……刚才的问题体现出语言的博大精深，需要分析词法、句法、语义、语用等，简而言之，需要语用分析考虑到语境……三博妈终于忍不住了：还是我用小孩容易理解的方式来讲吧……

上述交流中体现出的复杂的语言现象除了分析语义，还可能需要分析语用，以真正地理解“语意”。语用学是语言学各分支中一个以语言意义为研究对象的学科领域，是专门研究语言的理解和使用的学问，它研究在特定情景中的特定话语，研究如何通过语境来理解和使用语言。语境对语言的作用在语用学研究中十分重要。在语言的使用中，说话人往往并不是单纯地要表达语言成分和符号单位的静态意义，听话人通常要通过一系列心理推断去理解说话人的实际意图。要做到真正理解和恰当使用一门语言，仅懂得构成这门语言的发音、词汇、语法、语义是不够的，还需要深入语用知识。

5.5 其他聚类方法

5.5.1 自组织神经网络聚类

自组织神经网络（self-organizing maps）可用于聚类技术。一个神经网络接受外界输入模式时，将会分为不同的对应区域，各区域对输入模式具有不同的响应特征，而且这个过程是自动完成的。自组织神经网络正是根据这一思想提出来的，其特点与人脑的自组织特性类似。

自组织神经网络具有以下特点：①可以将高维空间的数据转化到二维空间表示，并且其优势在于源空间的输入数据彼此之间的相似度在二维离散空间能得到很好的保持，因此在高维空间数据之间的相似度可以转化为表示空间（representation space）的位置临近程度，即可以保持拓扑有序性；②抗噪声能力较强；③可视化效果较好；④可并行化处理。文本聚类具有高维和与语义密切相关的特点，自组织神经网络方法的上述特点使其非常适合文本聚类这样的应用。目前自组织神经网络聚类方法在数字图书馆等领域得到了较好的应用，自组织神经网络对数据对象的阐述较为形象化，可视化的效果较好。

自组织神经网络的运行分为训练和工作两个阶段。在训练阶段，对网络随机输入训练集中的样本。对某个特定的输入模式，输出层会因某个节点产生最大响应而获胜，而在训练开始阶段，输出层哪个位置的节点将对哪类输入模式产生最大响应是不确定的。当输入模式的类别改变时，二维平面的获胜节点也会改变。获胜节点周围的节点因侧向相互兴奋作用也产生较大的响应，于是对获胜节点及其邻域内的所有节点的权值向量都作程度不同的调整。网络通过自组织方式用大量训练样本调整网络的权值，最后使输出层各节点成为对特定模式类敏感的神经细胞。当两个模式类的特征接近时，代表这两类的节点在位置上也接近。

文本数据具有高维和与语义密切相关的特点，而自组织神经网络可以将高维空间的数据转化为低维空间，并且源空间的输入数据彼此之间的相似度在低维离散空间得到较好的保持，即具有较好的拓扑有序性。该方法还具有对噪声不敏感的特点。使用自组织神经网络方法进行文本聚类的基本步骤可以概括如下。

（1）初始化。对输出层各个神经元所代表的权值向量赋予小的随机数，并作归一化处理。神经元的向量维数与输入文档向量的维数相同。

（2）接收输入。从训练集中随机选取文档向量，作为自组织神经网络的输入。

（3）寻找获胜节点。计算输入文档向量与各神经元向量的相似度，相似度最大的节点将获胜。

（4）获胜节点及其邻域内的节点调整权值。权值调整的幅度一般采用随时间单调下降的退火函数。

通过调整权值，获胜者及其邻域内的神经元和输入文档模式更加接近，因此使这些神经元以后对相似输入模式的响应得以增强。通过充分训练，输出层各节点成为对特定模式类敏感的神经细胞，对应的向量成为各个输入模式类的中心向量。

自组织神经网络中输出节点的个数与输入文档集合的类别个数有关系。如果节点数少于类别数，则不足以区分全部模式类，结果将使相近的模式类合并为一类。如果节点数多于类别数，则类别划分过细，从而对聚类质量和网络的收敛效率产生影响。

自组织神经网络训练结束后，输出层各节点与各输入模式类的特定关系就完全确定了，此时自组织神经网络有如下主要性能：①各聚类中心是类中各个样本的数学期望值，即质心；②对输入数据有“聚类”作用，而且保持拓扑有序性。经过充分训练的自组织神经网络可以视为一个“模式分类器”。当输入一个模式时，网络输出层代表该模式类的特定神经元将产生最大响应，从而将该输入自动归类。

自组织神经网络方法通常需要预先定义网络的规模和结构，目前已有学者找到一些方法尝试在训练过程中自适应调节网络的大小和结构。其基本思想是允许更多的行或者列动态地加入网络中，使网络更加适合模拟真实的输入空间。一般说来，自组织神经网络倾向于使用较多的节点表示输入分布中稀疏的区域，而对于密集的区域，表示的节点较少，对此，还有学者研究了输入数据的密度分布和网络节点的有效使用问题。

自组织神经网络方法需要定义邻域函数和学习速率函数。关于邻域函数和学习速率函数的选择并没有固定的模式，有学者对此做了专门的研究和讨论，实验结果表明常用的学习速率函数可能会导致神经元的位置被最后输入的数据影响，而一些改进的学习速率函数和邻域函数使输入的训练数据对于神经元位置的影响更加均匀。直接对由随机趋近理论给出的经典学习速率进行范化是比较难的，他们采用了一种统计核函数的解释。对于任何一个给定的经验学习速率，可以分析一个给定的数据点对训练图上的神经元位置的贡献。

5.5.2 基于密度的聚类

基于密度的聚类算法是寻找被低密度区域分离的高密度区域。k-均值聚类使用距离衡量簇内样本到聚类中心的远近，这类方法使得聚类结果是球状的簇，它是一种凸型簇，而基于密度的聚类算法可以发现任意形状的聚类（包括凹型簇），并且通常具有较强的噪声数据容忍性。噪声耐受的聚类密度（density-based spatial clustering of application with noise，DBSCAN）是一种典型的基于密度的聚类算法，它根据集中样本分布的紧密程度（密度）进行聚类，能够除去噪声点，并且聚类的结果是划分为多个簇，簇的形状是任意的。

DBSCAN 聚类的主要参数包括两个：$(\varepsilon,\text{min}Pts)$，它们用于描述邻域的样本分布紧密程度，其中 ε 是一个距离阈值，minPts 代表样本数量的阈值。令样本集 $T=\{x_1,x_2,\cdots,x_n\}$ 代表 n 个样本，如 n 个待聚类的文本。按照 DBSCAN 算法，需描述几个概念。

（1）ε 邻域：对于 $x_a \in T$，则 x_a 的邻域 $N(x_a,\varepsilon)=\{x_i \in T \mid \text{Dis}(x_i,x_a) \leqslant \varepsilon\}$，即 T 集合内所有距离 x_a 不超过 ε 的样本构成的子集，$\text{Dis}(x_i,x_a)$ 代表两个样本 x_i 与 x_a 之间的距离，$|N(x_a,\varepsilon)|$ 表示 x_a 的 ε 邻域。

（2）核心对象：对于 $x_a \in T$，如果 $|N(x_a,\varepsilon)| \geqslant \text{min}Pts$，则 x_a 就是核心对象。

（3）密度直达：如果 $x_a \in T$ 是核心对象，那么若 $x_i \in N(x_a,\varepsilon)$，则 x_i 由 x_a 密度直达。注意，密度直达不具有对称性。只有当两个都是核心对象时，才具有对称性。

（4）密度可达：对于一个子样本序列 $p_1,p_2,\cdots,p_m$，如果 p_{i+1} 由 p_i 密度直达，那么该序列中的任意一个样本 p_i 都由 p_1 关于 $(\varepsilon,\text{min}Pts)$ 密度可达。同理对于任意一个样本 p_b，$p_k \in \{p_{b+1},p_{b+2},\cdots,p_m\}$，则 p_k 由 p_b 关于 $(\varepsilon,\text{min}Pts)$ 密度可达。密度可达具有传递性，但密度可达不具有对称性。密度可达不具有对称性是因为密度直达不具有对称性。

（5）密度相连：对于 $x_i \in T$，$x_k \in T$，如果存在一个核心对象 x_a，使得在参数 $(\varepsilon,\text{min}Pts)$ 下，x_i 由 x_a 密度可达，x_k 由 x_a 密度可达，则 x_i 和 x_k 密度相连。密度相连满足自反性、对称性和传递性，故属于等价关系。

由上面的概念可知，密度直达仍然描述一个球状空间，但密度可达却描述一个通过移动球状空间形成的不规则空间，甚至是凹域。基于这几个概念，DBSCAN 聚类可以描述为：由密度可达关系导出的最大密度相连的样本集构成一个簇，所有的这些簇则组成 DBSCAN 的聚类结果。

DBSCAN 算法的工作过程描述如下：①任意选择一个没有聚类的样本，寻找其邻域，并计算邻域内样本数量是否满足最小阈值，如果满足则作为核心对象，如果不满足再测试下一个没有聚类的样本，如果直到所有的未聚类样本都被测试仍没找到核心对象，则聚类结束并返回聚类结果C，否则将当前的样本作为核心对象x_a；②将核心对象x_a作为种子，寻找与x_a密度可达的全部对象作为一个新的聚类簇C_i；③将C_i加入已经聚类的集合C中，即将$C \cup C_i$作为新的C，然后跳到步骤①重复上述过程。

关于DBSCAN算法有几个问题值得思考。

（1）样本之间的距离计算。令函数$\text{Dis}(x_i,x_a)$代表两个样本x_i与x_a之间的距离。如果x_i采用向量来描述，则距离可以采用样本之间的欧几里得距离或者$1-\text{sim}(x_i,x_a)$的方法来度量，这里的相似度$\text{sim}(x_i,x_a)$常用余弦相似度。在k-均值算法中，两个文本的相似度也常使用余弦相似度。

（2）离群点通常偏离正常样本较多，并且离群点的周围样本通常较为稀疏，因此基于密度的聚类往往不会将离群点作为核心对象，也不会将离群点聚到类中。虽然离群点可能是正常数据，但也可能是噪声数据，这需要依据实际问题以及数据的可靠性来分析。通常将离群点视作噪声，这种情况下，基于密度的聚类具有一定的噪声容忍性。

（3）如果一个对象x_i到核心对象x_a是密度直达，对象x_i到核心对象x_b也是密度直达，那么x_i应归在x_a内还是x_b内就是值得思考的问题。这个问题分情况分析还比较复杂，一般来说，DBSCAN算法只采用简单的方法来解决，就是按照核心对象x_a和x_b哪个先出现，就归到哪个类中，虽然可能不足够合理，但是算法执行速度很快。

（4）对于一个聚类簇来说，其中可能包括很多个核心对象，而该簇可以由任意一个核心对象来确定，换句话说，该簇中的任意一个核心对象经过密度可达来扩展的对象集合都能形成该簇。

5.6 本章小结

文本聚类的过程主要是将文本描述在向量空间模型中，然后可以使用机器学习中的各种聚类方法实现聚类。文本聚类中文本向量的表示对聚类性能影响较大，相似度计算或者距离计算更适用于描述文本之间的相似程度，这两方面需要深入研究。此外，关于聚类的方法，现有大多数文本聚类研究都是基于机器学习中的聚类技术，或针对文本聚类的需求，略调整聚类算法。文本聚类有较多的应用，包括文本数据的初步分析，文本信息的有效组织、摘要和导航等。通过收集词汇的上下文，形成的短文本聚类，还能够进行词的相近关系分析、多义词分析等。对于商品评论的聚类有助于为用户提供更直观的多方面评价，便于用户宏观掌握大多数用户的评价意见。

文本聚类中文本向量的构造与文本分类类似，常用 TF-IDF 构建文本向量。文本的相似度和距离计算也是借助于向量空间中的向量计算。相似度或距离的度量常用余弦相似度或者经过文本向量归一化后的欧几里得距离计算。可以通过大量无标记的文本集或者经过人工标记的有分类标记的文本集来生成用于聚类的术语集合，有时还可能借助一些语义词典帮助筛选。术语集合的选取对于文本聚类的影响较大，需要认真设计，通过实验进行仔细筛选。

关于文本向量的构建，在基本的 TF-IDF 中，一种是按照术语通过术语频次计算 TF 值，另一种是研究引进非术语与术语之间的语义关系，增强文本中术语的描述能力，可参见 5.4 节的相近词计算。TF-IDF 中还存在一些问题值得深入研究，例如，没有考虑术语的顺序，没有考虑文本的结构信息等。TF 以词频测度为基础，认为出现次数多更多地代表该文本语义，而 IDF 认为一个术语出现的文本频数越小，它区别不同类别文本的能力就越强。本质上 IDF 是一种试图抑制噪声的加权，然而这种单纯地认为“文本频率越小的术语就越重要，文本频率越大的术语就越无用”的评价度量显然并不准确。IDF 的简单结构并不能有效地反映术语的重要程度和术语的分布情况。此外，在 TF-IDF 算法中并没有体现出术语的位置信息，对于 Web 文档而言，权重的计算方法应该体现出超文本标记语言（hyper text marked language，HTML）的结构特征。因此 TF-IDF 仍存在一定的改进空间。

文本聚类的聚类模型可以使用机器学习中的聚类模型，除了 k-均值聚类、k-中心点聚类、层次聚类、基于密度的聚类、自组织神经网络聚类等模型，还有基于网格的聚类。由于文本聚类属于无监督学习，其聚类效果完全依赖于聚类数据、相似度或距离的计算、聚类模型。

本章介绍的聚类算法中，聚类中心一般都是由聚类算法决定的，而现实一些研究中，例如，在舆情监管研究中，以“暴力”类型信息聚类为例，可以预先通过大量的数据甚至部分人工标注的数据来构建“暴力”类型的聚类中心，类似地也构建其他若干个中心，这样就形成了中心的聚类研究工作。

第6章　文本检索技术

文本检索（text retrieval）是指从非结构化的文本集中找出与用户需求相关的文本。如果将一个文本视作一个文档，则有时文本检索也称为文档检索（document retrieval），本章不对二者严格区分。需要注意与数据库中的查询（query）有所区别，查询是从数据库中查询符合条件的数据记录，即如果满足查询语句的条件，那么记录就被提取出来，因此查询属于精确查找，仅返回满足条件的记录。虽然查询中也使用 like 之类的语句提供模糊查找，但这里的模糊只是带有通配符或者满足匹配关系的输入形式，原理上仍然是精确查找。数据库是结构化数据，数据库查询的正确率一定是 100%，而文档检索是在非结构化或半结构化文档数据中检索，返回的结果往往不一定十分精确，其召回率也不一定是 100%。文档检索是从非结构化文档集合中查找，一般来说候选集合非常庞大，通常很难判别一个候选文档是否严格匹配用户的条件，往往使用相似度来度量，所以文档检索器返回的文档列表可能包括一些用户不需要的文档，也可能不包括用户全部需要的文档。网页检索是一个典型的文档检索应用，现在已有多个著名的网页检索引擎，如 Google。

信息检索（information retrieval）是指从非结构化的文档集中找出与用户需求相关的信息。从概念上来讲，信息检索返回的是用户需求的信息，然而现在许多信息检索只是返回用户关心的文档，所以仍属于文档检索层次。从自然语言处理的层次来讲，信息检索需要对文档进行深层内容整合与提取，返回带有用户关心信息的数据片断，其进一步发展目标应该是自动问答系统。考虑目前一些信息检索研究仍然属于文本检索研究，本书不严格区分这两个概念，有时也称文档检索为信息检索。另一个相似的概念为情报检索，情报检索更多的是研究如何利用现有的信息检索工具或期刊文献检索工具等进行情报资料信息的检索。

6.1　Web 检索系统构成与文本检索的评价

6.1.1　Web 检索系统

Web 检索是文档检索的一个重要代表，它主要针对用户输入的查询去检索出满足用户需求的网页列表。Web 检索系统一般包括五个主要部分：互联网网页集合、网页爬虫、海量索引系统、网页检索模块、用户检索端（图 6.1）。

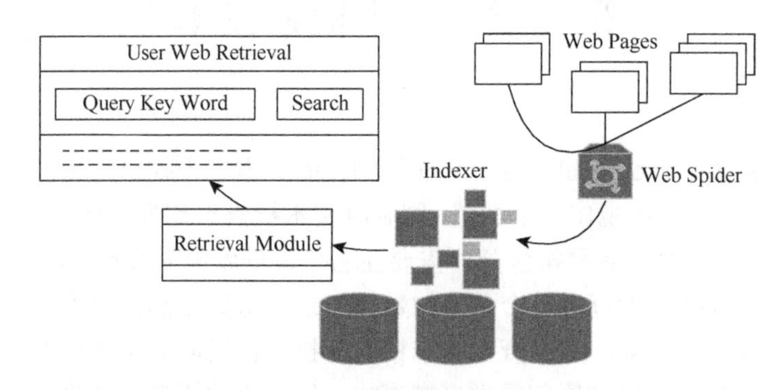

图 6.1　Web 检索系统构成示意图

图 6.1 中的 Web Pages 代表着互联网上的网页集合，因为互联网的网页数量异常大，所以通常搜索引擎会对搜集的数据有所侧重，如中文网页搜索引擎侧重搜集中文地区国家的网页。Web Spider 称为网页爬虫，也有称网页蜘蛛，用于获取指定区域的互联网网页，Indexer 用于建立索引，索引的内容存储在数据库中。互联网网页数量异常大，所以通常需要先进的海量存储技术，并且需要兼顾分布式用户检索的效率。Retrieval Module 代表网页检索模块，用于计算索引网页与用户查询语句的匹配程度，以此作依据返回给用户检索结果。用户检索端用于用户输入查询语句以及显示检索结果。

目前的网页检索大多是基于关键词的文本检索，如 Google 是一个著名的网页搜索引擎。现还有一些研究基于非文本的检索应用，例如，有些基于图像的检索网站，用户提供图片，搜索引擎完全基于图像特征进行相似度计算并返回相似的图片。当然也有些图片检索仍然属于文本检索，它是基于图片上下文环境，如图片的标题、图片周围的语句来匹配用户查询的关键词，检索出所需要的图片。

6.1.2　文档检索中面临的困难

在信息检索发展的早期，一些研究工作集中在科学文摘数据库、法律和商业文档检索上，这些研究问题中数据集规模相对小，也相对封闭，但仍属于半结构化或非结构化文本检索问题。互联网上的网页规模相对庞大，内容之间有较多的连接，网页也在不断地更新中，内容相对开放。图 6.1 已表明其中包括网页爬虫、海量索引、信息检索等关键技术。其中信息检索的最重要工作是根据用户的查询检索出相应的文档，这需要计算文档与查询的相似度，列出最相似的一些文档作为返回结果，如图 6.2 所示。

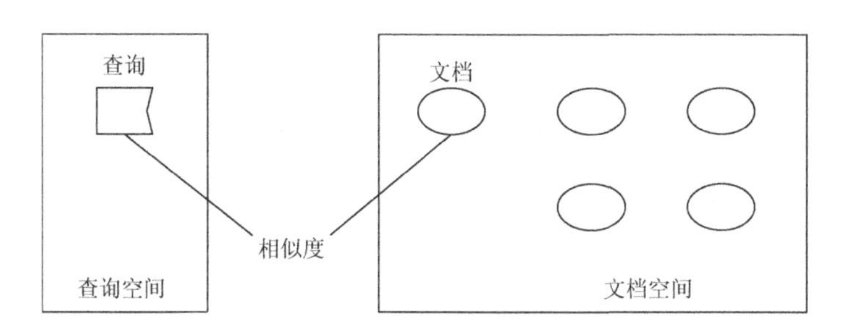

图 6.2　相似度计算是检索的关键技术

在文档检索中从用户需求理解角度、文档处理角度以及文档与用户需求的匹配角度都面临一些困难。

第一，不易准确理解用户的检索需求。在目前基于关键词的查询语句表示中，通常用户输入的查询内容比较短，例如，英文查询的平均长度约 2.35 字，中文查询的平均长度约 3.55 字。短的查询为检索系统准确理解用户查询意图带来困难。

第二，精确率是更关心的指标。用户浏览检索后的结果时，更侧重观察前几页的返回结果，特别是第一页的检索结果，因此更关心精确率。当然检索系统召回率也至关重要，特别是非常有用的网页召回率。

第三，结果的多样性和权威性也是用户所关心的内容。有些相似网页，例如，多处转载的网页，如果不加以处理会连续出现在返回页列表中，造成重复现象严重，通常会影响用户浏览更多的信息。此外，用户希望检索到的结果具有一定的权威性。

第四，网页正文抽取至关重要，因为大多网页上内容都很丰富，许多网页还包含广告、友情链接等非正文内容。一般来说，用户更希望检索到的内容是网页正文所承载的内容。

第五，网页爬虫技术属于一项关键技术，如何周期性抓取网页数据，如何在复杂的页面连接结构中不进行不必要的线路迂回抓取，从而获取有效的用户页面信息是一项重要技术。特别是现在动态网页、网页上较多的超链接技术等都为自动网页爬虫的研究带来挑战。

第六，海量索引技术属于一项关键技术，网页数据量非常大，如何有效存储，特别是需要考虑到分散用户检索时，能够快速返回检索页，需要探索高效合适的海量索引技术。

未来的信息检索应在文档检索的基础上更进一步，能够对文档内容进行适当分析，自动抽取文档中的有用信息，而不只是将文档返回给用户。目前仍需进一步研究希望结合信息抽取技术实现对文档的深层理解。

文本检索的评价是一项重要工作，一方面可以评估现有系统的性能，另一方面可以分析现有系统中存在的一些问题以供改进。就评价环境来看，分为实验室评价和真实环境评价。实验室评价是指实验前收集数据，再利用收集的数据进行训练和测试，这种测试主要集中在完全实验自动评测或者小规模人群的测试。真实环境评价是对真实运行的系统进行评价，如 Google 系统等搜索引擎会以调查问卷等方式完成系统的评价。文本检索的常见评价指标包括召回率和精确率，如对前 1000 个返回结果计算平均精确率和召回率。

文本检索的三个典型研究方向为智能化方向、专业化方向和个性化方向。智能化方向是指向更全面搜索、更准确搜索和更智能搜索的方向发展，甚至逐步引入信息抽取技术提供更精准的信息定位。智能检索通常深层次分析用户查询意图和文档内容，使得检索能够在深层语义层面而不是仅停留在关键词层面。专业化方向是指使用某一个行业的专业搜索引擎，它是搜索引擎的细分和延伸，它对网页 库中的某类专门的信息进行一次整合，以相对规范的形式展现给用户，典型代表是垂直搜索，如房地产搜索、职位搜索、人才搜索、地图搜索、音乐搜索、股票搜索等。个性化方向是指搜索的结果返回需要考虑检索者的个人检索偏好，综合分析检索人的偏好以及当前检索的内容，以提供更符合检索者兴趣的结果。相比个性化检索，现有大多检索属于通用化检索，不区分检索者是谁，其搜索偏好如何，只是根据查询语句进行结果返回。

6.2　信息检索模型与布尔模型

6.2.1　信息检索模型

目前的信息检索仍主要处于文本检索阶段，主要是依据用户输入的查询需求，检索出相关的文档，本章中指文本文档。在文本文档检索中存在四个主要部分：文本文档集合、用户需求、文本文档和用户需求之间的关系模型、检索结果排序。如果进行形式化描述，文本文档检索问题可用一个四元组描述，即

$$\mathrm{IR}=[D,Q,M,R(q,d)] \tag{6.1}$$

式中，D 为文本文档集合，它一般存储在计算机中，为了迅速访问，通常建立了高效的索引结构；Q 为用户需求的描述，是计算机获取的用户需求内容；M 为信息检索模型，包括文本文档的表示、用户查询表示以及二者之间的关系模型；$R(q, d)$ 为一种排序函数，用于对检索结果进行打分排序，以有序输出给用户，通常将认

为与用户需求最相关的检索文档排在最前面，越往后是模型认为越不相关的文本文档。

在信息检索领域已研究出多种有效的信息检索模型，包括布尔模型、扩展的布尔模型、向量空间模型、概率模型等。这些模型不仅可以用于 Web 信息检索，还可以针对一般的文本检索提供高效的检索服务。在企业问题咨询自动回答、法律法规检索、文章检索、图书检索、电子商务检索、个性化推荐等领域都有着广泛的应用。

6.2.2　布尔模型

布尔（Boolean）模型是信息检索研究中比较早的模型，有许多基于布尔模型的系统，如 Lucene。在布尔模型中，检索属于基于关键词的检索，检索需求的输入是以布尔形式（逻辑运算形式）表示多个关键词之间的逻辑，如“苹果 and 手机”是指搜索苹果牌手机。允许使用“与、或、非”进行关键词的逻辑输入，并且可以使用括号来设定逻辑运算中的优先级，如“苹果 and 手机 or 移动电话 and not 水果”。

当用户输入检索需求语句后，系统对检索语句进行逻辑解析，然后与系统内部的文档进行匹配，为了提高效率，通常已经对内部大量的文本文档建立了高效的索引，以提高检索效率。文档一般以特殊索引形式存在或者经过切词后存在，如果是互联网网页或大规模文档集，所检索的文档可能包含原始文档的链接信息，以便用户通过链接查看原始文档。要知道许多原始文档还存在版权的问题。举例如下。

D_1：iPhone 是美国苹果公司研发的智能手机系列，搭载苹果公司研发的 iOS 操作系统。

D_2：本网站为苹果手机用户提供大量的软件。

D_3：苹果用户的软件已经具备智能学习的功能。

D_4：又到了苹果成熟的季节，丰收在即。

D_5：本地苹果又大又甜，是营养丰富的水果。

在前述五个文档中，若按照“苹果 and 手机 or 移动电话 and not 水果”进行检索，D_1 和 D_2 可以明确检索出来，D_5 可以明确检索不出来，而 D_3 和 D_4 如果仅通过关键词的匹配而不引入其他知识进行判别则很难确定是否较好地匹配检索语句。如果返回结果较多则 D_3 和 D_4 可能不被列出，或者如果被列出也只能放在最后面。

布尔模型相对简单，在系统实现时对大量的文档建立高效的索引至关重要，可以实现检索语句与文档的快速匹配过程。检索的一般规则是：一个文档当且仅当它能够满足布尔检索式时，才将其检索出来。这样布尔检索任务转化为文档与检索语句是否匹配的判断任务，并且通过使用复杂的布尔表达式，可以很方便地控制查询结果，实现检索系统也很简单。布尔模型虽然高效，却存在若干问题，比较突出的是：①对于匹配的文档不能够计算匹配程度，因此相当于对是否匹配进行定性判别，而无法给出匹配程度，所以既不利于从大量文档中挑选较优化的文档，也不利于最终结果的排序输出。②当只有少量的文档满足检索语句时，不易扩展与收集更多的部分匹配的文档集。例如，D_3 和 D_4 都不匹配，但简单的布尔模型无法判别 D_3 和 D_4 哪个更匹配，虽然“软件”“智能学习”更倾向于“手机”相关的内容，但是“成熟”更倾向于“水果”相关的内容。

6.3　向量空间模型与相关性反馈检索模型

6.3.1　向量空间模型

向量空间模型广泛应用于文本分类、文本聚类和文本检索中。著名的 SMART 文本检索系统就是较早使用的向量空间模型的典型例子。在向量空间模型中，一个主要的假设就是文档使用术语构成的向量形式来表示。在 4.1 节中具体阐述了向量空间的构建，并且对其中的 TF-IDF 算法进行了阐述。第 5 章的文本聚类中也使用了向量空间模型。本章中的向量空间模型与聚类和分类中的向量空间模型相一致。

当在文档检索问题中应用向量空间模型时，仍需解决式（6.1）所示的文档检索的四个要素对应的问题。假设文本对应着一个文档，于是文本检索也可看作文档检索。如果文本是文档中的片段，只需将其视作一个独立的文档。向量空间模型中，文本检索系统需要将文本以空间向量的形式描述。其中术语代表文本中的主要词汇或短语，用于构成向量空间中的特征轴。考虑到文本检索中的向量空间不仅用于相似度的计算，而且其中的特征轴词为文档提供相对全面的索引，使得用户输入更多的检索词时存在对应关系，所以文本检索问题中的向量空间特征轴词的选择相对分类和聚类一般更宽松。这是文本检索需要兼顾用户检索词输入的宽泛性而采取的一种措施。在文本检索中，术语还承担着文本索引的功能，以便快速找到对应的文本。若干个术语合在一起可以形成一次检索，可称作索引项（index term），有时又称作词表（vocabulary）。例如，计算机领域常用的索引项（词表）包括计算机、操作系统、网络、软件等。

术语权重一般使用 TF-IDF 来确定，为便于查看，将第 4 章中的相应计算公

式转为式（6.2）和式（6.3），这里假设对于词频不进行归一化，则

$$\mathrm{TF}(d_i,T_j)=\mathrm{Frequence}(d_i,T_j) \tag{6.2}$$

$$\mathrm{IDF}(T_j)=\log(N/\mathrm{DocFrequnce}(T_j)) \tag{6.3}$$

式中，$\mathrm{Frequence}(d_i,T_j)$ 为术语 T_j 在文本 d_i 中出现的频次；N 为总的文档数；$\mathrm{DocFrequnce}(T_j)$ 为术语 T_j 所出现的文档的个数，即代表包含 T_j 术语的文档的个数。log( ) 为以 2 为底数的对数或者自然对数。

$$\text{TF-IDF}(d_i,T_j)=\mathrm{TF}(d_i,T_j)\times \mathrm{IDF}(T_j) \tag{6.4}$$

式（6.4）给出了术语对应的 TF-IDF 权重值的计算。在有些专门应用领域如文章检索或网页检索等领域，通常还修改了 TF-IDF 的计算，以更准确地衡量文本向量。例如，在文章领域，一般考虑到文章的标题、摘要、关键词和结论的作用更大，因此可以对于出现在这几个领域中的词频增加额外的权重，相当于修改了式（6.2）的计算，对于出现标题、摘要、关键词和结论增加了一定的权重（权重值大于 1），因此词频统计上相当于增加了这几个部分中出现的术语的重要程度。实验表明，一般可以获取更好的检索效果。在网页检索中也存在类似现象，TF-IDF 的计算上应该考虑到标题的作用比较大，而正文文档中的首段和末段、一个段落的首句和末句相对重要，甚至考虑网页中的一些标签对于标签所包含的正文可能对文档语义描述的影响，以期更精准地描述文档的语义特征。

例如，对“我/要/好好/学习/文本/分析/和/文本/挖掘/，它/是/一门/有用/的/课程。”进行 TF-IDF 分析时增加了特征重要性计算，如表 6.1 所示。

表 6.1　TF-IDF 计算术语重要性举例

序号	词	TF	IDF	TF-IDF	序号	词	TF	IDF	TF-IDF
1	我	1	较小	较小	8	挖掘	1	大	大
2	要	1	较小	较小	9	它	1	较小	较小
3	好好	1	较小	较小	10	是	1	较小	较小
4	学习	1	小	小	11	一门	1	较小	较小
5	文本	2	小	大	12	有用	1	小	小
6	分析	1	小	小	13	的	1	非常小	非常小
7	和	1	非常小	非常小	14	课程	1	大	大

通过计算也能发现该语句中比较重要的若干术语，包括学习、文本、分析、挖掘、有用、课程。

向量空间模型中，检索语句也是基于关键词输入的，即输入查询语句是由若干个关键词组成的。当然现代的检索系统会自动对于用户输入的词进行分词处理，

如果用户想严格匹配某些关键词，不允许系统分词后分开处理，可以使用双引号括起来。例如，当输入“亚洲经济”时，系统会分词为“亚洲”和“经济”，用户要想严格匹配“亚洲经济”，则应该在输入时利用双引号将“亚洲经济”括起来再输入，这是现有大多检索系统的约定。

检索语句也被描述为向量形式，例如，Q =（文本: 0.3；分析: 0.4；挖掘: 0.5），这里“文本/分析/挖掘”是用户输入的检索关键词，检索系统根据系统内部记载的检索语句中关键词权重，附加在用户的关键词上，用于描述检索输入向量。该例中，检索系统认为“挖掘”更为重要，并且为其设置权重为0.5，而“分析”也很重要，设置权重为0.4，“文本”再次之，设置权重为0.3。至此，检索语句也被描述为向量的形式。

相似度计算是向量空间中的一项重要内容。一般可以采用关键词重叠度计算相似度，也可采用向量相似度计算。在关键词重叠度计算相似度的方法中，将检索语句向量Q看作一个文本，d_i是另一个文本，可以利用两个文本中的关键词的重叠次数作为计算依据，具体计算可有多种表示，如式（6.5）～式（6.8）：

$$\text{CrossSim}(d_i,Q)=\frac{|\text{keywords}(d_i)\cap\text{keywords}(Q)|}{\max(|\text{keywords}(d_i)|,|\text{keywords}(Q)|)} \tag{6.5}$$

$$\text{CrossSim}(d_i,Q)=\frac{2\times|\text{keywords}(d_i)\cap\text{keywords}(Q)|}{|\text{keywords}(d_i)|+|\text{keywords}(Q)|} \tag{6.6}$$

$$\text{CrossSim}(d_i,Q)=\frac{|\text{Count}(d_i)\cap\text{Count}(Q)|}{\max(|\text{Count}(d_i)|,|\text{Count}(Q)|)} \tag{6.7}$$

$$\text{CrossSim}(d_i,Q)=\frac{2\times|\text{Count}(d_i)\cap\text{Count}(Q)|}{|\text{Count}(d_i)|+|\text{Count}(Q)|} \tag{6.8}$$

式（6.5）和式（6.6）中keywords( )代表文本中关键词的个数。一个关键词可能多次出现，而一个文档中关键词多次出现在keywords( )中仅作一次计数。这种做法没有考虑重复关键词的强调作用，如果允许关键词重复，这里使用Count( )代表关键词技术，多次出现则按次数累加。于是式（6.5）和式（6.6）还可以调整为式（6.7）和式（6.8）。

类似前几个叠加相似度计算法，还可以构造出其他的相似度计算方法。若一种改进采用赋权技术，则将有似于TF-IDF的向量相似度计算法。下面阐述基于向量相似度的计算，余弦相似度作为一种典型代表，计算各文档d_i与检索语句向量Q之间的相似度。余弦相似度如式（6.9）所示。第5章聚类问题中着重计算两个文档之间的相似度，而本节文本检索问题着重计算检索语句与文档之间的相似度，还有一种常见问题集合研究计算两个问题的相似度，例如，问答系统中的问句匹配问题，相当于这里的两个检索语句之间的相似度。

$$\mathrm{CosSim}(d_i,Q)=\frac{|d_i\cdot Q|}{\sqrt{|d_i|\times|Q|}} \tag{6.9}$$

在文档与检索语句向量之间的相似度计算上，还常采用 Jaccard 相似度，即

$$\mathrm{JaccardSim}(d_i,Q)=\frac{|d_i\cdot Q|}{|d_i|+|Q|-|d_i\cdot Q|} \tag{6.10}$$

考虑到两个向量 d_i 和 Q 在计算相似度时，两个向量中都不存在的关键词或术语对于计算向量之间的相似度可能没有作用，所以在式（6.9）和式（6.10）中计算相似度时还常将没有出现在两个向量中的术语构成的向量分量去除。原则上，还能构建出更多的相似度计算方式，其考虑的计算要素和计算侧重点可能有所不同，需根据具体研究问题分析其适用性。

相似度还能够用于检索结果的排序，按照相似度从大到小，排序输出给用户。相比布尔模型只能定性分析是否匹配而无法直接给出匹配程度，向量空间模型可以通过对检索语句和文档之间进行相似度计算，实现定量分析，既完成了检索问题中的查询与文档之间的关系描述，又为结果展示的排序提供了依据。

6.3.2　相关性反馈检索模型

在 6.3.1 节中对于检索语句 Q 的构造还面临两个关键问题：查询扩展和权重计算。查询扩展是基于用户给定的初始检索关键词，系统自动补充一些关键词，以增加检索关键词的个数，从而可以匹配更多的文档。查询扩展的本质是检索意图的深入理解并提供更多的检索关键词描述信息。关于查询扩展的研究方向也很多，典型的包括：①对大量用户的检索语句输入日志挖掘，通过其他大量用户常见的与当前原始输入的检索语句相近似的检索关键词作补充，增强检索能力。②通过同义词扩展查询关键词，这种方法往往是在用户给定的检索语句检索的结果较少时才使用。③基于互信息、平均互信息等查询扩展，以补充常见搭配的关键词。

在检索系统对 Q 的构造中，需要利用用户给定的检索词，赋予相应的权重。检索语句 Q 的向量表示形式为

$$Q=(\mathrm{keyword}_1:\mathrm{weight}_1;\mathrm{keyword}_2:\mathrm{weight}_2;\cdots;\mathrm{keyword}_n:\mathrm{weight}_n) \tag{6.11}$$

检索语句 Q 中的每一个分量都包括该关键词及其对应的权重，权重理解为该关键词对于检索匹配来说其重要程度，如 Q =（文本: 0.3；分析: 0.4；挖掘: 0.5）。用户输入的是关键词列表，而权重是检索系统依据自身所记载的检索词重要程度，附加在给定的检索词上。虽然对于同一 Q 来说，其中的多个关键词对应的权重累加值并不一定是 1，但是它们形成一个向量 Q，而相似度的计算常采用余弦相似度或 Jaccard 相似度，因此无所谓向量的模是否是 1。

现在的问题是如何计算每个检索词的权重，一种方法是系统预先计算出并存储在系统内部，在用户输入检索语句后自动附加，但该权重在运行期间不再改变；另一种方法是允许在运行时对预先计算出的检索词权重进行调整，典型的方法是相关性反馈方法。关于检索语句中关键词的重要程度计算有多种方法，这里介绍使用 IDF 来衡量检索词的重要程度，式（6.3）可用于计算每个关键词的查询权重。

除了检索语句中关键词权重不可调整方法，还有一类研究是关于如何能够在系统运行时动态调整模型中的权重参数，使得模型具有自适应性，提高模型的检索性能。相关性反馈是通过与用户交互来优化检索，一般是通过用户的原始检索词给出初始检索结果，然后用户对检索结果进行反馈，反馈信息可能是最关心的结果（有时也可能给出不关心的结果），检索系统再根据用户的反馈信息来调整模型，优化检索性能。

相关性反馈方法包括调整文档的权重、调整检索语句的权重或者两者同时调整的方法。下面介绍的基于向量空间模型的方法是 Rocchio 的相关性反馈方法，曾经应用于信息检索系统 SMART。SMART 的特点是，用户不仅要提交给系统基于关键词的检索词，还要反馈检索结果是否相关。有了反馈信息，系统设法改进下一轮检索的结果。因为在文本检索系统中文本的数量往往特别大，所以调整文本的复杂度可能很高，且如果调整算法设计不合理，可能会造成整个系统性能下降。一种常用的方法是调整检索语句中关键词的权重。

Rocchio 的相关性反馈方法的主要思想是[23]：①将评分文档划分成两组——D^+ 和 D^-，分别对应相关文本（喜欢的文本）和不相关文本（不喜欢的文本）。②计算 D^+ 集合的（算术）平均向量，将该中心向量视作 D^+ 的质心；然后计算 D^- 集合的平均向量，将该中心向量视作 D^- 的质心。为了直观，图 6.3 在平面坐标系内做示意性展示。

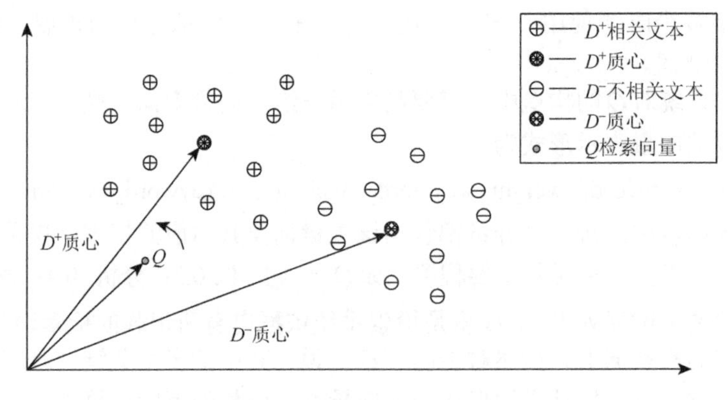

图 6.3　相关性反馈中的相关文本和不相关文本中的质心

相关性反馈检索模型按照余弦相似度或 Jaccard 相似度计算文本与Q的接近程度，所以模型希望所有D^+集合的文本与Q尽可能相近，而D^-集合的文本与Q尽可能远离。相比6.3.1节中的基本向量空间模型，这里介绍的相关性反馈模型以调整检索语句中的关键词权重为主，其调整Q_i到Q_{i+1}的计算公式[24]定义为

$$Q_{i+1}=\alpha\times Q_i+\beta\times\left(\frac{1}{|D^+|}\sum_{d^+\in D^+}d^+\right)-\gamma\times\left(\frac{1}{|D^-|}\sum_{d^-\in D^-}d^-\right)\tag{6.12}$$

式（6.12）为检索语句向量权重的调整过程，i为迭代的次数，从i到$i+1$意味着执行一次更新操作。总体上向当前D^+质心移动，远离D^-质心。该式使用惯性移动方式，部分保留上一次权重值，避免移动过于快速，引发系统的动荡。变量α、β和γ分别描述了“Q中检索关键词的上一次权重”“正反馈”“负反馈”分别在权重调整中的作用。有学者实验[24]表明，合适的参数值是8、16和4（或分别为1、2和0.5）。这些发现表明正反馈比负反馈更有价值，甚至仅考虑正反馈会更好。

需要注意的是，式（6.12）采用向D^+质心移动的构造公式，其隐含考虑了Q与各文本之间的夹角关系。式（6.12）用于调整检索语句Q中关键词的权重，而没有调整各文本中的术语权重。该式没有过多的理论指导，不能保证绝对收敛。有学者实验表明[24]，该模型前几次调整速度较快，性能改善明显，后期调整较慢。学者研究了一些改进方法，例如，不使用D^+和D^-中的所有术语，而使用IDF衡量的前10个或20个最相关术语计算新检索词，以免一个坏术语抵消许多好术语带来的收益。

6.4　扩展的布尔模型与概率模型

6.4.1　扩展的布尔模型

基本的布尔模型使用not、and、or进行多个关键词的逻辑组合，还可以使用括号描述复杂的逻辑关系。该方法的优点是描述简单，按条件定性度量检索，易于实现，对于具有大量的符合检索条件的文档，可以检索出较多返回，但不能对结果给出接近检索语句的程度，所以不能排序；如果具有较少的符合检索条件的文档，则返回的结果少或者严重不足，但若用检索条件严格匹配，则难以检索出部分条件匹配的文本作为返回结果的补充。这种现象可视作刚性检索。

向量空间可以利用相似度计算，给出各检索文本与检索语句之间的相似关系，按条件定量度量检索，易于实现。在结果返回的选择上，可依据相似度值和检索数量的需求来挑选结果，且能够对结果依照相似度来排序，故可视作一种柔性检索。

一个很自然的想法是将布尔模型与向量空间模型相结合。常见的有三种结合方式：①先作布尔过滤，然后利用向量空间模型排序。这种方式常用于处理检索返回较多①的场合。②先作向量空间模型检索，然后利用布尔模型排序。对检索结果利用布尔模型再一次过滤，保留至少满足用户最少输出数量的结果，如果过滤时发现结果不足，则相似度较大的不做过滤处理。③对布尔模型的“与或非”运算进行修改，允许模糊匹配运算，将结果检索的刚性适当调整为柔性。前两种方式易于理解和实现，后一种方式需要修改逻辑运算过程。

扩展布尔模型中的“与或非”逻辑运算[23, 25, 26]以实现允许部分匹配的计算过程是改善传统布尔模型的一种有效方式。下面介绍的扩展方法在许多信息检索教材[23]中有所阐述②。先介绍两个关键词 x 和 y 的逻辑运算扩展，然后扩展到多个关键词的逻辑运算。

假设现在的检索语句是“$Q=x\vee y$”，执行两个关键词的或运算。检索过程需要与各个文本进行比较，设 d_i 是当前正在比较的文本，则需要计算 Q 与 d_i 的相似度，即 $\mathrm{sim}(d_i,Q)$。按照传统逻辑运算可分为四种情况：①如果 d_i 中包含 x 和 y，则逻辑运算结果为 1，即 $\mathrm{sim}(d_i,Q)=1$；②如果 d_i 中包含 x，但不包含 y，则逻辑运算结果为 1，即 $\mathrm{sim}(d_i,Q)=1$；③如果 d_i 中不包含 x，但包含 y，则逻辑运算结果为 1，即 $\mathrm{sim}(d_i,Q)=1$；④如果 d_i 中不包含 x，也不包含 y，则逻辑运算结果为 0，即 $\mathrm{sim}(d_i,Q)=0$。该分析发现两个特点：一是进行严格匹配，结果只用 1 或 0 表示；二是或运算相当于取大运算。

在扩展的或运算中，需要解决部分匹配问题，但又必须符合逻辑运算的基本含义。首先对于 x 和 y 在文本 d_i 中计算权重，如式（6.13）和式（6.14）所示，并且是归一化的权重。

$$w_{x,i}=\frac{\mathrm{TF}(x,d_i)}{\mathrm{max\_TF}(\bullet,d_i)}\times\frac{\mathrm{IDF}(x)}{\mathrm{max\_IDF}(\bullet)} \tag{6.13}$$

$$w_{y,i}=\frac{\mathrm{TF}(y,d_i)}{\mathrm{max\_TF}(\bullet,d_i)}\times\frac{\mathrm{IDF}(y)}{\mathrm{max\_IDF}(\bullet)} \tag{6.14}$$

式（6.13）和式（6.14）使用了归一化的方法计算关键词在文本 d_i 向量的权重，其值为[0，1]。现在 $Q=x\vee y$，$d_i=(w_{x,i},w_{y,i})$，这里对 d_i 只保留了 x 和 y 对应的权重，因为其他关键词在逻辑计算中不使用。逻辑或运算的相似度计算公式为

$$\mathrm{sim}(d_i,Q)=\mathrm{and}(a,b)=\sqrt{\frac{(a^2+b^2)}{2}},\quad a=w_{x,i},b=w_{y,i} \tag{6.15}$$

① 较多的评价标准是结果数量达到给用户输出展示的最低数量要求，甚至更多。

② 为了保持阅读的完整性，将扩展计算的工作原理引用到此处，细节请查阅相关文献。

图 6.4 给出式（6.15）构成的或运算的解释，这里以两个关键词为例，构成平面图形，其中的 a 和 b 取值为[0，1]。按照式（6.15）相当于 a 和 b 两个长度构造的三角形的斜边长度归一化到[0，1]。此时分析：①如果 $a=0$，$b=0$，逻辑运算结果为 0；②如果 $a=1$，$b=1$，逻辑运算结果为 1；③其他情况，如图 6.4（a）所示，逻辑运算结果按照 a 和 b 的取值归一化[0，1]的值，相当于逻辑运算的匹配程度。扩展的或运算不仅能完成逻辑运算操作，还能给出满足逻辑关系的程度，因此实现了柔性检索匹配的功能。

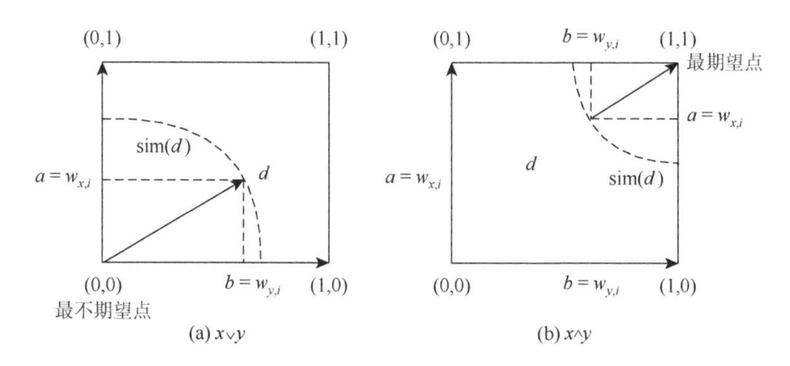

图 6.4　扩展的布尔模型中的或运算和与运算

类似或运算的扩展，可以构造一种与运算的扩展。传统的与运算逻辑如下：①如果 d_i 中包含 x 和 y，则逻辑运算结果为 1，即 $\mathrm{sim}(d_i,Q)=1$；②如果 d_i 中包含 x，但不包含 y，则逻辑运算结果为 0，即 $\mathrm{sim}(d_i,Q)=0$；③如果 d_i 中不包含 x，但包含 y，则逻辑运算结果为 0，即 $\mathrm{sim}(d_i,Q)=0$；④如果 d_i 中既不包含 x，也不包含 y，则逻辑运算结果为 0，即 $\mathrm{sim}(d_i,Q)=0$。该分析发现两个特点：一是进行严格匹配，结果只用 1 或 0 表示；二是与运算相当于取小运算。

当扩展与运算实现定量化度量的时候，就需要调整与运算规则，但要符合与运算的逻辑本质。假设现在的检索语句是“$Q=x\wedge y$”，执行两个关键词的与逻辑运算。检索过程需要与各个文本进行比较，设 d_i 是当前正在比较的文本，其中 x 和 y 的权重仍按照式（6.13）和式（6.14）进行度量并归一化到[0，1]。逻辑与运算扩展的计算方法为

$$\mathrm{sim}(d_i,Q)=\mathrm{or}(a,b)=1-\sqrt{\frac{(1-a)^2+(1-b)^2}{2}},\quad a=w_{x,i},b=w_{y,i} \tag{6.16}$$

按照式（6.16）：①如果 $a=0$，$b=0$，那么逻辑运算结果为 0；②如果 $a=1$，$b=1$，那么逻辑运算结果为 1；③其他情况，如图 6.4（b）所示，逻辑运算结果按照 a 和 b 的取值为[0，1]，相当于逻辑运算的匹配程度。

6.4.2 与或运算程度比较及多关键词扩展

现在重点比较式（6.15）的或运算和式（6.16）的与运算，当 a、b 两个参数都是 0 时，逻辑结果为 0，当两个参数都是 1 时，逻辑结果为 1。而当 a、b 不同时是 1 或 0 时，或运算和与运算定量衡量给出的程度值不同，如表 6.2 所示。

表 6.2 或运算和与运算的逻辑运算程度度量比较举例

序号	a	b	或运算	与运算	说明
1	0	0	0	0	与传统逻辑运算相同
2	0.1	0.9	0.640 312 424	0.359 687 576	或运算要高于与运算
3	0.2	0.8	0.583 095 189	0.416 904 811	
4	0.3	0.7	0.538 516 481	0.461 483 519	
5	0.4	0.6	0.509 901 951	0.490 098 049	
6	0.5	0.5	0.5	0.5	或运算和与运算值相同
7	0.6	0.4	0.509 901 951	0.490 098 049	能度量部分匹配情况
8	0.7	0.3	0.538 516 481	0.461 483 519	
9	0.8	0.2	0.583 095 189	0.416 904 811	
10	0.9	0.1	0.640 312 424	0.359 687 576	
11	1	0	0.707 106 781	0.292 893 219	
12	1	1	1	1	与传统逻辑运算相同

表 6.2 中给出的部分计算示例展示出：①扩展后的或运算和与运算可以实现定量的逻辑度量；②当 a、b 取值同时为 1 或 0 时，运算结果与传统逻辑运算相同；③或运算的结果要大于等于与运算的结果，满足一般意义上的或运算和与运算的含义要求。

可以把两个变量的或运算扩展到多个变量的或运算，如式（6.17）所示。把两个变量的与运算扩展到多个变量的与运算，如式（6.18）所示。定义非运算的操作为取反操作，具体运算规则如式（6.19）所示。

$$\mathrm{or}(x_1,x_2,\cdots,x_n)=\sqrt{\frac{x_1^{\ 2}+x_2^{\ 2}+\cdots+x_n^{\ 2}}{n}} \tag{6.17}$$

$$\mathrm{and}(x_1,x_2,\cdots,x_n)=1-\sqrt{\frac{(1-x_1)^2+(1-x_2)^2+\cdots+(1-x_n)^2}{n}} \tag{6.18}$$

$$\mathrm{not}(x)=1-x \tag{6.19}$$

当使用扩展的布尔模型进行运算时，可以定量地度量文本与检索语句之间的匹配程度，依此匹配程度实现返回结果的筛选和结果排序。关于扩展的布尔模型还有其他的改进形式，例如，可以改写式（6.17）～式（6.19），实现另外一种度量方式，但要注意：一要满足基本逻辑含义，二要能实现定量的区分功能。还可以对输入的检索语句中的关键词设置相应的权重，然后修改式（6.17）～式（6.19），赋予检索语句中各关键词的权重。这种关键词的权重可以是系统通过某些要素（如依据领域内术语的重要性或区分能力）计算获得，也可以是用户主动输入的权重，可以在检索中考虑到用户检索偏好。

6.5　信息检索与信息过滤及信息推荐的关系

6.5.1　信息检索与信息过滤的关系

信息检索技术一般是指根据用户需求，从大规模的相对静止的数据库中检索用户需要的信息，主要满足用户瞬时的信息需求。信息检索技术主要用于相对静止的信息存储领域。例如，在搜索引擎中，爬虫程序不断地获取最新的网页信息，然后建立网页索引，以备信息检索使用，如图 6.1 所示。这个过程中，爬虫程序定期对所能覆盖的网站进行扫描，有些网站扫描间隔较短，例如，每一两个小时就扫描一次，而有些网站扫描间隔比较长，如一两天扫描一次。考虑到爬虫程序的网页抓取能力、互联网带宽的利用、网页缓存的效果等多方面要素，爬虫通常采用间隔式扫描，扫描频率因站点的重要程度而有所不同。比如，一些实时性较强的新闻网站，爬虫间隔时间很短，而对于长期不进行网页更新的网站，爬虫程序间隔时间就比较长。

信息检索可看作在相对静止的信息存储数据中进行检索，除了搜索引擎的典型应用事例，还有图书馆内的资料信息检索、旅游数据检索等较多应用事例。为了提高检索效率，检索系统（搜索引擎）通常预先建立索引信息，以实现快速检索。图 6.1 中，Web 检索系统一般包括五个主要部分：互联网网页集合、网页爬虫、海量索引系统、网页检索模块、用户检索端。其中的关键技术是网页爬虫、海量索引系统、网页检索模块，而有些检索系统（如图书馆检索）可能不需要爬虫模块，所以更主要的是索引系统和检索模块。索引系统对资源内容进行分析，从而将资源内容表示为计算机可处理的数据结构。检索模块根据用户需求，检索用户需要的资源信息。

信息过滤技术一般用于用户需求相对不变，但信息动态更新比较频繁的情况。信息过滤系统主要面对的是半结构化和非结构化的数据，它为用户的长期信息需求提供信息过滤服务。用户的兴趣模型可用用户档案（profile）的形式表示。信息过滤系统将动态信息与用户档案文件进行匹配，根据匹配结果返回用户需要的信息。一般来说，信息检索技术与信息过滤技术的区别主要包括以下内容。

（1）信息检索技术面向的是用户短期的、实时的查询，在用户输入检索语句后开始检索服务，可看作“被动的”。信息过滤技术面向用户长期的信息需求，通常是在用户定制后主动为用户提供信息，可看作“主动的”。

（2）信息检索技术是用关键词表达用户的查询请求，即常说的“关键词检索技术”。信息过滤技术用用户档案表示用户的信息需求特征，即常说的“用户个人资料”。用户个人资料通常包括用户的一些基本信息、个人定制的一些偏好描述信息、历史浏览或采纳的检索数据信息。

（3）信息检索技术访问的是相对静止的数据，但用户需求却具有瞬时性。信息过滤技术中用户需求相对不变，但用户访问的是动态数据流，即信息过滤系统主动地对最新获取的信息数据按照用户偏好进行过滤，从动态数据流中选择数据提供给用户。

邮件系统信息过滤和新闻组信息服务是信息过滤技术的典型应用。在新闻组信息服务中，用户输入自己感兴趣的一组关键词，新闻组信息服务通过关键词建立用户档案。当新闻组中加入新信息时，信息过滤系统对新信息进行过滤，将满足用户需求的新信息反馈给用户。新闻组信息服务也可以根据用户订阅的信息自动抽取关键词，建立用户档案，然后通过信息过滤系统将用户感兴趣的新信息反馈给用户。

6.5.2 信息检索与信息推荐的关系

信息检索按照是否考虑检索用户的偏好可分为两类：通用检索和个性化检索。通用检索是不区分检索用户是谁，或者只是按简单的归类做区分，如根据检索用户所在的地区、时间信息来提供检索服务。而个性化检索，也称用户兴趣检索，考虑了检索用户的偏好信息。当用户检索语句后，检索系统对返回结果的计算以及返回结果的排序都考虑用户的检索偏好信息。如果用户定制并允许系统主动地向用户推荐信息，那么个性化检索过程就相当于个性化信息过滤。

在第 8 章的推荐系统上也面临着一样的问题，只是推荐的内容是产品，而产品可能包括新闻、图书、电影、网页、旅游景点、旅游路线、商品等各种类型的推荐对象。在推荐问题上也包括用户进行商品检索时推荐和主动向用户推荐两种方式，这就类似于信息检索和信息过滤，前者是被动检索，后者是主动推荐。类似于信息检索分为通用检索和个性化检索，信息推荐也分为通用推荐和个性化推荐，参见 8.2 节。

信息检索中的许多技术都可以作为推荐系统的关键技术，推荐系统根据用户需求，搜索产品数据库，然后返回用户需要的信息。其检索过程可以实时进行，也可以定期执行。同时，推荐系统提供的推荐界面既可以基于传统的关键字查询，也可以是基于用户的档案信息的主动推送。例如，在亚马逊（Amazon.com）中可以利用关键字查询在检索商品时实现商品推荐，系统也可以根据用户档案（如居住地区、性别、年龄、历史浏览记录、关注的商品、历史购买记录等基本信息）对用户进行推荐。

信息过滤智能代理（information filter intelligent agent）根据用户需求智能地搜索用户需要的信息，可以与推荐系统有效结合以产生高质量的推荐。在信息过滤智能代理中，用户根据自身需求输入关键词，建立初始化的用户档案。信息过滤智能代理根据用户对信息的反馈自动更新用户档案。用户反馈可以由用户直接提供，也可以根据用户的行为自动获取。信息过滤智能代理广泛应用于新闻组、博客、论坛、电子邮件系统等。

个性化信息检索是信息检索的一个重要发展方向，其考虑到检索用户的偏好信息，一些关于用户的偏好处理和用户偏好与检索候选之间的相似度计算方式相似。实际情况中，它们之间的技术相互借鉴，可以共同提高服务质量。

6.5.3　信息检索用户输入日志挖掘

信息检索的结果是为用户提供服务，因此用户是信息检索系统性能最具权威的评价者。信息检索系统也需从用户获得返回以期在线改进检索系统的性能。从用户可获得的信息大致包括：用户以关键词形式输入的检索语句和用户对检索结果的点击情况。在这里将用户以关键词形式输入的检索语句看作用户输入日志，将用户点击浏览看作用户反馈日志。通常假设用户对检索结果的点击意味着用户对其感兴趣，所以反馈日志挖掘可作为改善检索输出的一项重要信息来源。相关性反馈检索模型就是利用用户反馈信息，此外现代许多实际应用的检索系统也都增加了利用检索结果反馈实现持续改善系统的学习能力。除了反馈日志挖掘，还可以深入进行输入日志挖掘、输入日志与反馈日志之间的挖掘。

就输入日志挖掘来看，可用信息能做的分析也比较丰富。这里以关键词输入提示和检索语句扩展为例，当拥有大量用户输入检索语句后，可以通过分词技术将每个输入的检索语句切分为关键词序列。

通过大量的用户输入检索语句日志，可以做较多分析工作，这包括：①用户输入关键词提示；②检索内容扩展；③重要关键词排名；④用户感兴趣话题；⑤感兴趣内容的地区与时段分布。

用户输入关键词提示研究中，可以利用马尔可夫假设，根据日志计算每个关键词与后续关键词的转换概率，当用户输入关键词时，给出后续可能列表，用于提示和方便用户选择。例如，在表 6.3 中，当用户输入“文本”时，根据预先统计发现 P（分析|文本）的概率较大，于是可以生成下一个输入的提示“分析”。这里可以利用一阶马尔可夫模型或者二阶马尔可夫模型进行关键词输入提示。

表 6.3 检索语句分词后形成的日志举例

序号	关键词 1	关键词 2	关键词 3	关键词 4	关键词 5	关键词 6
1	数据	分析	挖掘	技术		
2	文本	分析	挖掘			
3	学习	文本	分析	挖掘		
4	学习	机器	学习	课程	哪门	好
5	文本	分析	挖掘	智能	技术	关系

检索内容扩展研究中，可以根据大多用户检索的内容来扩展当前检索用户的检索内容。例如，如果用户输入了“文本/分析”，那么用户很可能也关注“挖掘”方面的内容。按照表 6.3，可以先匹配“文本/分析”，如果返回结果众多，可以在返回结果排序时，适当提高其中包含“挖掘”内容的文本排序，这隐含着参照大多数人的搜索重点，假设用户很可能关心“挖掘”。此外，基于前面假设，如果数据量不足，还可以适当增加“挖掘”方面的内容作补充。如果进行深层分析，发现和“挖掘”密切相关的是“数据/分析/挖掘”，那么除了“挖掘”，“数据/分析”也可能是用户感兴趣的内容。

重要关键词排名研究中，根据用户大量输入的检索关键词，可以统计出哪些关键词最常用，而这些关键词就可用在某些研究中，例如，在广告词选择的研究中，为了提高自然搜索条件下①广告排名，可以选择一些热点词放在广告用语中，提高广告的检索排名。

用户感兴趣的话题分析研究中，利用大多用户检索的内容进行话题分析，获得用户当前关心的内容。例如，某电影发布初期会有大量用户的搜索，通过用户的搜索量可以对最近发布的若干电影进行票房预测；某些流行病初期也会有大量的搜索用户，可以预测该流行病的爆发规模；某些新闻事件可以通过用户搜索量来预测大众感兴趣的新闻热点。这些分析为影片宣传、流行病监控、新闻宣传等方面制订相应方案提供支持。

---

① 不考虑付费到搜索引擎公司来故意提高排名，不考虑搜索引擎公司故意降低某些企业的检索排名。

在感兴趣内容的地区与时段分布研究中，通过增加检索用户的 IP 地址和检索时间，为地区和时段上的分析提供支持，例如，分析各地区感兴趣的话题焦点，通过用户检索的内容进行舆情分析，分析各地区用户的舆情焦点，分析各地区用户的情感倾向等，时间分析也能提供许多有价值的东西，如统计各个季节用户关注的商品种类、每天各上网时段用户关注的话题焦点，这有助于更准确地理解用户的需求。

6.6 本 章 小 结

目前许多文本检索所用的技术就是信息检索中使用的技术，这些知识可以通过阅读信息检索相关书籍获得，有多本关于信息检索的经典著作进行了详细阐述。常见的检索模型包括布尔模型、向量空间模型、扩展的布尔模型、概率模型等，此外还有语言模型、推理网络模型等。概率模型大约在 1960 年提出，之后还有其他方法提出。概率模型通过计算文档与查询相关的概率来作为文档和查询的相似度。概率模型的细节可阅读信息检索文献[①]。

文本检索可以依据用户输入的检索语句反馈相关的文献，其评价指标一般包括精确率、召回率和 F 量度。检索的内容可以为深入的信息抽取、问答系统等提供支持。有些学者对于文本检索的返回结果进行聚类以期提供清晰的、易于阅读的检索结果，例如，通过聚类，计算各聚类中的代表性关键词，然后以树形形式展现检索结果，这种做法就涉及“内容导航”的研究领域，讨论如何给用户提供易于观察和简洁的导航形式。

文本检索和第 8 章的推荐存在密切的相关性。文本检索中一般不考虑检索者（用户）的偏好，可看作通用检索。如果检索中考虑到用户自身的检索偏好，则称为用户兴趣检索，可看作个性化检索。在基于内容的推荐中，如果将商品的内容向量看作文本检索中的文本向量，则推荐系统依据用户的偏好，计算用户偏好与商品内容的相似程度，为用户推荐产品的过程，可看作个性化推荐。如果在商品检索过程中，不区分检索用户，即不考虑检索用户的偏好，则可看作通用推荐。

从文本检索的发展方向来看，仍有三方面内容值得深入研究：第一，用户兴趣检索，这是考虑用户检索偏好的一种个性化检索方法。正如银行业为贵宾用户提供专属个人银行（很可能就是配备专属的银行服务顾问），检索系统如果能够有效地考虑检索用户的需求，也将会提高检索服务的质量。第二，专业化检索，这是针对特定领域探索适用于该领域问题的检索方法，包括引入领域知识去优化检

① 如书籍 *Information Retrieval-Algorithms and Heuristics*。

索模型以及以专业领域需求的方式展现检索结果，如金融检索、房地产检索、餐厅检索、求职检索等，现有的一些垂直搜索技术就是一种代表。第三，智能化检索，用户需求的深层理解、文本的深层语义和语用理解是进一步改善检索性能的一个研究方向，在信息检索模型研究上可以探索智能推理技术，在现有模型的基础上引入人工智能技术，建立智能化推理关系。

第 7 章　垃圾邮件过滤与情感分析

垃圾邮件（spam）过滤是对接收的邮件进行筛选，分辨出正常通信往来的邮件，以及未经主动请求的大量的电子邮件，并过滤掉或对其做出垃圾邮件标识。垃圾邮件有时也称作主动批量邮件（unsolicited bulk email，UBE）或者主动商业邮件（unsolicited commercial email，UCE）。垃圾邮件通常包括三类：第一类是名目繁多的商业广告、会议召稿等；第二类是非法团体为其政治、经济等目的而进行的“网络宣传”；第三类是暴力等不健康团体宣传、骚扰等。与垃圾邮件相似的一个概念是垃圾邮件阻止（spam prevention），它是对垃圾邮件或垃圾邮件的发送者采取适当措施，阻止垃圾邮件的进入，或者对垃圾邮件的发送者采取一定的惩罚措施。

情感分析是对指定文本内容进行褒义、贬义和中性的情感倾向分析，如商品评论、舆情文本等。按内容级别来划分，一般分为词语级、语句级和篇章级。按情感类别来划分，一般分为褒义、贬义和中性。也有学者研究将情感划分为五类，将褒义划分为一般程度的褒义和强烈褒义，将贬义划分为一般程度的贬义和强烈贬义，再加上中性共五类。此外，有些学者对情感分析的研究除了褒义、贬义和中性，还包括喜怒哀乐、积极、消极等情感分析。

7.1　垃圾邮件过滤问题与框架

7.1.1　垃圾邮件过滤

电子邮件（email）已经是重要的互联网上的交流方式。它的应用为人们带来方便的同时带来了垃圾邮件管理问题。目前，总有个人或团体利用电子邮件进行名目繁多的商业广告宣传、经济宣传、非法政治团体宣传等，垃圾邮件通常是指未经主动请求（订制）的大量电子邮件。

个人之间、个人与单位之间的正常电子邮件均属于正常邮件（normal email），即使是未在通讯录中但却是正常的通信电子邮件仍属于正常邮件。就接收端来看，垃圾邮件的特点如下：①垃圾邮件发送者通常不在邮箱通讯录中；②发件人地址经常不固定，呈现随机性；③邮件主题不固定，通常主题较多，呈现随机性；④伪造邮件头制造识别干扰；⑤信体内容不固定，呈现随机性；⑥部分邮件以图片方式作为正文，为识别内容带来障碍；⑦垃圾邮件在不同的时段、范围内的传播内容不一样。

就发送端来看，垃圾邮件的特点如下：①短时间内，同一账号发送出较多邮件，并且发送地址很多；②发送的文本内容相似度非常高；③所注册的账号一般为非实名制账号；④账号经常进行批量发送或短时大量发送，很少进行常规业务往来；⑤账号短时间内申请，用过一段时间后就不再使用；⑥有些发送者使用临时申请的域名邮件服务器发送，邮件服务器还可能挂在其他邮件服务器上形成虚拟邮件服务器。

在互联网上，发送电子邮件的代价比较低，若不考虑撰写邮件的代价，从发送者的角度来看，发送代价有时甚至可以忽略不计。这也为垃圾邮件的发送提供了便利，使得发送者大规模发送垃圾邮件，而成本极低。此外，移动电话也面临着垃圾电话的问题，有时产品宣传公司、某些问卷调查公司、咨询公司等可能有目的地或者随机拨打用户电话，进行产品宣传或事务调查等，这些电话也是非用户预定的，有别于正常的用户电话业务，可能给用户带来干扰。垃圾电话的拨出者可能需要支付一定的通信费用，相比电子邮件通信，费用相对高，也不易短时间内进行批量大规模拨打，所以垃圾电话相对垃圾邮件要少得多。

垃圾邮件的应对措施应该是多层次的，包括法律层面、管理层面和技术层面都应该采取一定措施。法律层面上，针对垃圾电话，一些国家已经立法管理，面对法律追究的风险，垃圾电话问题已经较大收敛。目前，专门针对垃圾邮件发送者进行立法管理的国家并不多，可能笼统地归为其他法律管理问题中，通常很少去追究，这也导致垃圾邮件发送者违法代价低，但包括垃圾邮件在内的计算机正常通信的管理问题已经引起社会和许多国家的重视，未来有针对性的法律也将逐步出现。

管理层面上也有许多工作可做。对垃圾邮件的发送者定位并不是一件非常困难的事情，垃圾邮件的管理相对计算机病毒的管理更容易。一般来说，识别垃圾邮件可采用三种常见的方法：①对发送邮件服务器进行监控，将未经授权的、短时间内将相似内容发往大量其他地址的邮件账号，列为潜在的垃圾邮件发送账号。②在发送邮件服务器端，通过技术手段对邮件进行自动分析，判别疑似垃圾邮件，将大量发送疑似垃圾邮件的账号作为潜在垃圾邮件发送账号。③允许用户举报，超过指定阈值的用户举报账号都可作为潜在垃圾邮件发送账号。

上面的三种方式相当于对发送者的内容进行一定监控，可能面临用户隐私权和隐私保护问题，如果应用前两种方式，为避免引发隐私问题的法律纠纷，建议预先获取用户的授权，例如，在用户申请邮箱的时候就签订授权协议，否则不允许开通账号。采用第三种措施时也需要制订进一步细化方案：在发送服务器端接收举报信息、在接收服务器端接收举报信息、存在统一的国家级公共举报信息。

发送服务器具备接收举报能力，是发送方提供接收举报的方式，允许接收者主动举报垃圾邮件。如果发送服务器接收超过预设阈值的举报，则将其作为疑似垃圾邮件账号，以备采取进一步措施管理。在接收服务器端接收举报信息，例如，高校邮箱有许多教师在用，他们都可能接收大量的会议通知、产品宣传等垃圾邮件，高校邮箱可以设置一个功能允许电子邮件用户举报所接收的垃圾邮件，通过大量举报来判别疑似垃圾账号，以备采取进一步措施。存在统一的国家级公共举报信息即建立国家级统一垃圾邮件举报中心，对产生大量的垃圾邮件的发送者加以管理。

管理手段也有许多，具体如下。

（1）国家在管理方式上进行细化，明确邮件服务器管理者的责任，除了用法律手段对邮件服务器进行责任认定和对垃圾邮件发送者进行法律制裁，还应该在规范管理上探索更切实可行的管理流程。

（2）邮件发送服务器可以预先设置每个账号每日的默认邮件最大发送数量，如果想提高最大发送数量，必须进行实名认证，以减少垃圾邮件的产生。

（3）对于疑似垃圾邮件账号进行管理，例如，限制最大发送数量，或者进行必要的审批管理手续以判别是否是正规的发送业务，对于违法违规的不正常发送进行制止。

（4）邮件接收服务器如果存在垃圾邮件判别能力，例如，前面所述引入举报机制或者引入垃圾邮件判别的技术，邮件服务器可以对所接收的邮件进行分类，疑似垃圾邮件放在疑似垃圾邮件箱，最终决定权交给接收用户处理。

（5）邮件接收服务器应为用户提供管理手段，如允许用户举报垃圾邮件、允许用户设置垃圾邮件过滤规则、允许用户选择若干可用的候选垃圾邮件判别技术等。

技术层面上垃圾邮件的一些措施将在 7.1.2 节阐述。垃圾邮件的管理属于类似社会治安、垃圾电话、电子商务安全等的综合管理问题，可分为法律层面的手段、管理层面的手段和技术层面的手段。技术层面的手段是以技术作支撑来支持管理。但就技术层面的内容还可分为面向发送服务器端、面向接收服务器端、面向单个用户端的垃圾邮件过滤技术。这三方面的处理技术所能收集到的特征和所使用的过滤技术可能有所不同，本章阐述面向单个用户端的垃圾邮件过滤技术，如采用基于规则的过滤、安全认证技术以及基于机器学习技术的垃圾邮件判别等，具体阐述在 7.1.2 节中。

7.1.2　垃圾邮件过滤的常见技术方法

按照电子邮件协议，标准的电子邮件有固定的格式，所以垃圾邮件处理也属于半结构化的文本处理。邮件的主要格式包括邮件头（包括发件人邮箱地址、收件人邮箱地址、抄送邮箱地址、暗送邮箱地址、邮件标题）和邮件内容（包括正文、附件），此外内部还有一些细节，如文字编码、附件文件边界等。邮件的特征是过滤技术判断、分析、统计和提取的依据。垃圾邮件过滤任务常采用基于规则的过滤、安全认证方法、机器学习方法，也可以是混合策略。

1. 基于规则的过滤及安全认证方法

基于规则的邮件过滤器，一般是由邮件服务器管理员先对大量的垃圾邮件进行初步分析，从中找出垃圾邮件的明显特征，人为设定一些关于邮件头字段、正文中简单字符串的匹配规则。当邮件到来时，过滤器就对邮件作匹配检查同时进行打分，最后根据分值确定该邮件是否为垃圾邮件。

有学者构建了一种基于规则的邮件过滤器，其先学习训练集中的所有正例，形成一个正例的规则集，然后利用所有反例不断地对规则集中的关键字加入约束条件，最后用这个包含约束条件的规则集来做出决策。也有学者提出利用决策树来建立邮件过滤器的方法，主要是利用来源于邮件文本中的具有较高互斥信息的特征项单词，以及从邮件头中初步提取的信息短语来建立决策树，进而通过决策树来对邮件进行分类。基于规则的过滤方法能用很少的规则挡住 80%的垃圾邮件，但想要提高却较难。同时因为用户的兴趣和垃圾邮件发送者所开发出的产品都在不断变化，所以规则也要进行不断更新，要求用户有丰富经验和充裕时间来训练与调整这些过滤规则。

安全认证过滤方法主要有密码验证、黑白名单验证、简单邮件传输协议（simple mail transfer protocol，SMTP）通信链接速率/频度验证与反向域名验证。密码验证方法指邮件发送者在发出邮件之前，首先要知道该邮件接收者的密码，才能向其发送邮件，否则邮件将被拒收。该方法能阻挡一切垃圾邮件，但其要求太严格，会阻挡一些合法用户向邮件接收者发出合法邮件。

黑白名单验证通过黑名单技术对垃圾邮件进行屏蔽，通过白名单技术对允许的邮件进行放行。黑名单和白名单都不占用计算机资源，易于实施。但是需要手动维护网络协议（internet protocol，IP）地址清单。由于垃圾邮件发送者经常修改 IP 地址，并采用一个广泛的 IP 地址区间以逃避反垃圾邮件的检测，这种技术仅起到垃圾邮件解决方案中的补充作用。

SMTP 通信链接速率/频度验证主要是根据垃圾邮件发送具有一定时间内邮件数量和邮件链接频率都非常大的特点，通过频率和数量对垃圾邮件发送者的链接行为进行识别，通常一个正常用户发送邮件的数量和频率远低于垃圾邮件发送者。

反向域名验证是对邮件来源的IP地址采用反向域名系统（domain name system，DNS）查找验证真实性。如果反向 DNS 查找提供的域与邮件上的来源 IP 地址相符合，该邮件被接收。如果不符合，该邮件被拒绝。其缺点是由于很多 DNS 目录未被有效建立或无法正常建立，这种情况使由这些域发送的邮件被阻隔，造成不可接收的高误报率。

2. 基于内容的垃圾邮件过滤技术

基于内容的邮件过滤技术术语为有监督的学习方法，利用已分类的邮件训练样本进行学习，提取出能表征各类邮件的特征向量及特征值，再根据这些值对以后的邮件进行分类。本质上，这种方法可以看成规则方法的一种推广，只不过统计方法中得到的规则是一种不被人轻易理解的隐式规则。

常用的分类模型在垃圾邮件过滤问题上都有所尝试，几乎所有在文本分类领域应用比较成功的分类算法都尝试用于邮件过滤系统。表现较好的模型包括朴素贝叶斯模型、ME 模型和 SVM 模型，此外也有学者研究基于案例学习的垃圾邮件过滤，研究将神经网络算法用于构建邮件过滤器。由于垃圾邮件处理中使用的特征和使用的模型都会影响垃圾邮件过滤的性能，这就需要在各方面都进行细致的研究，以改善综合过滤性能。

随着研究的深入，综合各种方法（包括各种机器学习方法、黑白名单人工规则方法甚至图片分析方法等）和各种特征（除正文内容，还包括群发特征、元信息特征等）的研究将是未来邮件过滤系统的发展趋势。

7.2　朴素贝叶斯垃圾邮件过滤方法

7.2.1　垃圾邮件过滤的分类问题描述

垃圾邮件过滤可看成一个二值分类问题：正常邮件和垃圾邮件。因此，第 4 章中常见的文本分类技术都可以用于垃圾邮件过滤问题。然而，垃圾邮件过滤又是一个特定领域的分类问题，它在以下几个方面与一般的分类系统存在不同。基于内容的邮件过滤系统实际上是一种半结构化的分类问题。与普通文本相比，邮件中存在更为丰富的结构信息，它是一种包含邮件头和邮件体的半结构化文档，例如，在邮件头中包含对邮件过滤具有特殊重要意义的元信息字段，如 received、from、to、subject、date、recipient 等，并且这些信息对分类有很大作用，需要在分类器设计时加以特别重视。有些特征是不同于文本分类的特征，如发送者邮箱地址是否在通讯录中、发送者邮箱是否来自著名的邮件服务器、接收者是否是多个人等。

在垃圾邮件过滤设计中，需要考虑只是针对同一种语言，还是针对多种混合语言。一般来说，至少要能处理中英文混合邮件。邮件特征抽取后被描述为特征向量，常以关键词的列表形式描述。邮件标题中的关键词通常比正文中的一些关键词重要，所以可采用为邮件正文的关键词增加权重实现强调其特征表示的重要作用。对于发送者是否在通讯录中、发送者邮箱是否来自著名的邮件服务器、接收者是否是多个人等特征，也分别将其视作一个特殊的关键词，并通过设置相应的权重增强这些分类特征的作用。显然处在正文中的关键词也可以考虑其位置的作用。

前面指出，相比文本分类，垃圾邮件过滤中有些特征可通过赋予不同权重，以体现它们对垃圾邮件过滤分类的不同作用。而这样的一些权重参数如何设置就是值得研究的一项内容，本章采用实验方法，对各个权重参数适当离散化，然后对各候选参数空间进行迭代寻优，以获得优化的参数组合。

垃圾邮件分类过程结构图如图 7.1 所示。其中，前几个模块为数据处理部分，其目的就是采集垃圾邮件所需的基本样本数据，特征应该是表征影响邮件是否为垃圾分类的本质指标，其应该满足有效、稳定、区分的特性，通常需要专家或者通过实验统计来提取和选择。特征可以通过人工编写的特征模板从基本样本数据中抽取出来。

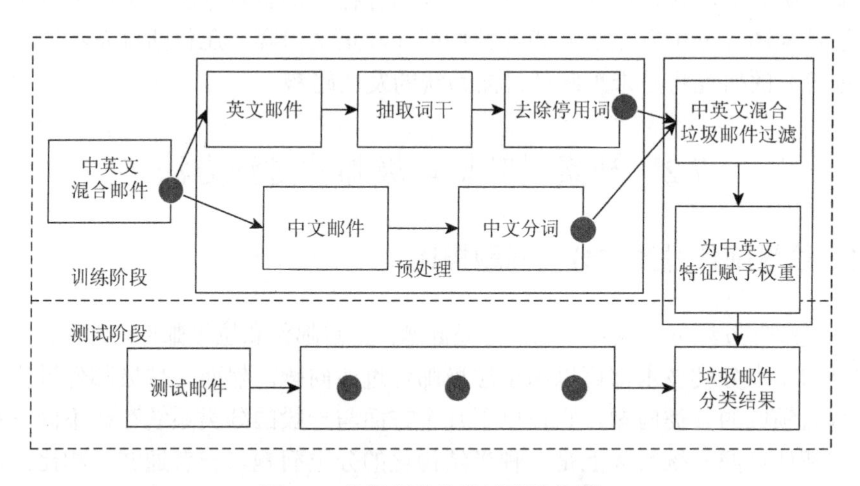

图 7.1　垃圾邮件分类过程结构图

设 x 代表基本样本数据，y 代表 x 邮件对应的类别，如果存在分布规律 g 函数满足 $y = g(x)$，则寻找映射函数 g 就是反垃圾邮件系统需要完成的理想目标。实质上，垃圾邮件过滤也正是寻找该函数 g，据此向用户进行推荐，从这点来看，计算机与人完成相同的工作，而差别仅在于目前人所体现出来的生物智能远远好于计算机的人工智能。

关于映射函数 g 的总结使用统计方法，本章使用朴素贝叶斯模型、ME 模型以及 SVM 模型，此外也可以建立神经网络、随机森林等分类模型，它们均能用于图 7.1 所示的垃圾邮件分类中，作为过滤器。

7.2.2 朴素贝叶斯垃圾邮件过滤

朴素贝叶斯分类器进行垃圾邮件过滤是将邮件特征向量作为分类对象，将每一个分类对象标记成两种类别：正常邮件类别和垃圾邮件类别。这种情况下，就将垃圾邮件过滤问题看作一种二值分类问题。还存在另外一种分类方法，就是朴素贝叶斯模型训练时仍按照二值分类进行训练，而分类时却将待分类对象分为三类：正常邮件类别、垃圾邮件类别和疑似垃圾邮件类别。该三值分类技术采用对两类判别的差异估计，如果对于判别正例和判别反例的评价差异很小，可以预先设置一个阈值，标记为疑似垃圾邮件。分为三类也是为了能够向用户提供更明显的辅助判别。本章按照二值分类处理。

中文的邮件通常需要分词，然后去除一些基本的停用词，包括的、地、得、了、么、呢等，英文的邮件需要使用词干还原。在垃圾邮件处理中，还常使用一种敏感垃圾词汇列表，列出常见垃圾邮件中典型的词汇，这样在特征表示时，可以针对这些敏感垃圾词汇进行赋权，增强这些关键词的作用。

朴素贝叶斯模型在 4.3 节和 4.4 节已经阐述。当该模型用于处理垃圾邮件过滤时，也需要进行特征独立性假设，假设邮件的各个特征之间是条件独立的。分类的过程使用式（4.23）和式（4.24），为查看方便，转列此处。

$$
\begin{aligned}
c^* &= \arg\max_{c_i} P(c_i \mid d) = \arg\max_{c_i} \frac{P(c_i)P(d \mid c_i)}{P(d)} \\
&= \arg\max_{c_i} P(c_i)P(d \mid c_i)
\end{aligned}
$$

令邮件 d 可由其所包含的特征词表示，即 $d=(w_1, w_2, \cdots, w_m)$，其中 m 代表特征词的个数。当假设各个特征条件独立后，上式可以进一步转为

$$
c^* = \arg\max_{c_i} \left(\frac{N_i}{N} \times \frac{\lambda + N_{ik}}{\lambda \cdot M_i + \sum_{j=1}^{M_i} N_{ij}} \right) \tag{7.1}
$$

式（7.1）中使用了 Lidstone 法则避免零概率问题，具体过程详见 4.3 节。λ 一般取值范围为[0, 1]。若取 1 则成为 Laplace 法则。除了使用 Lidstone 法则处理零概率问题，还可以使用 Good-Turing 平滑算法进行缺失特征补偿，具体过程详见 4.4 节。

朴素贝叶斯模型适合增量学习，式（7.1）表明，训练过程主要是进行类别频次和特征的类条件频次统计。垃圾邮件过滤系统中，相对容易收集到用户对邮件的分类，因此在反馈信息容易获取的情况下，有必要通过增量学习的方式，在线

改善分类模型的性能。一种方式是通过用户对于邮件的分类判别，修改朴素贝叶斯模型中的统计频次；另一种方式是在各统计频次上适当增加时间信息，在训练数据足够大的情况下，删除过久的统计信息，以适应最新的学习情况。也有学者研究将用户定义的分类规则融入贝叶斯模型中，提供新的特征。在这里强调有效的特征表示较为重要，训练模型能够拟合用户的分类偏好也较为重要，能够在线学习增强模型的动态适应能力也十分重要。

7.3 ME 模型与 SVM 垃圾邮件过滤方法

7.3.1 ME 模型垃圾邮件过滤

ME 模型是一种指数模型，其基本思想是拟合所有已知事实，保持对未知事件的未知状态，即给定一些事实集，ME 模型选择一种模型与现有事实一致，对于未知事件尽可能使其分布均匀。ME 模型已应用于自然语言处理中的多个方面，如词性标注、命名实体识别、歧义消解、文本分类等。该模型作为分类模型完全可以用于垃圾邮件过滤。

在第 3 章中对 ME 模型有所描述。ME 模型将每个信息源视为一组约束条件，在满足所有约束条件的一组概率分布中，寻找其中的熵最大的分布。它的特点是能以满足限定条件下的熵值最大化为准则，对各种类型的特征训练出一组对应的特征权值，然后通过线性组合，把它们整合到一个统一的模型中。在 3.2.1 节已对该模型的基本原理进行了形式化描述。

如果将邮件向量看作样本 d，当前邮件的类别用 c 标记，则相当于计算条件概率 $P(c|d)$。ME 模型采用指数的形式来计算条件概率，对应 3.2.1 节的内容，参见式（3.1），分类标记 c 就是模型中的 y，邮件向量 d 就是模型中的上下文环境 x。

当模型训练完毕后，式（3.6）中的权重参数 λ_i 就通过学习获得了。利用该式可以计算一个测试样本 x 赋予邮件各个类别的条件概率 $P(c_i|x)$，由此选择条件概率最大时对应的类别就标记为 x 对应的类别，即

$$c^* = \arg\max_{c_i} P(c_i|x) \tag{7.2}$$

作为概率模型，ME 模型过滤垃圾邮件较为突出的优点如下：①它是一种条件概率模型，由式（3.6）可知，可以在模型中加入灵活的、彼此不需要独立性假设；②由式（3.5）可知，它便于处理文本特征（或符号特征），也易于增加其他分类器的结果特征，形成多分类器融合模型；③ME 模型同时评价各种可能分类，直接给出多个分类的条件概率；④ME 模型具有通用性。

7.3.2　SVM 垃圾邮件过滤

在 7.2.1 节中已说明，分类学习就是寻找拟合真正的最佳函数 g 的近似值，因为真正的函数表示未知[①]，常用两类衡量准则逼近函数 g：一种是经验风险最小化，如贝叶斯模型、ME 模型；另一种是结构风险最小化，如 SVM 模型。第 2 章和第 4 章中已经介绍，SVM 模型通过结构风险最小化准则和核函数方法，较好地解决了小样本与算法复杂性的问题。在文本分类中，SVM 模型是公认的较好的方法之一。作为分类模型，SVM 模型也较早地应用在中文垃圾邮件过滤中，一些学者做的 SVM 模型中英文垃圾邮件过滤实验（包括本章的实验）显示，SVM 模型表现性能往往较为优越。还有学者实验表明，采用二值表示的 SVM 模型的表现性能通常都会稍高于采用多值表示的 SVM 模型。

英文邮件需要进行词干还原、去掉停用词，而中文邮件需要中文分词（如果使用词性特征还需要词性标注），然后去掉一些基本的停用词。在对邮件进行特征选择后表示为向量空间模型。本章中，邮件向量中特征的权重利用 TF- IDF 计算，其原理参见 4.1.2 节，本章的 TF-IDF 计算方法为

$$W(t,d)=\frac{(1+\log_2 \mathrm{TF}(t,d))\times\log_2(N/n_t)}{\sqrt{\sum_{t\in d}[(1+\log_2 \mathrm{TF}(t,d))\times\log_2(N/n_t)]^2}} \tag{7.3}$$

式中，$W(t,d)$ 为术语 t 在邮件 d 中的权重，而 $\mathrm{TF}(t,d)$ 为词 t 在邮件 d 中的词频，N 为训练文本的总数，n_t 为训练文本集中出现 t 的邮件数，分母为归一化因子，式中使用以 2 为底的对数。

在向量空间构造之前，还面临着术语集合的构建过程，即需要确定哪些词可以作为描述邮件的关键词。4.1.3 节介绍了几种用于挑选术语候选、构建术语集合的方法。一般来说，可能是分词、去掉基本的停用词后就构建特征向量，而将去掉基本停用词后的所有可能的词都作为术语候选；另一种方法是通过交叉熵等技术进行筛选，构建术语集合，然后利用该术语集合筛选出邮件中的术语。

在利用式（7.3）构建向量时需要注意几类特征的处理，以标题中的关键词为例，对于标题中的关键词在统计词频时乘以一个权重，如乘以 2，再用于构建邮件向量。类似的方式，在垃圾邮件处理中还可以增加其他的特征，如发送邮箱地址是否在通讯录中[②]、是否是群发邮件、邮件中是否包含敏感词等特征，将这些特殊特征视作特殊关键词，然后设置一定词频权重增加在邮件向量中。当然这些权重参数可以初始利用经验值设置，然后给定取值范围，再离散化，实验中迭代尝试各个参数组合，寻找最优参数配置。

---

① 如果分类映射函数已知，就不用机器学习技术了，除非是为了测试机器学习的性能。

② “发送邮箱地址是否在通讯录中”特征没有在 7.3.3 节实验中测试，因为该数据集不包括通讯录。

当构建完向量空间后，每个邮件就采用邮件向量来表示，分类问题也就描述为向量空间中的分类问题。若将垃圾邮件过滤问题看作二值分类，则可以使用SVM模型完成分类过程。SVM模型的部分内容已经阐述在2.5.1节，在分类训练和测试时，可以选择常用的核函数。常用核函数包括线性核、多项式核、Sigmoid核以及径向基函数（radial basis function，RBF）核等，许多情况下，线性核就已经有较好的表现。

7.3.3　垃圾邮件过滤实验

本实验英文垃圾邮件来自Ling Spam数据，包括2893个邮件，其中正常邮件为2412个，垃圾邮件为481个。这些邮件去除题头、附件及HTML标记，只留下主题行和邮件正文。语料中包括四部分。

bare为所有垃圾邮件，未经过词干还原，未去掉停用词；

lemm为经过词干还原，未去掉停用词；

lemm_stop为经过词干还原，并且去掉停用词；

stop为未经过词干还原，去掉停用词。

数据包括10个子部分（part1, part2, …, part10），本章将前9个部分用作训练，最后1个部分（即part10）用来测试。

中文的垃圾邮件语料来自CCERT中文垃圾语料。去除重复的邮件，选用110个垃圾邮件，同时手工收集110个中文垃圾邮件。

表7.1为贝叶斯垃圾邮件过滤开放测试结果，可以看出，经过平滑后的贝叶斯算法获得了更好的分类性能。Lidstone法则的λ取值0.5，Good-Turing算法不需要预先指定参数。

表7.1　贝叶斯垃圾邮件过滤开放测试结果（单位：%）

方法	bare	lemn	stop	lemn_stop
设定小值×10^{-20}	95.43	95.88	96.22	96.56
Laplace法则	97.94	95.67	96.22	97.59
Lidstone法则	97.94	97.25	97.59	97.94
Good-Turing算法	97.94	97.25	96.91	97.25

为了考察最小特征个数过滤阈值对ME模型垃圾邮件过滤的影响，图7.2给出垃圾邮件过滤中不同阈值下的开放测试结果。阈值过滤是指出现次数小于指定数值将从ME模型的训练过程中去除。

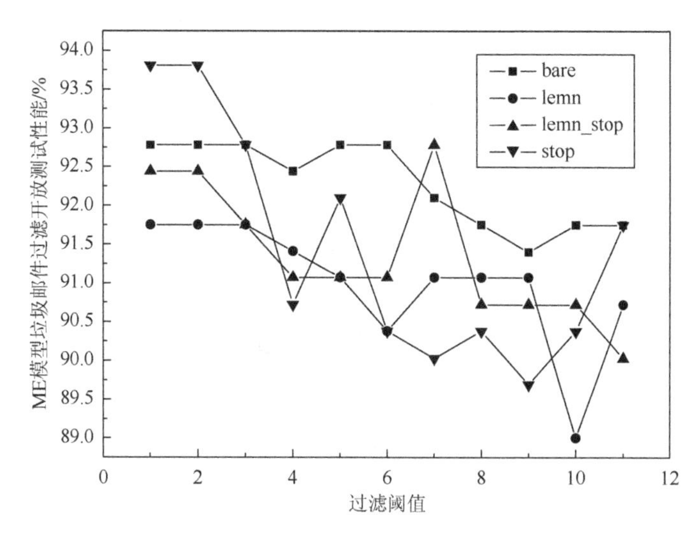

图 7.2 ME 模型垃圾邮件过滤中不同阈值下的开放测试结果

从图 7.2 可以看出，阈值较小的时候，精确率较高，随着阈值的增大，精确率起伏较大。这说明当阈值较高且特征维数较大时，系统的精确率较高，但这时占用存储空间大、处理速度慢。

图 7.3 对比了几种方法在 Ling Spam 上的不同语料中的表现性能，实验结果表明贝叶斯方法与 SVM 模型在几种方法上都有很好的表现性能。

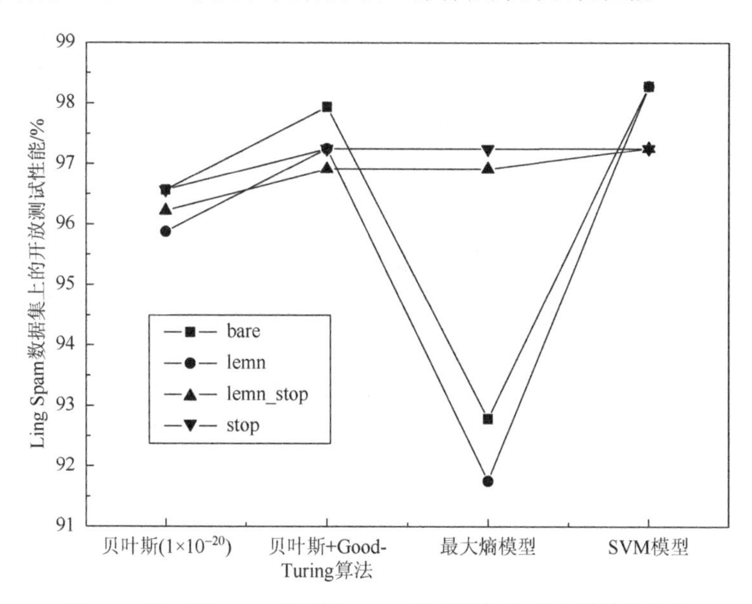

图 7.3 贝叶斯、ME 模型与 SVM 模型垃圾邮件方法性能比较

表 7.2 为中英文混合垃圾邮件（En-Ch spam）中贝叶斯方法和 ME 模型的开

放精确率对比。数据来自 Ling Spam 中的 lemn 部分、CCERT 以及手工收集的部分垃圾邮件。共有 3155 个训练数据，391 个测试数据。

表 7.2　中英文混合垃圾邮件中几种方法的开放精确率（单位：%）

分类方法	中英文混合			
	bare + Ch	lemn + Ch	lemn_stop + Ch	stop + Ch
贝叶斯	91.94	91.88	92.22	92.56
ME 模型	93.79	93.14	91.35	91.53
分类方法	英文			
	bare	lemn	lemn_stop	stop
贝叶斯	95.84	95.88	96.22	96.56
ME 模型	96.82	96.24	95.37	97.10

在上述数据中对比五种方法的垃圾邮件过滤性能，实验结果如表 7.3 所示，其中贝叶斯（1×10^{-20}）代表如果特征未知，为了避免零概率问题，采用经验值 1×10^{-20} 代替零概率。

表 7.3　中英文混合垃圾邮件中几种方法的开放精确率（单位：%）

垃圾邮件过滤方法	封闭测试	开放测试
ME 模型	94.71	89.77
贝叶斯（1×10^{-20}）	98.42	92.07
贝叶斯 + Good-Turing 算法	95.12	91.82
贝叶斯 + 绝对折扣算法	95.88	93.61
SVM 模型	97.88	97.95

表 7.3 表明 SVM 模型展现出最好的泛化性能，这是由于 SVM 模型是基于结构风险最小化原理，其在理论上证明具有更好的泛化性能，尤其在小样本数据集中更体现出泛化性能的优越性。

表 7.4 给出在中英文混合垃圾邮件过滤语料库上，SVM 模型分类器中不同核函数与核参数对比，实验表明，线性核就可以表现出最佳性能，在文本分类中的一些实验也很类似。

表 7.4　不同核函数与核参数的分类性能比较

核函数	核参数	封闭测试/%	开放测试/%
线性核	$c=0$	97.88	97.95
多项式核	$d=1$，$s=2$，$c=0$	97.88	97.95

续表

核函数	核参数	封闭测试/%	开放测试/%
多项式核	$d=2$，$s=1$，$c=0$	92.74	90.03
RBF 核	$g=1$	83.45	79.03
	$g=2$	83.45	79.03

在线性核的情况下对比误分类的惩罚系数 c 的影响，如图 7.4 所示，结果表明 $c>0$ 时能获得更好的分类性能。

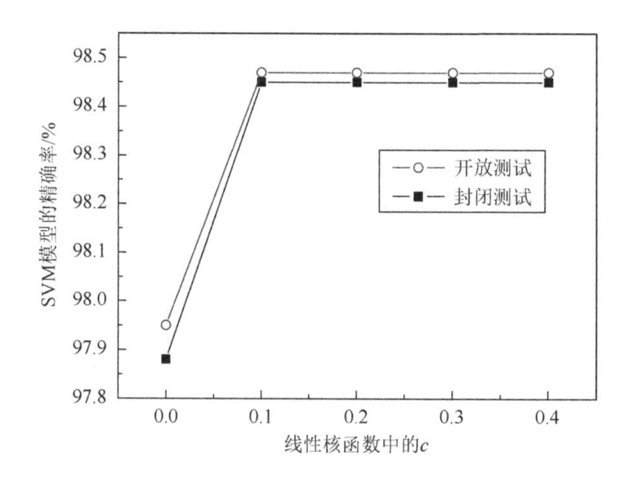

图 7.4　SVM 模型垃圾邮件线性核方法中不同 c 的比较

7.4　情感分析问题

7.4.1　情感分析问题描述

情感是人类对事物的褒贬态度，也是人类心理活动的重要方面。目前，有多种角度来研究情感分析，包括文本内容上的情感分析、人物图像上的情感分析、视频内容的情感分析等。本书是指文本内容上的情感分析，这方面的研究已较早地开展，现有许多研究成果。随着互联网的快速发展，研究新闻的内容、微博内容、商品评论的内容、影视评论的内容、金融股票评论的内容等对于舆情监控、销售预测、商品推荐等方面都有着重要作用。

以网络上的产品评论为例，常用两种方法：①由打分构成评论信息；②由用户自由输入的文字内容来表达用户的评价信息。对于产品的评论已经很常见，例如，电子商务购物后允许购买者反馈评论信息，许多电影网站允许用户对电影自由评论。如果采用打分法，那么数据属于结构化，情感分析系统很容易直接应用数据，这些数据也可用于个性化推荐中，如第 8 章的推荐技术。对于第二种评论，用户输入的是文本内容，通常是比较短的文本，可看作非结构化数据，分析相对困难，系统存在一定的准确度，然而这种方法有利于用户深入表达情感，也有利于用户自由地对评论对象多个方面进行评价。有时候产品网站可以直接针对多方面分别征询用户意愿，例如，手机产品，可以针对屏幕尺寸、屏幕分辨率、运行速度、内存、电池等单独征询意愿，这样就可以构建半结构化数据，应该更有利于情感分析。然而这种方式却容易给用户带来一种感觉，需要填写很多内容，用户可能不会很喜欢这种固定格式带来的束缚。

情感分析有助于产品改进、产品服务改进与产品购买决策。还有学者研究英文体育评论、电影影评情感倾向分析、电子商务平台中产品的评语倾向分析等。产品评论的研究一方面有助于生产厂家或者销售方查找产品生产和销售方面的不足，以改进产品的质量和服务；另一方面有助于用户购买产品时借鉴其他用户的评论意见，为最终购买决策提供依据。有时用户没有足够的时间和精力去浏览全部评论，甚至产品的评论也可能有着广泛的来源，所以情感分析系统可以帮助用户分析。如果对大量的评论信息挖掘出主要的评价产品属性，如手机内存、运行速度、耐用性等，再挖掘出对各个属性的情感倾向性以及频繁使用的情感词汇①，这样就方便用户做最终的购买决策。

情感分析有助于舆论的监控。在开放的互联网上，互联网用户可以近乎自由地发表自己的观点，尤其是自媒体（we media）等表达方式的广泛使用，促使互联网用户有较高的参与热情。虽然国家对于言论和互联网管理有一定的法律与规范，但互联网用户的一时疏忽或者其他原因导致有些发表内容可能不符合国家管理需要。互联网用户的自我表达和国家管理之间应该具备一种平衡，互联网用户可在国家允许的范围内自由表达。舆情监控是进行互联网信息监管的一项重要内容，利用计算机技术帮助自动监控更是一个有价值的研究方向。借助文本挖掘技术，可以分析舆论的倾向、主题、关注对象、争议点等，有利于主管部门对舆论的监管。

情感分析有助于信息预测。关于情感分析已经较早地开展，有学者针对某网站股票留言板中的评论进行了研究，提取了股票投资者对其所关注股票的态度。对于股民股票评论的情感分析，有助于上市企业制定引导股民的舆论情绪的策略，也有助于股民选取股票时对股票的涨势预测。对于电影评论的研究，如对以往上市电影的评论数量、评论倾向、评论焦点与电影票房之

① 频繁使用的情感词汇可以使用类似“标签云”的形式展示，有助于用户查看情感用词。

间的关系进行分析，可以有助于新上市电影的宣传策略制定，有助于预测新上市电影的票房。

情感分析有助于主客观信息抽取。在信息检索、信息抽取、自动问答系统等文本处理中有时需要分析内容的倾向性，以便给出更客观的答案。文本的情感倾向性分析能够提供文本的褒义、贬义和中性类型的分析，为选择答案是否带有更多的主观色彩的判别提供依据。

7.4.2　词汇级情感分析

现有大多情感分析都是基于文本中的词汇进行的，词汇特征目前仍是情感分析研究中的主流特征。词汇的情感倾向是指词汇倾向是褒义、贬义或中性，对于倾向褒义或贬义，通常还需要定量给出倾向的程度。现有一些词汇情感倾向的研究大致可分为基于词典的方法和基于统计的方法，用于标定哪些词被收集作为情感词汇，并标注它们的褒贬倾向程度。例如，好、优秀、美丽、勤奋、敬业、积极、努力可看作褒义词，坏、平庸、丑陋、懒惰、失职、消极、懈怠可看作贬义词，类似具有情感倾向的词汇还有很多。在利用语句表达带有情感倾向的内容时，会有意或下意识地使用具有相应情感表达色彩的词汇。

基于词典的方法是指情感倾向分析模型中利用预先构建的英文或中文中的语义词典或者有些研究机构专门构建的情感词典。情感词典需要包含三个基本信息——词汇、倾向、程度，例如，“好，褒义，1.0”，其中1.0代表褒义的程度。为了便于量化，情感词典关于褒贬程度可以使用[−1, 1]取值的实数，数值大于0相当于倾向褒义词，数值小于0相当于倾向贬义词，数值为0代表中性词。既然是实数，那么可以通过设置阈值（如0.2）作为中性区间的度量，如可将褒贬程度处于（−0.2, 0.2）的词汇视作中性词。

需要注意的是，有时一个词是褒义还是贬义还取决于使用时的环境，所以如果单就一个词来标注其褒义还是贬义，有时不一定准确。如“骄傲”“传统”“前进”，有时代表贬义，有时代表褒义。“谦虚使人进步，骄傲使人落后”中“骄傲”代表贬义。“做这项工作，我很骄傲”中“骄傲”代表褒义词。当与“时尚”相反时，“传统”就往往是贬义词或中性词，如“这个手机造型太传统”，而有时“传统”意味着一种经典的含义，如“传统文化代代相传”。“思想在前进”中的“前进”有进步的含义，属于褒义，而“队伍在前进”中的“前进”通常是指队伍运动方向向前，可看作中性词，当然如果根据上下文代表队伍思想、素质或技能在前进，则就是褒义了。语言现象的复杂性造成准确判别词的褒贬不能仅看词本身，还要看具体使用的环境。因为一些词的褒贬还与上下文相关，所以为了确定词是褒义还是贬义，就需要构造一个复杂的词典，甚至标明各种上下文环境下的褒贬含义。

因为许多词的褒贬倾向与使用环境还有密切关系，所以确定词的褒贬倾向也非易事。关于情感词典的收集制作，一种是利用现有一些通用的语义词典制作，例如，英文的 Wordnet 能够提供语义信息，提供词汇之间的相似度计算方法；另一种是通过一些有监督学习数据或无监督学习数据来抽取，最后可能辅以一定的人工校正。

基本情感词典的收集可以表示为表 7.5 的形式，稍微复杂的情感词典还可以包括词性，更复杂的情感词典就需要对受语境影响的兼作褒贬词进行上下文环境解释。

表 7.5　基本情感词典的内容

序号	词	情感度	序号	词	情感度
1	好	1.0	8	坏	–1.0
2	优秀	0.9	9	平庸	–0.6
3	美丽	0.9	10	丑陋	–0.9
4	勤奋	0.8	11	懒惰	–0.8
5	敬业	0.8	12	失职	–0.8
6	积极	0.8	13	消极	–0.8
7	努力	0.8	14	懈怠	–0.8

利用有监督学习数据来收集制作情感词典可以有多种方法，下面介绍一类基于 χ^2 方法、互信息、平均互信息、信息增益的方法，具体工作过程如下。

（1）把评论文本进行分词处理。

（2）去掉仿词、基本的停用词，如的、地、得、了、吧、呢等。

（3）统计“词→tag”的频数，其中词是评论文本中的每一个词，而 tag 对应评论文本的倾向性分类，即褒义、贬义和中性的类别。

（4）按照 χ^2 方法、互信息、平均互信息、信息增益中的一种方法计算词与各情感分类之间的相关度。

（5）按照相关度进行倒序排列。

（6）手工截取或筛选一部分词作为情感词，对相关性进行标准化处理，例如，褒义映射到（0, 1]，贬义映射到[–1, 0），而中性为 0。一方面进行正负号变换；另一方面将最相关的值映射为 1，然后对其他值在保证情感词序关系的基础上，对相关度值适当调整，转换为情感度。

在上述工作过程中，如果需要考虑词的词性，则再增加词性标注过程。前面也提到因为有一些词的倾向性与上下文有关，这种收集方法只能算是略显粗糙的词典收集方法，没有更多地体现出上下文语境信息。考虑到上下文语境的作用，有些词典收集时还适当增加词所使用的上下文，以便对词具体应用时判别极性作为上下文环境的对照。

在上述过程中还有一个重要问题没有指明，那就是否定词的使用，如“好”与“不好”。当使用否定副词时，可看作将原有褒贬的极性进行反转，这样的否定副词需要认真收集，如 not 不、no 无、hardly 几乎不、rarely 很少、few 没几个、seldom 很少、scarcely 极少、never 从不等。而否定是可以嵌套的，如需要处理“否定的否定是肯定，否定的否定的否定是否定……”现象。

无监督学习数据库上进行情感词典收集时，一般可以采用相似度计算的方法进行。有几种常见的收集方法。

方法一：基于词相似度的情感词典收集方法，其工作过程如下。

（1）制作一些种子词，例如，褒义种子词包括好、优秀、美丽、敬业、积极、努力等，贬义种子词包括坏、平庸、丑陋、失职、消极、懒惰等。

（2）对无监督学习数据集的评论样本进行分词，去掉仿词和基本的停用词。

（3）按照 5.4 节基于词语义聚类技术，分别计算其他词与褒义种子词之间的距离、与贬义种子词之间的距离。（建议适当考虑否定副词对词褒贬极性的改变作用。）

（4）求其他词到褒义种子集合的平均相似度，到贬义种子集合的平均相似度，如图 7.5 所示。

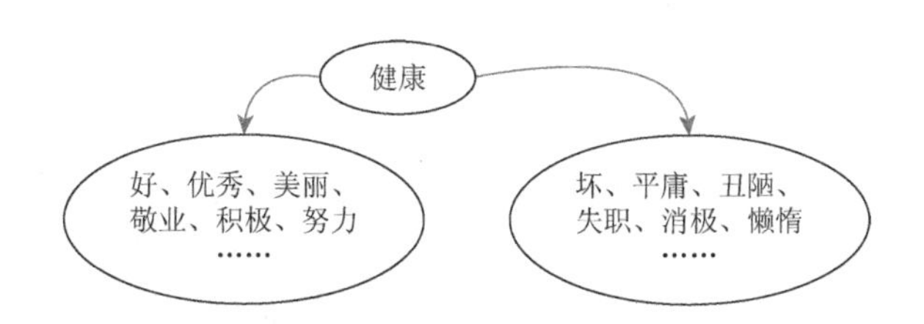

图 7.5　其他词到褒义种子集合的相似度和到贬义种子集合的相似度示意图

（5）构造函数，根据词到褒义集合的距离和贬义集合的距离，映射到情感度 [−1, 1]，用于度量该词的情感倾向和情感程度。

方法二：基于上下文聚类的情感词典收集方法，其主要工作过程如下。

（1）制作一些种子词，例如，褒义种子词包括好、优秀、美丽、敬业、积极、努力等，贬义种子词包括坏、平庸、丑陋、失职、消极、懒惰等。

（2）对无监督学习数据集的评论样本进行分词，去掉仿词和基本的停用词。

（3）对评论文本进行筛选，如果评论文本中至少包括一个种子词，无论褒义还是贬义，都保留，否则该文本标记为“废弃”，在后续步骤中不再使用。

（4）将种子作为向量，形成两个向量中心。计算所有评论数据到这两个向量中心的距离，进行聚类。其中评论文本按照 TF-IDF 进行向量表示。

（5）聚类之后，就形成了褒义类文本集合和贬义类文本集合，然后按照前面的有监督学习方法进行收集。

该方法如果初始标记的种子词比较少，则可能会弃用较多的无监督学习文本，首次收集到的情感词或许不多，那么可以对首次收集的情感词适当进行人工筛选，再一次按照方法二进行收集，逐步扩大收集的情感词数量。

方法三：基于种子词扩展的上下文聚类的情感词收集方法。该方法在方法二步骤（2）后，增加一步利用 5.4 节“基于聚类技术的词义分析”对种子集合进行适当扩展，增加部分种子词，以增加在步骤（3）中形成的有效聚类的数量。

语言现象自身的复杂性使得一些方法具有优点和不足。一般来说，构建一个好的词典也必须考虑词典后期使用的方式，需要描述各词在各典型性使用环境中的情感度。进行适当的人工核对、挑选以及调整往往会提高词典构造的质量。

7.5　情感分析方法

7.5.1　基于词典的语句级加权情感分析

为方便对语句进行情感分析，语句划分为简单句和复杂句。复杂句是由两个或两个以上意义相关的从句组成的，并且从句在结构上互不作为句子的成分。从句在结构上类似单个简单句，但没有完整的句调，如“虽然……但是……”构成一个复杂句。对于复合句需要分析属于转折型复合句、递进型复合句还是并列型复合句。下面先介绍简单句的情感介绍方法，再介绍复合句的情感分析方法。

简单句的情感分析方法大致分为两类：①基于情感词典的加权情感分析法；②基于统计的情感分析法。基于情感词典的加权情感分析法着重考虑了两类词的作用，一类是情感词，这些词存储在情感词典中；另一类是对情感程度进行修饰的情感程度副词。情感词典中的词，参见 7.4.2 节，描述了词的情感极性和情感度。程度副词，如很、最、极、太、非常、十分、极其、格外、分外、更、更加、越、越发、相当、有点儿、稍、稍微、几乎、略微、过于、尤其等。用这些词修饰情感词时，往往能加重或者减轻情感倾向的程度。例如，“太好了”“太美丽了”代表着强烈情感倾向，而“有点好”“有点美丽”则情感倾向不那么强烈。

为了描述程度副词的作用，较多学者的做法是为程度副词设置一个描述强烈程度的权重。有两种研究思路，一种研究是为每个常见的程度副词赋予一个权重，例如，“太＜4.0＞”代表“太好”相当于 4 倍的“好”，“有点＜0.5＞”代表“有点好”相当于 0.5 的“好”，这说明增加“太”就强烈地增加了褒义程度，而增加“有点”反而降低了褒义的程度。另一种研究是将程度副词分等级，然后为每一等级设置一个权重，例如，有研究划分为 6 个级别，从强烈程度由低到高看，各级别的权重依次为 0.5、1.5、2.0、2.5、3.0、3.5，当然这只是参考，可以根据具体算法进行权重系数的调整。

在情感计算中，否定词对于情感倾向起到反转的作用，如不、非、无、没有等否定词。“不好”就当于“好”的情感倾向取反。“不错”代表“好”。有些时候否定词也存在嵌套，如双重否定不是不、不能不、不得不、不会不等就变为了肯定。因此，有时使用一种简单的衡量方法，如果情感词前的连续否定词个数是奇数则代表否定，如果是偶数则代表肯定。当然这种做法只是一种简单分析，缺少考虑否定之后可能会增加或者降低原有的情感程度。研究中作进一步的改进，形成更细致的语言现象拟合。

式（7.4）给出了简单句基于情感词典的加权情感分析法计算，其中着重考虑了三类词，使用 w_i 代表语句简单句 s 中一个词，令 $\text{degree}(w_i)$ 代表 w_i 对应的情感度，取值为$[-1, 1]$，如果不在 w_i 情感词典中，则取值为 0，如果在情感词典中，则取值情感词典中对应的情感度。当情感度值小于 0 时意味着贬义，当情感度值大于 0 时意味着褒义。令 $\text{level}(w_i)$ 代表用于修饰 w_i 的程度副词的权重，如果不存在修饰 w_i 的程度副词，则取值为 1，否则取程度副词对应的权重。令 $\text{negative}(w_i)$ 代表用于修饰 w_i 的否定副词形成的反转系数，取值 1 或者−1，如果之前存在奇数个否定词，则取值−1，如果不存在否定或存在偶数个否定词则取值 1。

$$\text{emotion}(s) = \sum_i (\text{negative}(w_i) \times \text{level}(w_i) \times \text{degree}(w_i)) \tag{7.4}$$

式（7.4）对简单句 s 中的每一个词 w_i 的情感倾向性进行加权，计算整个简单句 s 的情感度 $\text{emotion}(s)$。最后依据 $\text{emotion}(s)$ 进行简单句的情感倾向性分析。

$$\text{语句倾向} = \begin{cases} \text{褒义}, & \text{emotion}(s) > \beta \\ \text{中性}, & \beta \geqslant \text{emotion}(s) \geqslant -\beta \\ \text{贬义}, & \text{emotion}(s) < -\beta \end{cases} \tag{7.5}$$

式中，β 为一个过滤阈值，取值如 0.2。考虑到单个词的倾向也可以使用一个过滤阈值 α 限制判别时只是使用主要的情感词，即

$$\text{vdeg}(w_i) = \begin{cases} 0, & w_i \notin \text{Dictionary} \\ 0, & |\text{degree}(w_i)| \leqslant \alpha \\ \text{degree}(w_i), & |\text{degree}(w_i)| > \alpha \end{cases} \tag{7.6}$$

在由式（7.6）对情感词的情感度进行计算后，可由式（7.7）计算简单句的情感程度。

$$\text{emotion}(s) = \sum_i (\text{negative}(w_i) \times \text{level}(w_i) \times \text{vdeg}(w_i)) \quad (7.7)$$

通过设置 α 值，如 0.2，可以设置只有重要的情感词才参与语句级的情感分析计算，降低较多情感度低的词语放在一起可能带来的干扰。式（7.4）和式（7.7）采用的加权情感分析方法仍有一定的改进空间，需要更细致地描述语言现象，以便提高分析简单句情感的准确性。例如，一些语气副词对于情感描述也起一定作用，如难道、岂、究竟、偏偏、索性、简直、就、可、也许、难怪等副词用在语句中，对情感程度也存在影响，如果考虑这些要素，则需要对式（7.4）和式（7.7）进行改进，以增加新的衡量要素。

复杂语句的情感分析需要考虑复合句属于哪种类型，常分为转折型复合句、递进型复合句和并列型复合句。例如，“虽然……但是……”表示的复合句通常代表强调“但是”之后的情感倾向。“虽然爬山有点累，但是沿途的风景和爬山的过程带来的快乐是无限的”这句话中就强调了后面的快乐。复合句中的关联词往往能为分析复合句的关系带来重要提示，如“虽然……但是……”“尽管……但是……”“然而……”“还是……”“可是……”“却……”。需要注意有时表达语句的转折也可能使用英文式风格，如“我很高兴学到了很多知识，尽管一路并不平坦”。分析转折型复合句的时候，需要确定其中所强调的重点子句，然后将所强调的子句的情感度值作为整个复合句的情感度值。

对于递进型复合句，其中使用的关联词也较多，如“又”“更”“而且”“况且”“何况”“甚至”“尤其”“不但……而且……”“不仅……而且……”“不但……反而……”“尚且……”。递进型复合句通常有逐步强调的意味，因此从前到后的子句的强调程度逐步加强，可以使用权重来调节前面子句和后面子句的作用，如按照 0.9 和 1.1 权重系数分别乘前后两个子句的情感度值来合成计算整个复合句的综合情感度值。

对于并列型复合句，其常用的关联词包括“既……又……”“还……”“一方面……另一方面……”“一边……一边……”。假设各个并列的子句的情感度是一致的，那么可将多个子句的情感度简单累加计算整个复合句的综合情感度值。

有些复合句比较复杂，还不包括常见的关联词，这里使用简单将其视作简单句的方法进行情感分析。更精细的情感分析工作应该进行深入的句法分析和语义分析后才能相对准确地判别，目前的处理技术在句法分析和语义分析上虽然取得一定成果，但要想实现精确的分析，仍需一定的研究工作。

7.5.2　基于机器学习的语句级情感分析

如果把语句的情感分析看作分类问题，那么可将句子划分为褒义、中性和贬义三类。可以尝试使用文本分类相关技术进行情感分类。实际上常见的机器学习的分类算法几乎都已尝试用于情感分类问题。从现有研究成果来看，虽然研究更先进的机器学习算法非常重要，但深入挖掘语句的语言特征在解决领域问题时往往会是更重要的事情，这项工作仍需进一步开展。本节仍使用基本的词特征作为分类特征。

有效和稳定的特征提取与表达是提高情感分析性能的重要因素，相比常规的连续词袋性、触发对等特征，一些复杂的特征，如固定搭配特征，对评论情感也产生很大贡献，如“感觉相差不大”与“感觉不大气”。同时在真实评论文本数据中，不同于触发对特征的是很多固定搭配词对情感产生的作用并非决定性的，而表现为强弱不一。关于挖掘触发对特征，可以使用第 2 章和第 3 章中阐述的 χ^2 方法、交叉熵、互信息、平均互信息、信息增益等方法。这里介绍另外一种可变精确率粗糙集方法抽取触发对特征。

评论情感的特征可分为两类：①评论中具有词袋特性的特征词；②评论中抽取出对情感贡献较大的复杂特征，如固定搭配特征。各特征的作用可通过嵌入相应的情感分析模型中度量，如朴素贝叶斯模型、ME 模型和 SVM 模型等。提取特征就是设法在可能的上下文环境中寻找具备区分性和稳定性的有效约束关系，粗糙集方法可以通过参数限定来提取这种有效特征。

1. 粗规则特征的提取

第一，研究将评论极性作为决策属性，而将各种提取的特征作为条件属性，通过计算集合的下近似获得粗规则。传统粗糙集理论定义的下近似只考虑偏严格的规则，难以处理评论中的不确定性，此处采用 α 近似较为适合。集合的 α 下近似定义（θ 为不可分辨关系）为

$$\underline{X}\theta(\alpha)=\bigcup\left\{\theta x:\frac{|\theta x\cap X|}{|\theta x|}\geqslant\alpha\right\} \tag{7.8}$$

式中，$X\subseteq U$，U 为约束对象的非空集合。在 n 阶信息表中，对象采用 $n+1$ 元对表示，$\mathrm{Obj}=<C_1,C_2,\cdots,C_n,\mathrm{Ori}>$，其中 Obj 为决策对象；$C_1,C_2,\cdots,C_n$ 为条件属性 A_f；Ori 为决策属性 d，其取值为评论的极性，例如，三阶信息表中对象＜感觉，相差，不大，pos＞和对象＜感觉，不大，好，neg＞。表 7.6 给出了包含复杂固定搭配特征的情感倾向不同的评论实例。

表 7.6　包含固定搭配的评论实例

序号	经过分词的评论举例
S_1	感觉/携程/的/价格/和/自己/打电话/预定/的/价格/相差/不大/
S_2	房间/太/小/，/感觉/不大/好/
S_3	酒店/感觉/不/大气/

令 Cnt 为决策对象的附加属性，以统计该对象在评论中出现的次数。

第二，必须考查特征提取的方法是否具有区分性和稳定性。首先，令 x 代表对象，按照式（7.8），x 在条件属性 $A_f(x)$ 下极大似然估计为

$$p(x \mid A_f(x)) = \frac{\text{Cnt}(x)}{\sum_{\{y:y\in\text{GLIT},\, y\theta A_f(x)\}} \text{Cnt}(y)} \tag{7.9}$$

通过指定阈值 α，可以提取 GLIT 中符合精确率的粗规则。由式（7.9）可知，粗规则作为特征将满足区分性。另外假设出现次数少的粗规则具有更大的不稳定性，在实际操作中利用 α 近似提取特征，恰好从区分性和稳定性两个角度确保提取规则的有效性。

实际情感分析中由于正负的情感倾向评论分布并不均衡，直接应用前述 α 近似提取粗规则的方法会导致多数人占优而少数人劣势的情况，产生模型判别的情感倾向误导。当决策标记的概率分布不均匀时，式（7.9）会产生不均衡的特征，尤其对于出现概率小的词袋和固定搭配，将出现更少的特征。为了能够在情感分析模型中利用上均衡贡献的粗规则特征，在可变精确率粗糙集基础上，首先利用词袋和固定搭配的先验分布获取可变精确率的粗规则特征，具有平衡特性的 λ 可变精确率粗规则集定义如下。

已知 $\alpha_d \in [0,1]$，词 t 的 n 阶粗规则集 R_t^n 是 GLIT 的子集 $G_{t,n}$。t 为决策词，若 $n = |A_f| - 1$，则 $R_t^n = \{r \in G_{t,n} \mid r \in \underline{X}_{d,\theta}^{(i)}(\alpha_d)\}$，$i \in [1, K]$。其中，GLIT 代表增加 Cnt 计数的信息表。α_d 为规则过滤阈值。此时，与 α 类似，提取规则分为两步：①按照式（7.9）计算规则精确率；②指明 α_d 参数与 Cnt 参数。通过极大似然估计，按照词性的概率分布指定对应的 α_d 参数。

构造 λ 过滤：设 $p_t(d)$ 代表决策词 t 的所有词性中词性 d 的先验分布。对于词 t，α_d 的取值公式为 $\alpha_d = T_{t,d}(\lambda)$。其中 $T_{t,d}(\lambda)$ 代表词 t 粗规则集中词性 d 的 λ 过滤。

$$T_{t,d}(\lambda) = \begin{cases} 2(\lambda - \lambda p_t(d) + p_t(d)) - 1, & \lambda \geqslant 0.85 \\ 2\lambda p_t(d), & \lambda < 0.85 \end{cases} \tag{7.10}$$

其中概率 $p_t(d)$ 可通过在整个评论语料库上利用极大似然估计方法获得。通过式（7.10）考虑评论中不均衡的词袋和固定搭配分布对粗规则分布概率的影响，相比 α 近似粗规则方法，可变精确率方法更加适合于情感分析模型的分类判别。

2. 基于机器分类模型的情感分析

图 7.6 展示本节实现的系统框架图。其中语料清理、切词、词性标注和情感词标注模块主要完成语料库的规范化表示和基础信息标注，相关性分析是指自动

过滤一些噪声性的无关评论。下面集中阐述其中的复杂约束特征抽取和情感分析模型两个模块。

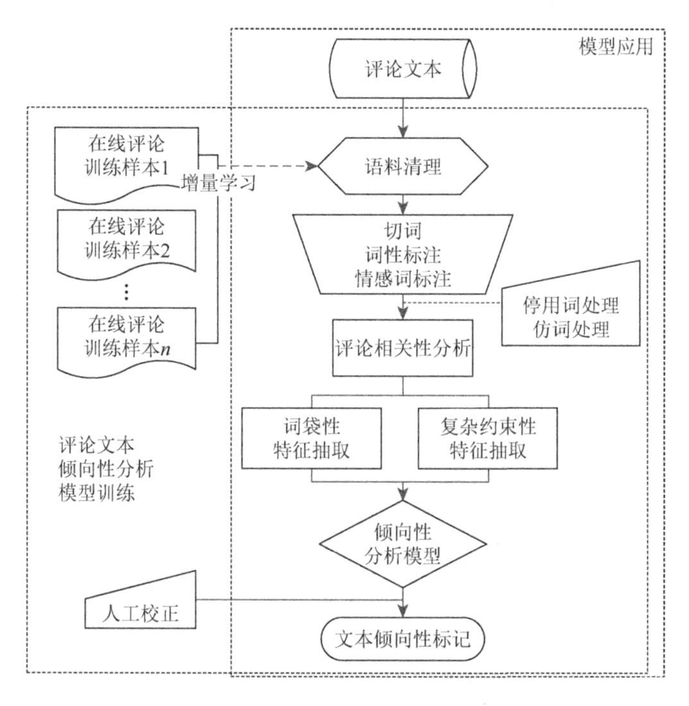

图 7.6　评论情感分析系统框架

如果不使用复杂特征，则可以将评论看作普通文本，使用文本分类将评论分为褒义、贬义和中性。此时文本的特征可以使用 4.1 节描述的特征形式。分类模型可使用各种机器学习的分类模型。例如，当使用朴素贝叶斯模型进行分类时，可以使用 4.3 节和 4.4 节的朴素贝叶斯模型进行分类。当使用 ME 模型时，可以使用 3.3 节的 ME 模型进行分类。当使用 SVM 模型进行分类时，可以使用 2.5 节和 4.5 节阐述的 SVM 模型进行分类。各模型所使用的特征描述形式可参见第 4 章的文本分类特征表示。

如果引入触发对特征，可抽取二阶和三阶粗规则特征，图 7.6 中的模型可采用朴素贝叶斯模型、ME 模型或 SVM 模型等分类模型。评论特征向量表示为 $x=(x_1,x_2,\cdots,x_k,x_{k+1},\cdots,x_m)$，其中 $x_1,x_2,\cdots,x_k$ 代表所抽取的词袋性特征，$x_{k+1},\cdots,x_m$ 代表所抽取的复杂约束性特征。

在各情感分析模型中融入粗规则特征。粗规则 r 作为特征的方式如下：

$$f_j(a,b)=\begin{cases}1, & w=\mathrm{Ori}, A_f(r)=b, a=d\\ 0, & \text{其他}\end{cases} \tag{7.11}$$

式中，$A_f(r)=b$ 为指定上下文中能构建出 r 的条件属性；$a=d$ 代表当前样本的极性 Ori 标记与 r 的决策属性 d 一致。

为克服数据稀疏问题，本书借鉴插值平滑方法而采用高低阶特征混合的方法。基于高阶规则的可信度更高的假设，在规则过滤时，采取对低阶规则过滤相对严格、对高阶规则过滤相对宽松的策略，合理发挥高低阶规则的作用。

3. 情感分析实验

实验语料库采用网络爬虫程序获取的某酒店评论，经语料清理后，包含正面评价 5323 条和负面评价 2398 条。每类数据均按 4∶1 比例划分为无交集的训练集与测试集，采用 5 折交叉验证方式准备实验。首先将数据按照图 7.6 所示流程进行切词、去掉停用词和情感词标注等预处理后，抽取出粗规则特征作为下述几种典型模型的分类特征输入，进行对比实验。

实验包括三个方面：①几种情感分析模型在增加粗规则的情况下与原来基础模型的情感分析精确率对比实验；②采用 Count 过滤阈值对抽取的特征进行筛选后对情感分析精确率的影响分析实验；③引入 λ 可变精确率方法对情感分析性能的影响分析实验。

表 7.7 给出几种模型融入粗规则（RS）特征。增加粗规则后 SVM 模型获得 88.38%的评论情感判别精确率，相比原有模型提高了 0.34 个百分点，而朴素贝叶斯模型获得 87.56%的评论情感判别精确率，相比原有模型提高了 1.27 个百分点，ME 模型虽然相对精确率较低，但在原有方法基础上提高了 1.60 个百分点。实验表明，所提取固定搭配特征的粗规则特征能在统计意义上对情感分析模型的分类过程产生积极作用。在对比实验中，增加了复杂固定搭配特征的情况下，本节方法获得更好的性能。

表 7.7　各种情感分析模型实验对比（单位：%）

评论情感分析方法	封闭测试精确率	开放测试精确率
朴素贝叶斯	91.93	86.29
朴素贝叶斯 + RS	92.64	87.56
ME	90.73	84.75
ME + RS	91.75	86.35
SVM	93.70	88.04
SVM + RS	93.93	88.38

情感特征抽取之后，仍然包含噪声而且规模较大，需要从中再次进行筛选然后进入情感分类模型中实验。Count 阈值过滤是针对原始粗规则二次选择步骤，

下面进一步考察 Count 过滤阈值对情感分析性能的影响（此时 $\lambda=0.85$，考虑一阶和二阶粗规则），结果如图 7.7 所示。

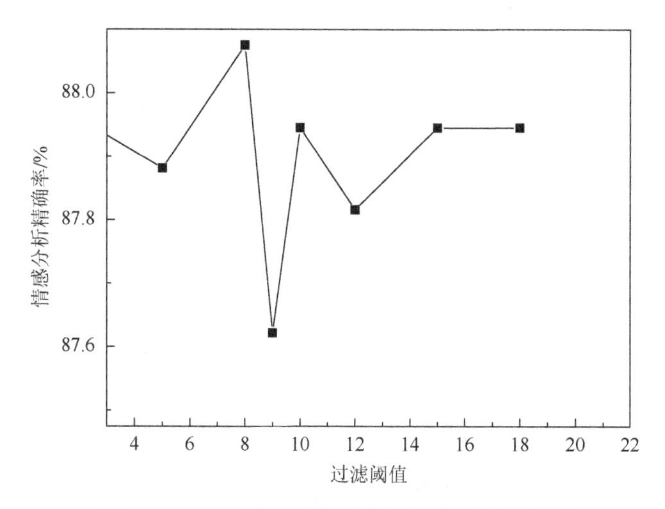

图 7.7　Count 过滤阈值与情感分析性能的关系

图 7.7 中 Count 过滤阈值的设定与情感分析性能的关系表明：Count 取较小值时，会因为引入不稳定噪声特征导致错误较多，而 Count 取值过大会因过滤过度而丢失稳定特征。这启示我们在实际应用中需要针对模型性能与模型规模进行权衡，恰当地选择 Count 过滤阈值有助于使引入的特征稳定、有效，进一步使情感分析模型的判别性能更优。

图 7.8 对比给出了 Count = 8 时在朴素贝叶斯模型情感分析中引入 λ 可变精确率与 α 粗规则的实验性能。

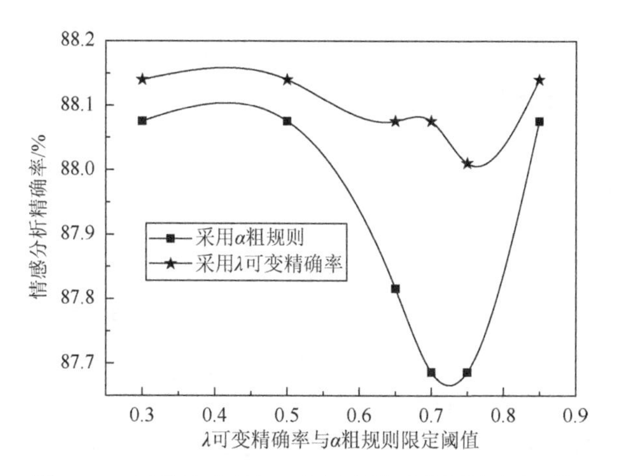

图 7.8　λ 可变精确率与 α 粗规则情感分析精确率对照

图 7.8 展示的结果表明：在 0～1 变化区间，λ 可变精确率相比 α 粗规则而言分析精确率均有明显提高，而且分析表现相对稳定。这是由于 λ 可变精确率方法考虑到情感特征词中正向与负向不平衡的分布特点，从过滤比例上弥补了正负方向的情感特征词差距，综合起来产生更好的性能，朴素贝叶斯模型实验在阈值 $\lambda=0.85$ 附近获得了最好的分析精确率 88.14%，比 α 粗规则方法高出 0.58 个百分点。

除了前述粗糙集理论提取特征的研究工作，本章又对平均互信息与互信息等特征抽取方法进行了实验评价，实验结果如图 7.9 所示。

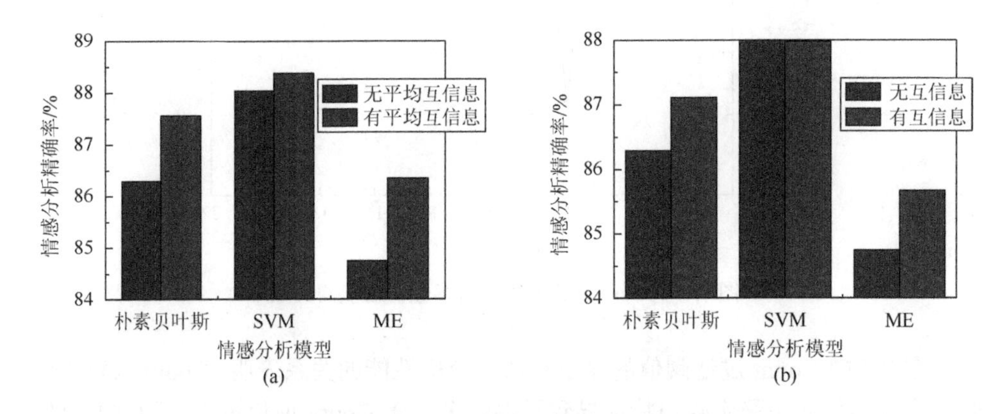

图 7.9　平均互信息与互信息挖掘复杂特征带来的性能

图 7.9（a）为平均互信息所带来的性能影响，图 7.9（b）为互信息所带来的影响。此外，在互信息和平均互信息作为特征的研究中也发现并评价了语料不均衡问题带来的影响。借鉴前面可变精确率粗糙集方法，λ 可变精确率方法引入不平衡语料的处理改善了模型的性能。

7.5.3　篇章级情感分析

篇章级情感分析的计算比较复杂，也是现有情感分析研究的重要内容之一。较多的语料数据分析发现，篇章级情感分析中用户有时并不完全只是对整体进行评价，还可能评价相关的多个方面。例如，某些舆论的情感分析中不仅涉及舆论的主要对象，还可能涉及相关的对象。关于大型货车在高速公路上可能对轿车的安全带来一定威胁，相关的评论中并不只是针对这件事的好坏，有些评论甚至提到政府应该做什么，提到人们的驾驶习惯的培养，提到如何有效地管理交通等。再如，手机商品的评论中，同一条评论中就可能包括手机的几个方面，如手机屏幕、运行速度、内存、发热情况、电池使用等。

因此，现有篇章级的情感分析研究中通常还包括如何从篇章中提取评价对象，再去分析各个对象的情感倾向。然而关于对象之间的内在关系分析，目前的技术仍较难完全自动处理。如果对于某一类商品，如手机，可以假设其中的评价对象都是商品的属性。然而对于舆情的情感分析，可能就不符合这一特点，故需要针对特定应用领域由人进行总体判别。

某些研究中将篇章划分为若干段落，先对各个段落进行情感分析，最后合成。对于段落分析中，着重抽取其中的引导句和总结句，如以“总的来说……”“综上所述……”“整体上看……”等来作为该段落情感分析的重点。有些时候难以提取总结和引导句，有些学者干脆就用前一两句和后一两句的情感代替段落的情感。其实这也是一种近似，毕竟较多文本撰写对于同一段落倾向使用同样的情感。还有学者先对一个段落中的若干句子通过赋予其权重，相当于句子的位置权重，然后利用对各个句子情感度值与句子的位置权重进行按权累加计算段落的情感度值。

有些研究篇章级情感分析结合自动文档文摘技术，通过评价文本中的重要语句，对这些语句进行情感分析，并将这些语句的情感累加，作为整个篇章的情感。许多的语言现象都需要考虑才能准确地把握篇章级情感分析。语言现象的复杂性增加了篇章分析的难度。例如，假设 A 球队是最厉害的，B 球队是最差的，那么“A 球队谁都打不赢，B 球队谁都打不赢”这句话，虽然都是说“谁都打不赢”，但其褒义还是贬义的判别，人就容易区分，而让计算机进行分析则需要利用篇章级的上下文环境，甚至超越篇章上下文之外的知识，来增加额外的处理知识，单纯通过前述基本的词处理技术很难解决该问题，这也就为深层情感分析技术研究提出了新的挑战。总之，篇章级情感分析方兴未艾。

7.6　本 章 小 结

垃圾邮件过滤问题是一个有着实际需求的研究问题，垃圾邮件的管理需要从技术、管理和法律方面入手，采用多种措施相互结合。从所应用的位置，可分为在发送服务器端的垃圾邮件管理、在接收服务器端的垃圾邮件管理、在用户个人端的垃圾邮件管理以及国家综合管理。从目前来看，世界各国进行适当的立法、规范邮件服务器的运营制度，正在逐步强制增加适当的管理和技术手段，将较大程度消除垃圾邮件的传播强度。7.1 节列出了若干实际可行的管理手段和技术手段。

在用户个人端进行垃圾邮件过滤只是一种权宜之计，但似乎也是必不可少的一项内容。正如社会治安，国家制定法律法规维护治安，城市和社区制定实际的治安管理条例，而各家各户也应该有自己的防范措施。大环境固然重要，个人的防范也不能缺少。在用户个人端的过滤技术上，介绍了基于朴素贝叶斯、ME 模型和 SVM 模型的垃圾邮件过滤技术。此外，基于 kNN 的垃圾邮件过滤，以及基于规则和其他统计技术的垃圾邮件过滤技术仍然可用。用户个人端的一些垃圾邮件过滤技术经过适当调整也能用于服务器端的垃圾邮件过滤。相比文本分类技术，垃圾邮件过滤分类中应该分析邮件的特点，挖掘和补充更有针对性的特征。

情感分析也可以看作分类问题，本章将情感分析问题分为词汇级、语句级和篇章级情感分析。现有情感分析的研究成果也较多，作为代表，本章阐述了基于词典的加权情感分析法和基于机器学习分类的情感分析技术。情感分析研究目前仍是热点和前沿问题，许多新的处理方法也正不断涌现。近几年的研究成果表明，深入挖掘情感分析文本的特征、深入分析文本中的语言现象是情感分析深层处理的重要途径，而近几年在分类模型上的改进并不显著。这也说明作为领域问题，要想深入研究情感倾向性分类，必须精细描述语言现象。

第8章　个性化协同过滤推荐技术

推荐是指介绍好的物品，希望能够被对方采纳。这里的物品可能是信息、商品，如新闻、文章、论文、故事、电影、旅游地、书籍、手机、相机、食品等。推荐的环境中主要存在三类对象：物品、供方、用户。推荐系统通常是一个专门的软件系统（也可能是某综合系统中的一个重要模块），它根据用户的需求，将供方中的某个或某些物品介绍给用户。推荐系统可以采用主动策略、被动策略和预订策略。主动策略是推荐系统不过多考虑用户是否需要这方面信息，依据供方信息提供推荐系统认为较好的物品。被动策略是推荐系统在用户提出搜索物品时，提供物品推荐信息。预订策略是用户提前将需求设定好，推荐系统依据预先设定的需求，如果发现存在值得推荐的物品，就将物品推荐给用户。

个性化推荐是指推荐系统在推荐时充分考虑用户的偏好信息。如果推荐系统不过多地区分用户是谁，而根据大多数用户的情况就产生推荐物品集合，则属于通用推荐。例如，上市不久的一本新书，推荐系统根据以往统计经验，只要书的近期销量好，就推荐给用户。这里推荐系统并没有过多地考虑当前用户的偏好（个人具体需求），如果能够获取用户自身的兴趣偏好，则所做的推荐将具有更好的针对性。个性化推荐是指根据用户的偏好，向用户推荐感兴趣的物品。例如，推荐系统在推荐书时，会考虑到具体用户喜欢的图书主题、图书类型，甚至考虑用户的地域、年龄、性别、消费水平等众多要素，综合判断所要推荐的书是否是用户可能喜欢的，从而做出推荐决策。显然如果个性化推荐技术完善，则相比通用推荐将更具有针对性，更能体现出个性化服务。

8.1　推荐问题提出

8.1.1　推荐系统产生的重要动力

新闻推荐和电子商务推荐是推荐系统中较经典的两个应用领域。互联网使得新闻传播更快、更广，与此同时，用户有更多的新闻可以看。当新闻量非常大时，用户不再可能查看全部新闻，而只能选择自己感兴趣的新闻来看。当信息量过大时，筛选出用户自身感兴趣的信息开始变得困难，表现出信息过载的现象。推荐技术是克服信息过载的一种有效手段，它能帮助用户筛选出感兴趣的信息。

电子商务领域也有类似现象。随着电子商务规模的进一步扩大，商家在网上提供的商品种类和数量非常多，用户可以有越来越多的购买选择。电子商务网站商品激增能为用户带来更多的选择，同时增加了顾客信息处理的负担。信息过载问题同样存在于电子商务环境中。用户面对大量的结构复杂的商品信息而束手无策，经常会迷失在大量的商品信息空间中，不易顺利地找到所需商品。电子商务推荐是一种类似采购助手的功能来帮助用户选购商品，并模拟销售人员依据用户的偏好自动地推荐商品。

推荐系统已广泛运用到各行业中，推荐对象包括电影、书籍、音像、网页、文章、新闻和旅游等。随着计算机的普及和互联网的发展，电子商务逐渐兴起，围绕电子商务进行的各种研究方兴未艾，推荐系统便是其中一个重要的研究方向，具有很大的现实意义。电子商务推荐系统具有良好的发展和应用前景。目前，几乎所有大型的电子商务系统，如亚马逊、CD Now、eBay、期刊网等，都不同程度地使用了各种形式的推荐系统。各种提供个性化服务的 Web 站点也需要推荐系统的大力支持，推荐系统已成为电子商务网站不可缺少的组成部分。

除了信息过载，服务质量也是推荐系统产生的第二个重要原因。改善服务质量的受益者不仅是用户，也包括供方。例如，电子商务中，好的推荐系统能为消费者提供快速、满意的购买决策，于是在推荐系统的帮助下，消费者很满意本次购物。在消费者满意的同时，电子商务行业也受益，满意的客户会带来好的口碑，同时可能再次来购物，起到购物体验宣传和保留客户的作用。在商店式购物中，销售人员往往起到推荐的作用，销售人员与用户沟通，逐步了解用户的需求和偏好，根据自己的经验进行推荐。在电子商务中，推荐系统往往起到模拟销售人员的推荐作用。

宣传促销是推荐系统产生的第三个重要原因。现有大多推荐系统都建立在供方的平台上，例如，电子商务网站上集成了推荐系统，而电子商务系统可能借助推荐系统分析用户购物需求，提供一些额外的推荐物品供用户选择，假设购买了手机，可能还推荐手机存储卡、备用电源等。这些推荐的物品，用户本来并没有计划购买，而通过推荐，甚至通过配合组合促销手段，可能会提高用户购买的概率。再如，在新闻网站，用户浏览的新闻下面，往往附加一些相关新闻或者推荐系统认为用户可能更感兴趣的新闻，这样在提高服务质量的同时，也起到一些新闻宣传作用。

综合来看，信息过载、服务质量、宣传促销是推荐系统产生的主要动力。当然这三方面也并不能完全概括出推荐系统产生的所有动力，实际应用环境中，推荐系统的应用还可能有其特有的动力。

8.1.2　推荐系统在电子商务中的主要作用

在电子商务环境中，推荐系统的作用主要表现在三个方面：①将电子商务网站的浏览者转变为购买者。电子商务系统的访问者在浏览过程中可能购买欲望不大，而若推荐系统能够向访问者推荐他们感兴趣的商品，则可以提高购买的概率和满意度。②提高电子商务网站的交叉销售能力。电子商务推荐系统在用户购买过程中向用户提供其他有价值的商品推荐，用户能够从提供的推荐列表中购买自己确实需要但在购买过程中没有想到的商品，从而有效促进电子商务系统的交叉销售。③提高客户对电子商务网站的忠诚度。与传统的商务模式相比，电子商务系统使得用户拥有越来越多的选择，用户更换商家极其方便，只需要一两次单击就可以在不同电子商务系统之间跳转。因此，提高电子商务推荐系统的推荐质量，是使用户对该电子商务推荐系统产生信赖的有效途径。电子商务推荐系统不仅能为用户提供高性能的推荐服务，而且能与用户建立长期稳定的关系，从而能有效保留用户，防止用户流失。

从另一角度来看，电子商务系统与推荐系统存在相互依赖的关系：一方面，电子商务系统需要推荐系统的大力支持帮助用户找到所需商品；另一方面，电子商务系统自身的特点也有利于推荐系统的顺利实施，主要原因包括以下几个方面。

（1）丰富的数据：电子商务环境收集的各种数据比较丰富，如用户注册数据、用户交易数据、用户评分数据、用户购物车信息、用户浏览数据等。丰富的数据为建立多种推荐模型、产生高质量的推荐提供了可能。

（2）电子化的数据收集：电子商务环境中的各种数据通过电子化方式收集，减小了手工方式收集数据可能出现的误差，噪声数据明显减少，各种数据的可信度比较高，数据预处理比较简单。

（3）易于对推荐效果进行评估：在电子商务中实施推荐系统的投资回报率有利于通过电子商务 Web 站点访问量的增加、电子商务系统销售额的增加等指标直接进行评估，而评估的结果又可为推荐系统的改进方向提供指导。

8.1.3　推荐系统中的对象要素

本章设定的推荐系统中的基本对象要素如图 8.1 所示，其中包括三个基本对象要素：供方、物品和用户。

供方（provider）通常是指提供物品信息的一方，如销售的企业、电子商务企业、新闻网站、电影租赁网站等，有时候也可能是虚拟的物品信息提供源。

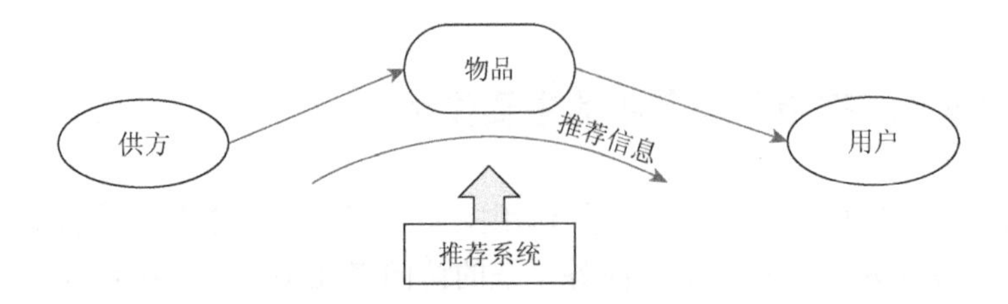

图 8.1　推荐系统的基本对象要素

物品（item）是指用户需要的信息或商品，如新闻、文章、电影、手机、计算机等。

用户（user）是指需求者，可以是信息需求者或者商品消费者等，如浏览新闻的用户、购物的消费者等。

推荐系统是从供方提供的物品候选集合中挑选好的物品给用户，希望能够被用户采纳。供方为推荐系统提供的不仅是物品集合，还包括推荐所需的一些物品的其他信息，如电子商务中还可能提供商品的特性信息、销售信息等，为推荐系统做推荐决策时提供参考依据。推荐系统可能直接从用户那里获取用户的一些偏好信息，或者间接从供方那里获取用户的一些偏好数据，如用户的一些个人偏好、历史浏览数据、本次购物的需求偏好等。因此推荐系统通常会有：①关于物品数据以及物品的浏览销售等统计数据；②关于用户偏好的一些数据。推荐系统需要依赖自身的推荐知识，利用这两方面的数据形成推荐。

在实际应用中，供方可以体现出四种常见形式：①供方就是物品的直接提供者，如图 8.2（a）所示。例如，某大型企业拥有自己的电子商务网站，直接销售本企业的商品；某新闻网站拥有自己的新闻推荐系统。②供方自己提供一些物品，而另一些物品可能由其他供应商提供，如图 8.2（b）所示。例如，某电子商务企业不仅可以自己提供一些商品，还联合一些其他供应商，帮助[①]发布它们的商品，此时商品的实际供应商可能是该电子商务企业，也可能是其他的供应商。③供方自己仅是物品信息的提供者，而实际物品由其他供应商提供，如图 8.2（c）所示。例如，在客户到客户（consumer to consumer，C2C）电子商务模式中，电子商务企业仅作为中间信息提供者[②]，作为买家客户与卖家客户的中介。④供方可能是虚拟的，实际并不存在，如图 8.2（d）所示。例如，某用户自己构建一个用于收集各电子商务网站信息的系统，从中筛选自己感兴趣的销售信息。再如，客户端的新闻收集与推荐系统自动收集互联网上的新闻信息，不存在单一的供方。这种模式下，本章将其视作存在一个虚拟供方，这样会形成统一的推荐系统论述。

① 电子商务企业与供应商往往存在协议约定：可能是无偿也可能是有偿地提供商品宣传服务。

② 除了信息提供功能，电子商务企业可能还承担支付信誉担保、售后服务保障等功能。

现在考虑互联网的搜索引擎，如果将其看作一个推荐系统，那么该系统利用爬虫程序获取互联网的网页信息建立索引，当用户进行网页检索时，给出推荐的网页列表。该方式可看作图 8.2（c）的一种展现形式。但是如果用户自己利用爬虫程序抓取网页信息，再筛选出自己感兴趣的页面，则可看作图 8.2（d），即视作存在一个虚拟的供方。

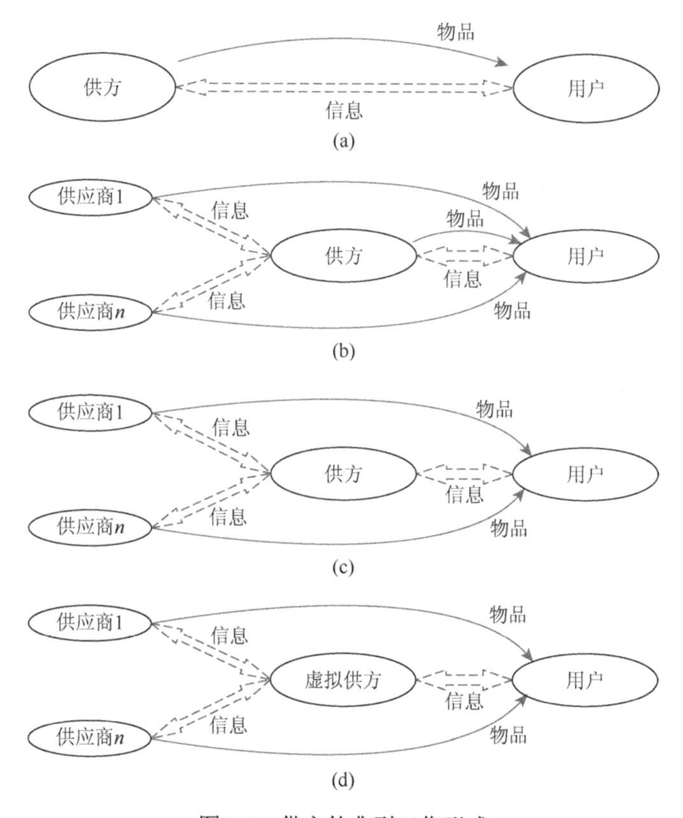

图 8.2　供方的典型工作形式

由于推荐系统主要对物品信息进行推荐，即使推荐的是商品，换个角度，也可以视作商品信息的推荐。本章中供方代表物品信息的提供者，用户代表物品的需求者。推荐系统应该部署在哪一方？通常情况下，推荐系统部署在供方，少数情况下也可以部署在用户端。这两种部署方式都有学者进行了研究，原因有如下几点。

（1）供方拥有大量的物品信息，更利于为推荐系统提供直接的物品数据与统计数据。例如，电子商务企业拥有所销售商品的详细信息以及销售的细节，通过统计或者推荐技术，能够提供各商品销售的统计数据或者一些规律性数据，如哪些物品组合销售更适合。新闻网站拥有自身的新闻资源，以及各新闻主题、点击率等数据信息，利于推荐系统的推荐过程。

（2）供方更容易获取大量用户的个人数据，有利于实现个性化推荐。供方通常拥有自己的网站，用于连接各个用户，所以便于获取和记载各个用户的信息，例如，通过 IP 地址等知道用户的地域，在电子商务中记载用户的浏览商品记录、购买过的商品记录。若是新闻网站，则记载用户浏览过的新闻、超链接的点击记录，甚至能够记载用户对新闻停留的大致时间。当采用一些技术手段后，供方还能够通过用户浏览器获得一些相对隐私的数据。如果用户使用供方提供的软件客户端，则更利于供方收集用户数据。

（3）供方更希望解决信息过载问题，更希望能为用户提供好的服务质量，这样才能保持好与客户的关系。例如，电子商务网站希望能够提供更好的购物体验，保留大量的用户，提高销售业绩。

（4）供方可以借助于推荐系统实现宣传促销等活动。例如，电子商务网站可以通过推荐，实现用户购买一些未想到的商品。电子商务网站还可以通过调整推荐模型、增加新品推荐等功能，开展某些物品的促销活动。如果供方在推荐过程中考虑到用户购物行为，还能借助推荐系统通过施加不同销售行为，提高销售业绩。再如，新闻网站可以通过推荐系统引入一些广告性质的物品宣传，提高新闻网站的财务收入。

有些学者研究了部署用户端的推荐系统，例如，研究用户兴趣检索模型，用户通过搜索引擎进行信息检索。用户兴趣检索模型属于个性化推荐系统，它对检索结果进行过滤，筛选出用户可能感兴趣的候选，帮助用户快速找到满意的信息。这样的个性化推荐部署有利于用户，但不易给供方带来利益，因此推荐系统研发动力不足。综合现实来看，部署在供方的推荐系统的情况更为普遍。

8.2　通用推荐与个性化推荐

8.2.1　通用推荐与个性化推荐的描述

推荐系统通常会有：①关于物品数据以及物品的浏览销售的统计数据；②关于用户偏好的一些数据。因为现实应用的复杂性，以及完整的用户个人偏好数据并不十分容易获取，所以依据是否明确地针对具体用户分析其偏好进行推荐，推荐大致分为两类：通用推荐和个性化推荐。

通用推荐不考虑当前用户的偏好，而是依据物品数据以及物品的浏览销售等统计数据产生推荐。通用推荐考虑的是大众的偏好，不考虑当前用户的偏好或只考虑一群用户的偏好信息。例如，电子商务网站根据商品的销量进行推荐，有时也考虑用户的地域等少量的用户信息就完成推荐过程。还有一些学者将现代信息检索技术也看作通用推荐技术，例如，将搜索引擎返回检索结果这一过程看作推荐过程。因为搜索引擎依据用户检索输入往往获得许多返回结果，故需要对结果进行排序和必要的筛选，这一过程可以看作推荐过程。

有时通用推荐也少量地考虑到用户的一些信息，例如，通过用户 IP 地址能够相对准确地估计出用户所在地，通过上网时间估计用户在线时间以及某些物品的浏览时间，根据用户的浏览页面链接关系分析用户的物品关注行为等。传统单纯依据供方的物品信息以及物品的浏览销售等统计信息的基础上，这些信息也一定程度上增加用户获取偏好。这种做法的目的就是希望推荐系统能够更加准确地估计用户的偏好，形成有针对性的推荐。例如，目前一些大型新闻网站根据用户上网地点和上网时间，提供用户上网所在地区的新闻，如所在省区市的新闻。某些餐饮销售网站，根据用户所在地、上网时间有针对性地推荐餐饮。可以想象，许多人的早餐、午餐和晚餐的用餐习惯是有统计性差异的。

推荐系统是从供方提供的物品候选集合中挑选好的物品给用户，希望能够被用户采纳。这里“好的物品”应该是推荐系统依据自身的推荐经验，认为用户会感觉这些物品比较好，当然其中还可能存在供方的营销策略，但无论如何对于所推荐的物品是否好，应该由用户来评价。简单来说，物品的“好”虽然是推荐系统在物品筛选时做出的评价，但最终应该由用户评价，推荐系统只是起到提供建议的作用。推荐系统推荐的目标是：希望推荐的物品能够被用户采纳。

因为推荐系统进行推荐的最终评价者是用户，所以站在推荐系统的视角去充分了解用户偏好是十分必要的，这决定着推荐系统的最终效果。对于不进行过多用户个性偏好考虑的通用推荐来说，它单纯地依靠物品集合和物品浏览销售等统计数据进行推荐，属于大众化的推荐，从概率角度能满足大多数用户的需求，但若想更进一步拟合更多用户的需求，显然必须充分挖掘并利用用户个性化偏好。从发展趋势来看，在通用推荐中引入部分用户偏好，如地区、时间等决策依据，也正是在逐步向个性化推荐发展的过程。提供个性化推荐是技术发展的趋势，有着强烈的现实需求和精准服务的意义。

个性化推荐通常是指有效利用当前用户的偏好数据，有针对性地推荐满足当前用户个人偏好的物品或物品列表。个性化推荐系统必须更充分地利用当前用户的偏好信息，这是与通用推荐的最大区别。值得注意的是，虽然个性化推荐强调当前用户的偏好信息的使用，但有时获取当前用户的大量偏好数据是困难的。技术上，个性化推荐中还可以采用将一个相似用户群体作为类别统计，将该群体的偏好数据视作其中单个用户偏好数据的替代，此做法用于克服个体偏好数据不足的问题，称为基于类的个性化推荐。

利用当前用户偏好的推荐属于个性化推荐，然而基于类的个性化推荐与引入部分用户基础数据特征的通用推荐之间有时也并没有绝对的边界区分，通常只能由推荐系统挖掘和利用群体用户偏好的程度做判断。通常的理解是，当通用推荐中试图充分挖掘部分群体特性，群体划分特征明显，较好地体现出目标用户的主要偏好时，可看作基于类的个性化推荐。

综合来说，个性化推荐更能充分考虑目标用户的偏好，体现出推荐的目标是希望推荐的物品能够被用户采纳。个性化推荐体现出一种个性化服务，是推荐系统研究的一个重要方向。

8.2.2 通用推荐与个性化推荐的组合

通用推荐与个性化推荐最重要的区别就在于推荐时是否充分考虑目标用户的偏好。二者之间的一些比较如表 8.1 所示。

表 8.1 通用推荐与个性化推荐基本比较

项目	通用推荐	个性化推荐
目标用户偏好	不考虑或只使用一些基础特征数据，如所在地、在线时间、浏览时间估计、网页链接行为分析等	尽力挖掘和利用目标用户的偏好信息，有针对性地推荐。如果目标用户偏好数据较少，则常使基于类的个性化推荐
用户偏好采集	不需要或较少	需要且尽可能收集更多特征
物品及统计信息	需要	需要
推荐的目的	尽量使用户满意	尽量使用户满意
数据稀疏性问题	相对少，或不严重	相对多，甚至可能较严重
推荐精准度	满足大众需求	尽可能满足个性化需求
主要技术	统计模型、关联规则挖掘、向量空间模型、相关性反馈、相似度模型等	协同过滤推荐、基于内容的推荐、基于推理的推荐等

因为通用推荐和个性化推荐的整体推荐策略不同，所以需要利用的信息、面临的问题、推荐的性能等方面都有所差异。尽管如此，二者的目的是一致的，都是形成高性能的推荐，二者之间可以组合，通过优势互补提高最终推荐性能[①]。

通用推荐的主要问题是在用户偏好数据方面欠缺考虑，而个性化推荐的主要问题是数据具有稀疏性。当数据不足或稀疏时，用户偏好建模不够准确，导致推荐系统理解的用户需求可能存在很大偏差。原理上，当个性化推荐有效地利用目

① 考虑到每种技术都有其自身的优势和劣势，本书中不过度区分单纯的个性化推荐以及集成了通用推荐的个性化推荐。

标用户偏好信息时，其性能通常会好于通用推荐，但如果用户偏好理解偏差过大，可能性能还达不到通用推荐的性能。因此，当面临数据稀疏问题时，通用推荐基于群体用户展现出的统计特性，可以适当弥补个性化推荐的不足。

通用推荐和个性化推荐的技术方法不同，通用推荐有时可以形成一个大规模筛选，为个性化推荐提供一个值得进一步优化的候选集合。通用推荐技术研究主要指针对大众化用户推荐，其技术上更注重挖掘大规模群体用户在物品需求上所展现出的行为。例如，电子商务的销售数据，多个商品组合销售数据，商品在地域上、季节上的销售差异等，都有利于通用推荐形成更精准的大众化推荐，能够针对目标个人用户提供个性化推荐候选。

8.2.3　推荐系统解释工作的重要性

推荐系统为用户推荐物品时，为了增强用户推荐结果的信任程度，许多情况下有必要提供一些解释性信息，对推荐这些物品的原因进行解释，甚至应该提供每个物品推荐的依据。推荐系统的解释工作是目前的一个研究问题。解释工作的主要作用包括以下几点。

（1）给出合理的解释有助于提高用户的信任程度。许多用户对这些知识不了解，甚至不信任；若只给出结论，缺乏必要解释，很难令人信服。

（2）解释工作还能起到指导作用，对于对物品不太了解的用户，起到传授相关知识、帮助其了解物品的作用。

（3）解释工作不仅能够提高信任程度，还能够传授用户进行物品选择的相关知识。

推荐系统的解释工作一般应遵循以下四个标准。

（1）准确性。所提供的说明应当是准确的描述。此外，提供的说明既不能忽略关键步骤中对知识的判断和选择，也要避免解释内容冗余。

（2）可读性。用户可能不具备计算机方面的专业知识，但他们能够容易地理解推荐系统的解释说明。

（3）易用性。用户不需要花费很长时间就可以学会其用法。

（4）智能性。根据物品的不同，其实现应结合领域知识的特点，尽可能为用户提供符合用户解释需求的相关解释内容。

以电子商务推荐为例，现有一些电子商务网站中，当用户正在查询某个商品时，下面的推荐列表中往往会指明各个推荐物品的浏览概率或购买概率。例如，用户正在查看《组网成像卫星协同任务规划方法》[27]时，此时推荐列表中存在多本其他推荐的书及其购买概率：《天基预警传感器调度方法》[28]购买概率为 90%，《分布式网络系统与 Multi-Agent 系统编程框架》[29]购买概率为 87%，《面向对象的数字电子控制技术》[30]购买概率为 61%。这也可视作一种简单的解释工作，该数据来自图书购买的关联统计。在未来的推荐技术中有望展现更深入的解释工作，例如，组网成像卫星协同任务规划方法属于一种典型的对地观测卫星任务规划，而天基预警系统传感器调度也属于预警卫星的传感器规划，它们在规划的模型、求解过程中存在一定相似性。《分布式网络系统与 Multi-Agent 系统编程框架》中的分布式编程框架有助于构建分布式卫星任务规划系统，其中的 Multi-Agent 技术特别适用于大规模卫星组网任务规划，不仅有助于理论研究，还有助于分布式系统的构建。《面向对象的数字电子控制技术》中提供了时钟硬件设计和实现，可为仿真计算机提供统一的物理时钟基准。

8.3 基本协同过滤推荐方法

8.3.1 协同过滤推荐的工作原理

协同过滤推荐（collaborative filtering recommendation）的基本工作原理是利用用户群体中用户的相似性，假设用户在过去存在相同的偏好，如他们浏览或购买相同的物品，那么此时他们仍然具有相似的偏好。例如，在在线电影中，假设用户 A 和用户 B 以往观看的影片很相似，即有许多影片二者都看过，只有少量影片是用户 A 或用户 B 独自看过，那么推荐系统可以假设用户 A 和用户 B 的偏好很接近。如果用户 A 又看了一部新的电影 C 而用户 B 尚未看，那么推荐系统可以假设用户 B 也喜欢电影 C。

协同过滤推荐是利用用户群体中用户的相似度，与相似用户隐式协作，借助它们偏好的相似度，将相似用户感兴趣的物品推荐给此用户。类似前面在线电影网站的例子，在图书购买中协同过滤推荐也展现出较好的效果。结合目前研究报道，协同过滤推荐在在线电影、在线音乐、图书销售、文章推荐、在线新闻等领域都有较好的性能表现。

一般来说，协同过滤推荐能有效工作通常需要具备四个条件：①具备较大规模用户群体。足够规模的用户群体有助于找到一个或一组相近用户。②用户的相似性能代表用户偏好的相似度。两个用户的历史浏览、购买物品记录或者辅以其他用户数据能够有效衡量用户的相似度，并且这种相似度有助于推荐系统向一个用户推荐与其相似的其他用户所浏览或购买的物品。③物品数量较多且往往属于同一性质的物品。例如，在线电影中，电影数量庞大，虽然电影风格有所差别，但都属于电影。图书种类很多，体裁和内容分类有所差别，但都属于图书。④用户自身的偏好具有一定的稳定性。这也是协同过滤推荐的一个条件，代表推荐系统可以通过历史浏览或购买的物品来估计当前用户的偏好。

表 8.2 演示了某用户购买物品的矩阵。其中存在 m 个用户和 n 个物品，矩阵的节点代表是否购买，1 代表购买，0 代表没有购买。

表 8.2　协同过滤中用户数据矩阵

	物品 1	物品 2	物品 3	物品 4	…	物品 n
用户 1	0	1	0	1		?
用户 2	1	1	0	0		0
用户 3	0	1	0	1		1
用户 4	1	1	0	1		1
⋮						
用户 m	1	0	1	0		0

基于协同过滤思想的推荐还可进一步细分为两种推荐模型：基于用户的协同过滤推荐和基于物品的协同过滤推荐。前面阐述协同过滤推荐中用户的相似度用于衡量用户的偏好，并借助用户的偏好相似进行推荐，这种隐式协作实现的推荐称为基于用户的协同过滤推荐。在表 8.2 中，假设 $m=n=5$，则用户 1 与用户 2 都购买了物品 2，存在 1 个共同项，相似度可按照 1/3 计算；类似方法可计算用户 1 与用户 3 存在两个共同项，即物品 2 和物品 4，相似度为 2/3；用户 1 与用户 4 相似度为 2/4；用户 1 与用户 m 相似度为 0/4。由此依据相似度发现，与用户 1 最相似的是用户 3。如果想为用户 1 推荐一个物品，哪个物品更合适呢？因为用户 1 与用户 3 相似，而用户 3 购买了物品 n，所以为用户 1 推荐物品 n 更合适。

在实际应用中，往往由多个相似用户来计算推荐最合适的物品。实验现象表明，采用多个相似用户会使得偏好估计更稳定。本例中一个值得关注的现象是：重新思考表 8.2，如果只是采用销量估计，那么因为物品 1 的销量是 3，物品 n 的销量是 2，物品 3 的销量是 1，所以似乎推荐物品 1 更合适。思考一下：这是一个特殊示例，不能以此简单评价哪种方法更好。具体的评价应该在真实数据中进行，一些研究结果表明，在电影、图书等领域协同过滤推荐具有较好的性能表现。

基于物品的协同过滤推荐有时也称为基于项的协同过滤推荐，它是依靠计算物品之间的相似度，对各候选物品进行评价以实现估计。参见表 8.2，基于用户的协同过滤推荐是通过行（用户）相似度进行推荐估计，而基于物品的协同过滤推荐则是通过列（物品）相似度进行推荐估计。在前面指明的协同过滤应用的四个基本条件中已经说明，物品特性一般符合“物品数量较多且往往属于同一性质的物品”，故计算物品间的相似度存在一定实际意义，它代表物品之间的近似程度。

8.3.2　用户评分矩阵的获取和表示

协同过滤方法需要知道用户对物品的评分矩阵，如表 8.3 所示。评分矩阵可能来自两种。一种是显式评分，即推荐系统所在环境（如网站、单位等）要求用户对物品显式打分。例如，某电影网站要求用户在注册时就需要给若干个电影评分，以获取用户偏好，在用户观看电影后还要求为其评分。现有一些电子商务网站在用户购买商品后也要求用户进行显式评分。显式评分最为直接，但可能会给用户带来少量的负担，现实应用中的电子商务系统通常为评分用户返回一定的积分以鼓励用户评价，这属于一种激励行为，返回的积分足够多时可以获得购买商品优惠。通过用户自身的反馈热情和一些激励手段，获取用户评分矩阵也比较容易。

表 8.3　用户数据矩阵的表示形式

	物品 1	物品 2	物品 3	物品 4	…	物品 *n*
用户 1	0	4	0	5		?
用户 2	3	3	0	0		4
用户 3	0	2	4	2		2
用户 4	4	3	0	5		0
⋮						
用户 *m*	2	0	3	0		2

另一种是隐式评分。隐式评分不要求用户直接对物品给出相应的分数，而是系统通过收集用户的行为来自动生成用户对物品的评分。例如，电子商务网站系统能够获得用户的查询、浏览、收藏和购买等行为，利用这些行为可以完善该用户的评分矩阵。用户查询的物品、浏览过的物品、收藏夹收藏的物品、购买的物品往往都意味着用户对这些物品感兴趣，可以为每种行为对应的物品设置一定的分数，通过这些行为构造一个评分矩阵。例如，查询和浏览的物品得分为 2，收藏的物品得分为 3，购买的物品得分为 4，既收藏又购买的物品得分为 5。这样就可以通过收集用户的行为构造一个隐式的评分矩阵。新闻网站系统、电影网站系统、音乐网站系统等也可以通过收集用户行为构建隐式评分矩阵。隐式评分的优点是不需要用户主动参与评分过程，可以收集较多的用户行为数据，缺点就是可能评分并不是直接的，并且面临着用户隐私保护问题。

表 8.3 给出一个显式评分的示例，而表 8.2 给出的是否购买的矩阵也可看作一种隐式评分矩阵。实际的评分矩阵可能面临着数据稀疏问题，如表 8.3 中某些评分项并不存在。

正因为实际的评分矩阵可能不存在某些评分项，是稀疏的，所以在计算方法上必须考虑矩阵数据稀疏时如何处理。在协同过滤算法中，相似度的计算至关重要，数据稀疏矩阵下的相似度计算就是要考虑评分存在缺失的时候如何度量相似性。

表 8.4 给出一个五个用户和五个物品形成的评分矩阵。为了阐述清晰，这里先给出一个评分较全的评分矩阵，其中，只有用户 1 在物品 5 上的评分没有给出。在 8.4 节和 8.5 节讨论数据稀疏时评分矩阵如何应用于协同过滤。

表 8.4　协同过滤中用户数据矩阵举例

	物品 1	物品 2	物品 3	物品 4	物品 5
用户 1	4	4	3	5	?
用户 2	3	3	2	3	4
用户 3	1	2	4	2	2
用户 4	4	3	3	5	4
用户 5	2	3	3	4	2

8.3.3　基于用户的协同过滤推荐

协同过滤方法主要利用群体用户之间的相似度，如果与当前用户相似的其他一个或多个用户购买了当前用户没有购买的物品，则推测当前用户也可能喜欢那个（那些）物品。这里的群体用户是说有大规模做相似事情的用户，如电子商务用户、新闻用户、电影网站用户、音乐网站用户、旅游网站用户等。

每个用户对物品的评分形成一个评分向量，如表 8.4 所示，用户 1 的评分向量为（4，4，3，5），此外物品 5 对应着需要预测的分数。用户 2 的评分向量为（3，3，2，3，4）。用户 4 的评分向量为（4，3，3，5，4）。用户的相似度就是根据各用户向量计算的，各个用户的向量存在于向量空间中，计算用户的相似度就转换为计算两个用户向量的相似度。

对于用户的相似度计算，考虑到将要为用户 1 的物品 5 进行评分预测，用户 1 与用户 2 在物品 1、物品 2、物品 3、物品 4 上有共同打分项，所以计算用户 1 和用户 2 的相似度就是计算用户 1 的向量（4，4，3，5）和用户 2 的向量（3，3，2，3）的相似度。用户 1 与用户 4 在前四项商品上也有共同打分项，所以计算用户 1 和用户 4 的相似度就是计算向量（4，4，3，5）和（4，3，3，5）的相似度。可以采用常见的空间中两个向量的相似度计算方法，如夹角相似度、余弦相似度。此外，还可以使用 Pearson 相关系数来衡量。Pearson 相关系数计算中考虑到了用户整体打分偏好的差异，在大多基于用户的协同过滤推荐中表现要好于余弦相似度。假设$U=\{u_1,u_2,\cdots,u_n\}$代表n个用户的集合，$P=\{p_1,p_2,\cdots,p_m\}$代表m个物品的集合，令$a\in U$，$b\in U$，则利用 Pearson 相关系数度量的a和b的相似度$\mathrm{sim}(a,b)$的具体计算为

$$\mathrm{sim}(a,b)=\frac{\sum_{p\in P}(r_{ap}-\overline{r_a})(r_{bp}-\overline{r_b})}{\sqrt{\sum_{p\in P}(r_{ap}-\overline{r_a})^2}\sqrt{\sum_{p\in P}(r_{bp}-\overline{r_b})^2}} \tag{8.1}$$

注意，Pearson 相关系数的取值范围为[−1, 1]，通常认为大于 0 就存在相似，当然实际使用时也可设置一个阈值，大于该阈值才算相似。式（8.1）中，每个用户的评分均减去该用户的平均分之后再进行运算，相当于尽可能去除各个用户之间的整体打分偏好差异。所谓的整体打分偏好是指有的用户整体给分偏高，有的用户整体给分偏低。因此要计算每个用户的平均分，表 8.4 中用户 1、用户 2、用户 3、用户 4 和用户 5 的平均分依次为：4、3、2.2、3.8、2.8。表 8.4 中每个用户评分去掉其自身的平均分就变为表 8.5 的去除用户整体打分偏好的评分数据矩阵。

表 8.5　协同过滤推荐中各用户减去其平均分值后的数据矩阵

	物品 1	物品 2	物品 3	物品 4	物品 5
用户 1	0	0	−1	1	
用户 2	0	0	−1	0	1
用户 3	−1.2	−0.2	1.8	−0.2	−0.2
用户 4	0.2	−0.8	−0.8	1.2	0.2
用户 5	−0.8	0.2	0.2	1.2	−0.8

如果一个用户在各打分物品上的评分都是相同的，显然表 8.5 中的向量就是 0。如果一个用户没给任何物品打分或者仅给一个物品打分，则表 8.5 中的向量也是 0。如果是 0 向量，代入式（8.1）则会导致分母为 0，出现计算错误。因此，约定 0 向量的用户不参与运算，并约定 0 向量用户与其他用户的相似度为 0，与自己的相似度为 1。

在计算用户平均分时还有学者研究两种策略：一种策略是对每个用户计算其在所有打分项上的平均分，这种方式具有优点，可以与 8.3.4 节基于物品的协同过滤算法中采用相同的平均分，同时用户的平均分只计算一次，如表 8.4～表 8.5 的计算就采用了这种方式；另一种策略是计算两个用户相似度时，只考虑这两个用户共同打分项的平均分。这两种方式都有一定依据，可以通过实验结果来评价哪种策略更优。本章默认使用第一种策略。

下面以计算表 8.4 中的用户 1 和用户 4 的相似度为例。按用户所有打分项计算平均分，用户 1 的算术平均评分为（4 + 4 + 3 + 5）/4 = 4。而用户 4 的算术平均评分为（4 + 3 + 3 + 5 + 4）/5 = 3.8。同理计算全部用户的平均评分，用户 1、用户 2、用户 3、用户 4 和用户 5 的平均评分依次是 4、3、2.2、3.8、2.8。再计算用户 1 和用户 4 去掉各自平均分的前四个物品的新向量分别为（4–4，4–4，3–4，5–4）=（0，0，–1，1），（4–3.8，3–3.8，3–3.8，5–3.8）=（0.2，–0.8，–0.8，1.2）。用户 1 和用户 4 的相似度可按照式（8.1）计算得

$$\frac{(0\times 0.2)+(0\times(-0.8))+((-1)\times(-0.8))+(1\times 1.2)}{\sqrt{0^2+0^2+(-1)^2+1^2}\sqrt{0.2^2+(-0.8)^2+(-0.8)^2+1.2^2}}=0.8513 \tag{8.2}$$

于是用户 1 与用户 4 的相似度按 Pearson 相关系数计算得 0.8513。同理，用户 1 与用户 2 的相似度为 0.7071；用户 1 与用户 3 的相似度为–0.6482；用户 1 与用户 5 的相似度为 0.4811。当按照阈值 0 做过滤，相似度大于 0 意味着相似，则与用户 1 相似的用户按照相似度从大到小排序依次为：用户 4、用户 2、用户 5。

图 8.3 给出用户 1、用户 2 和用户 3 在前四个物品上的打分折线图。该图较直观地显示出，用户 1 的曲线形状与用户 2 更相似，而与用户 3 不相似。同理，也可以比较用户 1 和用户 4、用户 5 的相似情况。

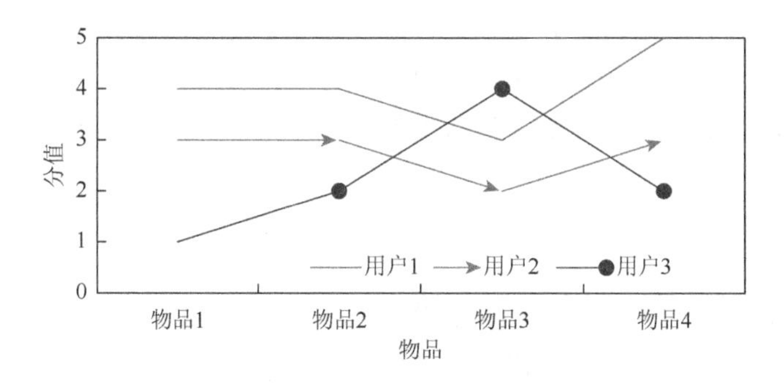

图 8.3　用户数据在各物品上的打分折线图

如果想对用户 1 在物品 5 上的打分进行预测，那么需要计算用户 1 与其他用户的相似度，并利用其他用户在物品 5 上的打分预测用户 1 在物品 5 上的打分。当计算完用户 1 与所有其他用户的相似度后，物品 5 的打分预测可以利用其他用户的打分按照相似度求加权平均值计算。对用户 $a(a\in U)$，预测其在物品 $p(p\in P)$ 的分数值 $\mathrm{pred}(a,p)$ 时，需要挑选与 a 比较近的若干邻居，并且这些邻居在物品 p 上存在评分，这些邻居集合用 N 表示，那么具体预测分数 $\mathrm{pred}(a,p)$ 的计算为

$$\text{pred}(a,p)=\overline{r_a}+\frac{\sum_{b\in N}\text{sim}(a,b)\times(r_{bp}-\overline{r_b})}{\sum_{b\in N}\text{sim}(a,b)} \tag{8.3}$$

实际应用中邻居的个数确定往往需要实验确定，通常为10～30。如果使用太多的邻居用户，则用户会形成干扰，影响最终预测的质量。在表8.4的例子中，假设对使用相似度大于0的用户进行预测，则用户2、用户4和用户5可选作邻居，他们与用户1的相似度分别为0.7071、0.8513、0.4811。用户3与用户1的相似度为负数（−0.6482），则不使用。此时，按照式（8.3）代入得

$$4+\frac{0.7071\times(4-3.0)+0.8513\times(4-3.8)+0.4811\times(2-2.8)}{0.7071+0.8513+0.4811}=4.2415 \tag{8.4}$$

说明用户1很可能对物品5打分为4.2415。再次分析式（8.3）的分数预测计算式，其中考虑了降低各个用户打分偏好，即利用每个邻居用户的预测物品评分去掉其平均打分，然后按照与预测用户的相似度加权求平均值，最后加上预测用户的平均分就是预测的分。其主要特点包括三个：①选择有限个邻居；②尽量去除各用户打分偏好；③利用用户相似度对打分进行加权计算。

基于用户的协同过滤推荐中，用户的邻居相似度计算和邻居数量的选择比较重要。表8.4中的各用户对物品1和物品4都已经评分，计算相似度时不存在数据稀疏问题，而实际情况中，当物品项非常多时，例如，电影推荐中，电影数量庞大，而一个人看的电影数并不多，可能大多集中在几部到几十部，所以数据稀疏较为严重，必须考虑当用户存在数据稀疏时如何计算用户相似度。例如，表8.2中给出用户是否购买物品的矩阵和表8.3的评分矩阵就是稀疏矩阵，需要考虑数据稀疏下的用户相似度计算。

考虑数据稀疏问题时，两个用户如果存在共同打分项（共同打分的物品）和一些非共同打分项，则应该设计一个相似度计算式，利用共同打分项和非共同打分项联合计算用户的相似度。相似度设计时必须抓住相似度的含义，深入研究在领域问题中哪些要素影响相似度，然后在相似度计算公式设计中加以体现。在8.5节阐述一种数据稀疏下的基于物品相似度计算方法，其计算式稍加调整就可转换为计算稀疏条件下的两个用户相似度。

邻居数量的选择也至关重要，具体数量往往与应用的具体问题与具体环境有关，目前主要采用实验评价来确定邻居的数量。对于预测用户的邻居选择，通常考虑几方面要素：①可以限定邻居的数量；②可以限制最小相似度阈值；③考虑用户评价过的物品数量，评分数太少可能意味着计算上带来评分的不稳定；④同一用户对各物品打分是否过于相似，猜想可能没有认真进行评价。

当进行评分预测后，为用户推荐的形式常包括两种：①将用户未打分的物品按照预测分进行降序排列，选取Top-k个为用户进行推荐，注意，实际使用中也可能

是用户未购买的商品、未看过的电影等。②设置一定预测分过滤阈值，为用户显示预测分超过阈值的物品，并且显示相应的预测分。

8.3.4　基于物品的协同过滤推荐

基于用户的协同过滤推荐中利用群体数据中用户的相似度。如果换一个角度思考，在大量的物品中，物品之间也存在相似度，那么可以利用物品之间的相似度进行分数预测。基于物品的协同过滤推荐就是指通过评分矩阵计算物品之间的相似度，再利用物品之间的相似度进行评分预测。物品（product）有时也称为项，所以基于物品的协同过滤推荐有时也称为基于项的协同过滤推荐。

表 8.4 中，各个用户给物品评分，形成了物品评分向量。例如，物品 5 的评分向量为（?，4，2，4，2），其中的？是未评价的分量，物品 4 的评分向量为（5，3，2，5，4）。当利用向量描述物品后，各个物品就可以在向量空间中描述，两个物品的相似度就可以利用物品向量的相似度计算，如夹角相似度、余弦相似度。令 $x(x \in P)$ 代表一个物品，$y(y \in P)$ 代表一个物品，余弦相似度的计算为

$$\mathrm{sim}(x,y)=\cos(x,y)=\frac{\sum_{u \in U}(r_{ux} \times r_{uy})}{\sqrt{\sum_{u \in U} r_{ux}^2}\sqrt{\sum_{u \in U} r_{uy}^2}} \tag{8.5}$$

式中，r_{ux} 为用户 u 在 x 上的打分，同理 r_{uy} 为用户 u 在 y 上的打分。需要注意式（8.5）是在假设对物品 x 和 y 的共同打分分量上计算相似度。8.5 节阐述数据稀疏时一种改进相似度计算的方法。

如表 8.4 所示，物品 5 对应的用户 2、用户 3、用户 4 和用户 5 构成的打分向量为（4，2，4，2），物品 4 由后 4 个用户构成的打分向量为（3，2，5，4），按照式（8.5）计算余弦相似度为

$$\frac{4\times3+2\times2+4\times5+2\times4}{\sqrt{4^2+2^2+4^2+2^2}\times\sqrt{3^2+2^2+5^2+4^2}}=0.946\,729\,262 \tag{8.6}$$

同理可以计算物品 5 与物品 1、物品 2、物品 3 的余弦相似度值，分别是 0.981 495 458、0.965 535 118、0.872 081 599。通过余弦相似度，对与物品 5 相似度从大到小对物品排序：物品 1、物品 2、物品 4 和物品 3。

在基于用户的相似度计算中，Pearson 相关系数可以降低用户打分偏好的影响，即去除各用户评分平均值之间的差异。在基于物品的相似度计算中，余

弦相似度没有考虑用户打分偏好的影响，可以借鉴 Pearson 中利用减去用户打分均值的方法克服偏好的影响，可以调整式（8.5）的相似度计算。调整余弦相似度为

$$\mathrm{sim}(x,y)=\mathrm{adjustcos}(x,y)=\frac{\sum_{u\in U}(r_{ux}-\overline{r_u})\times(r_{uy}-\overline{r_u})}{\sqrt{\sum_{u\in U}(r_{ux}-\overline{r_u})^2}\sqrt{\sum_{u\in U}(r_{uy}-\overline{r_u})^2}} \tag{8.7}$$

式（8.7）表示的调整余弦相似度计算结果取值范围为[−1, 1]。仍然可以取相似度值大于 0 代表相似。实际使用时也可以设置一个阈值，超过该阈值才代表物品相似。

例如，表 8.4，利用式（8.7）计算时，物品 5 与物品 4 的相似度计算如式（8.8）所示。这里须首先计算用户 2、用户 3、用户 4 和用户 5 在 5 个物品上的平均评分值分别是 3、2.2、3.8、2.8。

$$\frac{(4-3)\times(3-3)+(2-2.2)\times(2-2.2)+(4-3.8)\times(5-3.8)+(2-2.8)\times(4-2.8)}{\sqrt{(4-3)^2+(2-2.2)^2+(4-3.8)^2+(2-2.8)^2}\times\sqrt{(3-3)^2+(2-2.2)^2+(5-3.8)^2+(4-2.8)^2}} \tag{8.8}$$

同理，可以计算物品 5 与所有其他物品的调整余弦相似度。

当计算完待预测物品与其他物品的相似度之后，可以使用式（8.9）进行评分预测。假设需要对用户 u 的物品 p 进行评分预测，则物品 p 与其他物品的相似度为

$$\mathrm{pred}(u,p)=\frac{\sum_{i\in M}\mathrm{sim}(p,i)\times r_{ui}}{\sum_{i\in M}\mathrm{sim}(p,i)} \tag{8.9}$$

式中，M 为物品 p 的相似物品集合，并且 u 对这些相似物品都打过分。式（8.9）相当于通过对用户 u 按近邻相似物品的相似度进行加权求平均预测分。

较多的推荐实验表明，基于物品的协同过滤推荐要好于基于用户的协同过滤推荐。此外，因为物品变化相比用户群体变化更小，所以计算物品之间的相似度相对稳定，可以有效地克服对新用户推荐的问题，即新用户并不影响物品之间的相似度计算，而基于用户的协同过滤推荐必须对新用户计算其与所有其他用户的相似度。

8.4　基于 SVD 的协同过滤推荐

8.4.1　SVD 的协同过滤推荐

SVD 方法是一种数学矩阵分解操作，用于发现向量中的潜在因子。1965 年

Golub 和 Kahan 等研究 SVD[①]，发现给定矩阵 A 可以分解成三个矩阵的乘积，即

$$A = U \times S \times V^{\mathrm{T}} \tag{8.10}$$

式中，U 和 V 分别称为左、右奇异向量，S 对角线上的值称为奇异值。SVD 技术可用于协同推荐。不同于基于用户和物品的推荐策略，SVD 属于矩阵因子化技术，它从评分整体数据中提炼出描述核心特征的信息，以重构用户和物品的关系。对于 m 个用户 n 个物品的评分矩阵 A，令阶为 r，则进行 SVD(A) 操作，改写式（8.10）为

$$\mathrm{SVD}(A) = U \times S \times V^{\mathrm{T}} \tag{8.11}$$

式中，U、S 和 V 的维数为 $m \times r$、$r \times r$ 和 $r \times n$。可预指定参数 k（$k<r$）用于实现分解后的矩阵压缩。分解后，伪用户矩阵可表示为 $U_k \cdot \sqrt{S_k}$，而伪物品矩阵可表示为 $\sqrt{S_k} \cdot V_k^{\mathrm{T}}$。伪用户矩阵可计算用户之间的相似度，伪物品矩阵可计算物品间的相似度。

以表 8.4 中的数据为例，现在假设 A 是由“用户 1、用户 2、用户 3、用户 4、用户 5”和“物品 1、物品 2、物品 3、物品 4”共同构成的评分矩阵。A 可以表示为

$$A = \begin{bmatrix} 4 & 4 & 3 & 5 \\ 3 & 3 & 2 & 3 \\ 1 & 2 & 4 & 2 \\ 4 & 3 & 3 & 5 \\ 2 & 3 & 3 & 4 \end{bmatrix} \tag{8.12}$$

进行 SVD，可以形成式（8.11）的表示形式。关于 SVD 可以使用自行编制程序、本书配套软件或者 MATLAB 实现。在 MATLAB 中首先设置矩阵 A 为式（8.12），然后使用 MATLAB 命令“[U, S, V] = svd（A）”进行分解。通过 SVD 技术，矩阵 A 分解为 U、S 和 V 三个矩阵，其维数依次为 $m \times r$、$r \times r$ 和 $r \times n$，图 8.4 展示分解的结果。

① 有些学者对 SVD 进行了详细的阐述，如 Kalman 在 2012 年撰写的 *A Singularly Valuable Decomposition: The SVD of a Matrix*。

```
U=
   -0.5578   -0.2579    0.1824   -0.1796   -0.7462
   -0.3792   -0.2103    0.7266    0.0029    0.5330
   -0.3035    0.8827    0.1741    0.2951   -0.1066
   -0.5254   -0.2547   -0.5067    0.5973    0.2132
   -0.4206    0.2128   -0.3895   -0.7238    0.3198
S=
   14.5061         0         0         0
         0    2.6657         0         0
         0         0    0.9085         0
         0         0         0    0.8010
         0         0         0         0
V=
   -0.4560   -0.5149    0.3055   -0.6585
   -0.4697   -0.0084    0.6261   -0.6223
   -0.4470    0.8294    0.0088    0.3350
   -0.6096   -0.2164   -0.7174   -0.2586
U×S×V^T=
    4.0000    4.0000    3.0000    5.0000
    3.0000    3.0000    2.0000    3.0000
    1.0000    2.0000    4.0000    2.0000
    4.0000    3.0000    3.0000    5.0000
    2.0000    3.0000    3.0000    4.0000
```

图 8.4　SVD 的结果

矩阵U是正交阵，可以计算$U \times U^{\mathrm{T}} = E$，即$U$与其转置矩阵相乘结果为单位阵。$U$可看作经过变换的用户信息在新的空间映射形成的用户特征矩阵，对应着式（8.12）构建时的各用户，第 1 行代表用户 1、第 2 行代表用户 2 等，即每行代表对应用户在新的用户向量空间的映射，每列代表在新的用户向量空间中各个维度的取值。例如，第 1 行的 4 个元素相当于 4 个新映射空间中的物品上的重要性（或相关性），而这 4 个物品可看作通过数学变换寻找主要特征描述的虚拟物品，利用这 4 个虚拟物品构成描述第 1 行（对应用户 1）的用户特征向量。

矩阵S为对角阵，对角线上的值代表特征值，按左上角到右下角的顺序已经从大到小进行了排序。对角线上的值可看作新的向量空间中各个轴用于描述信息的作用。图 8.4 中的S相当于描述了新映射的向量空间中 4 个轴的作用从大到小依次是 14.5061、2.6657、0.9085、0.8010。后面两个值比较小，而前面两个值比较大，这说明前面几个特征轴构成的新空间就可以实现原有信息的主要描述，可视作主体描述，后面数值小意味着对原有信息描述能力较弱，可视作在主体描述基础上的细节描述。

矩阵V也是正交阵，可以计算$V \times V^{\mathrm{T}} = E$，即$V$与其转置矩阵相乘结果为单位阵。$V$可看作经过变换的物品信息在新的空间映射形成的物品特征矩阵。每一行描述对应一个物品，例如，第 1 行代表原有物品 1 的映射信息，使用 4 个虚拟用户来描述，这 4 个虚拟用户也是通过数学变换后映射计算出来的主要描述信息。

S 描述新的用户空间与物品空间的相关性，可以利用矩阵 S 对角线上的值来评价和压缩空间。例如，4 个轴的作用从大到小依次是 14.5061、2.6657、0.9085、0.8010，如果只保留前两个轴，那么对于 U 和 V 相当于只保留前两列，对于 S 相当于只保留 2×2 的矩阵。这里假设 k 取值为 2，令 U_k 代表压缩后的 U，S_k 代表压缩后的 S，V_k 代表压缩后的 V。图 8.5 给出压缩后的空间表示。

U_k=

−0.5578	−0.2579
−0.3792	−0.2103
−0.3035	0.8827
−0.5254	−0.2547
−0.4206	0.2128

S_k=

14.5061	0
0	2.6657

V_k=

−0.4560	−0.5149
−0.4697	−0.0084
−0.4470	−0.8294
−0.6096	−0.2164

$U_k \times S_k \times V_k^{\mathrm{T}}$=

4.0441	3.8067	3.0467	5.0817
2.7968	2.5882	1.9934	3.4742
0.7960	2.0481	3.9194	2.1746
3.8255	3.5860	2.8438	4.7935
2.4899	2.8607	3.1973	3.5962

图 8.5　设置保留的特征维数实现数据压缩

在图 8.4 中看到 $U \times S \times V^{\mathrm{T}}$ 仍然接近式（8.12）所描述的评分矩阵 A，而图 8.5 经过压缩后的空间再次计算 $U_k \times S_k \times V_k^{\mathrm{T}}$ 看到与式（8.12）所描述的评分矩阵 A 有所差别，但差别不大。这也说明了 SVD 中的空间压缩的数学含义是保留主要描述信息，而去除过于细节的描述信息，压缩后的描述是原始描述的近似，相当于保留了原始描述的主要描述部分。

图 8.6 中将压缩后的用户描述空间 U_k 画在二维平面上，以增强直观理解。令 u_1,u_2,u_3,u_4,u_5 分别描述用户 1、用户 2、用户 3、用户 4 和用户 5。将对应的

u_1,u_2,u_3,u_4,u_5 向量画在同一个二维平面坐标系中，可以看到与 u_1 相近的用户包括 u_4,u_5,u_2，而 u_3 偏离 u_1 明显较远。计算各向量按照水平轴沿逆时针旋转的角度，该角度值显示在图 8.6 中，如果利用夹角相似度，可以看到 u_4 与 u_1 最近，该计算结果与 8.3.3 节中用 Pearson 相关系数计算的用户相似度计算结果一致。进一步计算，发现 u_5 和 u_2 离 u_1 也较近，计算结果与 8.3.3 节中用户相似度计算基本一致，但利用 Pearson 相关系数计算 u_2 更近，而这里计算结果 u_5 更近。这可能是三方面原因造成的，需要进一步分析：①本模型在式（8.12）中构建时没有考虑去除用户打分整体偏好的影响，所以可以考虑在构建评分矩阵 A 时，也利用原始评分矩阵将每个元素去掉原始矩阵中同一用户（同一行）的平均值。②SVD 中进行了空间压缩，只是保留主要描述，在取舍中不能与原始描述完全一致，这个问题并不是说 SVD 不好，实践表明少量的数据压缩可能会降低原始数据的噪声，可能会出现性能略有提升，但压缩过大，会造成一些细节描述信息的丢失，导致性能下降。③不同模型在相似度计算上有所侧重。

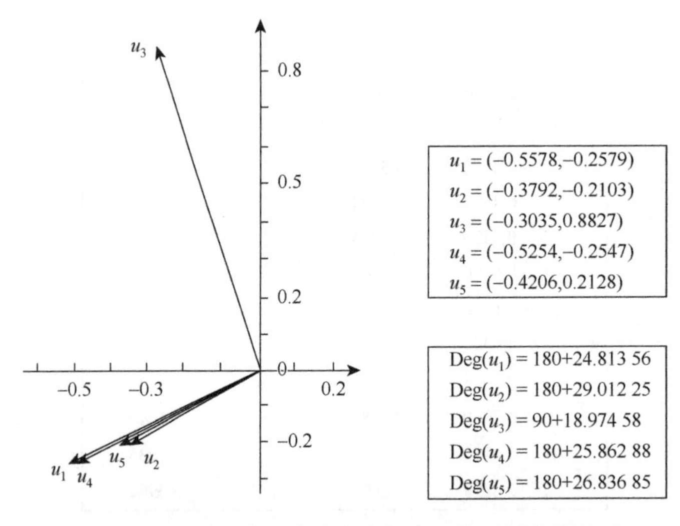

图 8.6　映射后的新用户向量空间在二维平面上的展示

图 8.6 也进一步展示了 SVD 保留了原始数据的主要描述信息。在前述映射的情况下，如果出现一个新的用户 samb（“三博”），对照表 8.4，该用户的在物品 1、物品 2、物品 3 和物品 4 上的评分向量为（3，4，3，5），那么如何利用 S_k、V_k 计算 samb 在新空间中的映射？令 samb 表示新用户的评分向量，以行向量形式输入，如 samb = [3, 4, 3, 5]，则求 samb 在压缩后的新用户空间中的特征向量 map_samb，令 $(S_k)^{-1}$ 代表 S_k 求逆矩阵，可以使用式（8.13）进行映射，该式等价于式（8.14）。

$$\text{map\_samb} = ((S_k)^{-1} \times V_k^{\mathrm{T}} \times \text{samb}^{\mathrm{T}})^{\mathrm{T}} \tag{8.13}$$

$$\text{map\_samb} = \text{samb} \times V_k \times (S_k)^{-1} \tag{8.14}$$

例如，利用 MATLAB 模拟中，输入 samb = [3, 4, 3, 5]和 map_samb = (inv(Sk)*Vk'*samb')'(或输入 map_samb = samb*Vk*inv(Sk))，则输出 map_samb = [–0.5264, –0.0647]。可以测试，令 samb = 用户 1 = [4, 4, 3, 5]，则输出的 map_samb = [–0.5578, –0.2579]，再令 samb = 用户 3 = [1, 2, 4, 2]，则输出的 map_samb = [–0.3035, 0.8827]。对比测试结果与图 8.5 和图 8.6 的计算结果一致。

一个物品可以到新物品映射空间中。令 orgp 代表原有物品向量，以列向量的形式描述，例如，orgp = [4, 3, 1, 4, 2]^{T}，可以使用式（8.15）进行转换。

$$\text{map\_orgp} = \text{orgp}^{\mathrm{T}} \times U_k \times (S_k)^{-1} \tag{8.15}$$

例如，利用 MATLAB 模拟中，利用物品 1 的数据做测试，输入 orgp = [4, 2, 1, 4, 2]和 map_orgp = orgp'*Uk*inv(Sk)，则输出 map_orgp = [–0.4560, –0.5149]。再如用物品 2 的数据做测试，输入 orgp = [4, 3, 2, 3, 3]和 map_orgp = orgp'*Uk*inv (Sk)，则输出 map_orgp = [–0.4697, –0.0084]。这两个结果与图 8.5 中的结果一致。如果 orgp = [4, 2, 2, 3, 3]，则 map_orgp = [–0.4436, 0.0704]。

下面着重说明 SVD 如何预测评分。在应用 SVD 前，为了去除用户评分的个性化差异，对 A 中每个用户的各评分去除该用户的平均分生成矩阵 A'。因为一般原始评分矩阵 A 是数据稀疏的，存在数据缺失问题，所以需要进行数据填充。存在四种常见数据填充方法：①利用用户的平均分填充用户的缺失值；②利用物品的平均分填充物品的缺失值；③利用基于用户的协同过滤进行缺失值预测并填充；④利用基于物品的协同过滤进行缺失值预测并填充。

在经过去除用户打分整体偏好的差异以及进行缺失值填充后可以进行 SVD。经 SVD 后，用户 u 对物品 i 的评分预测为

$$P_{u,i} = \overline{r_u} + U_k \cdot \sqrt{S_k}(u) \cdot \sqrt{S_k} \cdot V_k^{\mathrm{T}}(i)$$

在 SVD 用于协同过滤中，参数 k 的选择通常依据实验方法确定。在给定训练集下，可以采用“扣留法”进行参数估计，例如，将数据集按照 4∶1 划分，实验方法尝试不同 k 取值下的推荐性能，为了尽可能使参数估计更为准确，可利用交叉验证技术。

8.4.2　SVD 增量式协同过滤方法

矩阵因子化方法的增量式处理过程如下：首先，对原始打分矩阵 A 去除用户

打分整体偏好差异化；其次，按照某种数据填充策略进行数据填充；再次，对填充后的打分矩阵进行 SVD，即 $R_k = U_k \times S_k \times V_k^{\mathrm{T}}$；最后，将新增加的用户或物品投影到以 U_k 或 V_k 为基的低维空间，构成新的数据阵。

新增用户在 U_k 为基的空间上的投影可以按照式（8.13）或式（8.14）进行计算，而新增物品在 V_k 为基的空间中的映射可以按照式（8.15）进行。例如，令 u_n 为 $u \times n$ 的新用户，则

$$u_n = \begin{bmatrix} 3 & 4 & 3 & 5 \\ 4 & 4 & 3 & 5 \end{bmatrix} \tag{8.16}$$

按照式（8.14）可以写为式（8.17）：

$$\hat{u}_n = u_n \times V_k \times S_k^{-1} \tag{8.17}$$

计算结果为

$$\hat{u}_n = \begin{bmatrix} -0.5264 & -0.0647 \\ -0.5578 & -0.2579 \end{bmatrix} \tag{8.18}$$

将 $u \times k$ 矩阵 $\hat{u}_n$ 作为 $m \times k$ 矩阵 U_k 的附加行构成新的伪用户矩阵 $U_{(m+u)\times k}$，就完成新增用户的折入过程，如图 8.7 所示。相类似地，对于新物品的折算加入 V_k 的过程，需要按照式（8.15）进行计算，将新的物品映射到 V_k 为基的空间，附加在 V_k 上。

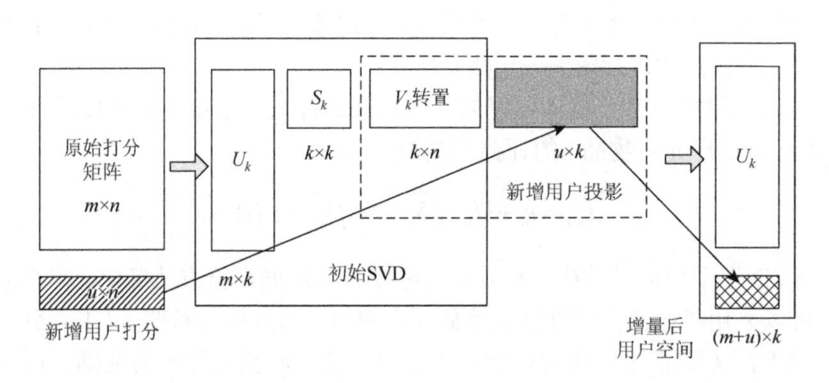

图 8.7　增量 SVD 示意

以此循环，不断折入新用户（或新物品）就可以逐渐完成增量式 SVD，进而可以进行预测评分。实际研究中考虑到 k 的取值不同，也就是矩阵压缩程度的不同将产生原始数据不同程度的近似，对后续推荐评分预测的影响也存在大小和方

向上的不一致，需要进一步实验确定或者采用参数学习方法自适应调整，以保证和提高推荐精确率。

而新增用户 u（或者新物品）的折入批量不同，也将导致 SVD 过程的运算耗费不同，而且对预测推荐评分的相似度计算过程存在影响，继续通过实验来讨论折入批量对推荐实时性及推荐精确率的影响。

另外一个研究考虑的是实际用户打分数据稀疏性表现在数据阵中存在大量非随机缺失值，如何针对该大量非随机缺失值进行 SVD 和增量式计算，将是研究的重点和难点，研究将考虑选择随机梯度下降等优化求解算法对该问题进行快速近似求解。

8.5　改进协同过滤推荐方法

8.5.1　评分矩阵的数据稀疏问题

数据稀疏性在协同过滤中广泛存在。对 GroupLens 网站共享的 10 万条 MovieLens 语料数据进行统计，图 8.8 是按照用户统计的打分情况，该图形的曲线形式近似 Zipf 定律：数量与排名的乘积为定值。虽然语料在发布时去掉了给分数少于 20 个的用户数据，但是从图 8.8 的变化趋势来看，融入这部分数据后，整个样本数据仍会大致符合 Zipf 定律。

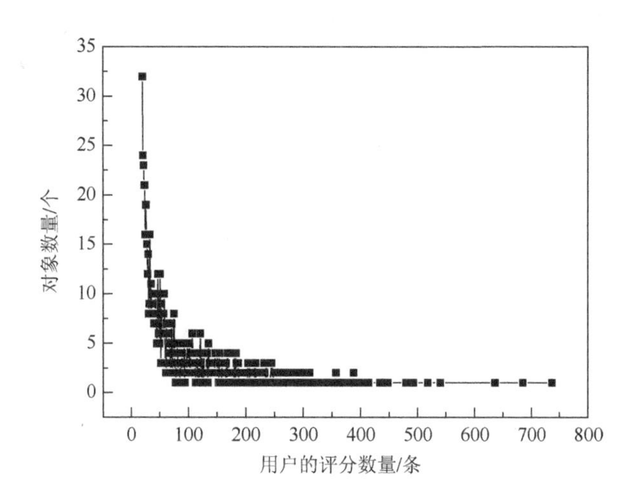

图 8.8　按用户统计打分情况

类似地，统计项的稀疏性，即按照每个项有多少用户评分统计。图 8.9 中对

x 和 y 值均取自然对数，这样可更清晰地看出对于项来说，评分情况也近似符合 Zipf 定律。

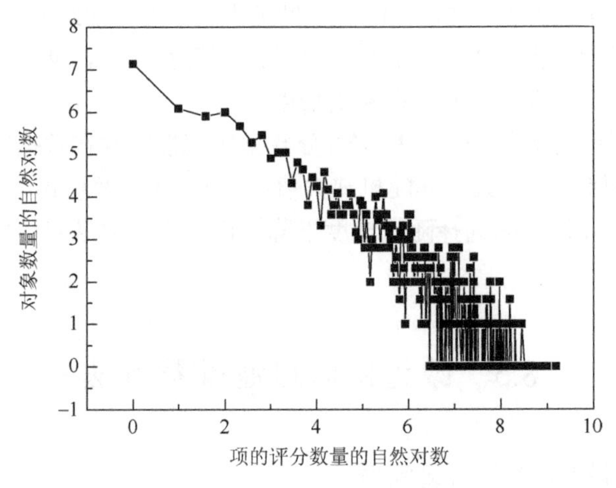

图 8.9　按打分项数统计用户个数

由用户和项上的评分数均近似符合 Zipf 定律可知，随着数据的增多，仍难以克服数据稀疏问题。这点可以由评分矩阵的稀疏性进一步体现，统计前 1 万条记录，有分数值的元素占 4.55%，前 5 万条记录占 4.50%，前 10 万条记录占 4.47%，这说明数据稀疏性仍较为明显。

与 CiteULike 的统计结论类似，对随机抽取的 25 000 个用户进行统计，平均 100.29 个项（文献引用）。图 8.10 进一步给出项数多的用户所包含的项数百分比。对于用户按照项数降序排列后，约 6%的用户占有 60%的项，这也体现出 Zipf 定律的一个特点：只有少量的用户包含大量的项。

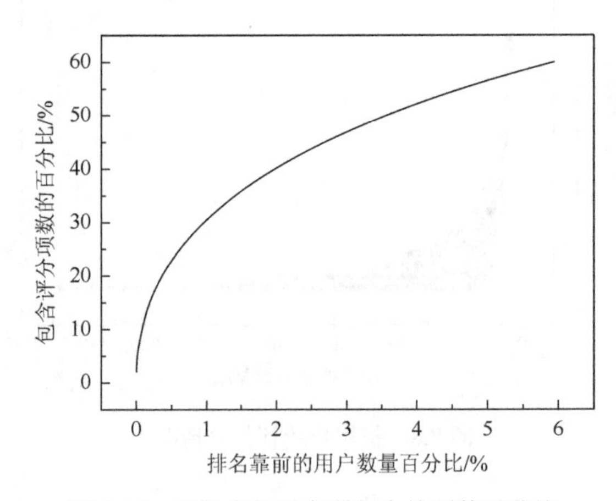

图 8.10　项数多的用户所包含的项数百分比

除了上述稀疏性问题，在时间上也表现出稀疏性，例如，电影或某些产品仅在短期内流行，之后将越来越稀疏。稀疏性问题普遍存在，在 BibSonomy、facebook 上的统计也有类似现象。Zipf 定律表明，即使搜集更多的数据，仍然存在数据稀疏问题。该现象也可以用实际情况解释，新的产品出现、新的用户出现必然引起上述数据稀疏现象。这也说明推荐算法必须具备有效克服数据稀疏性的能力。

8.5.2　引入可信度的项相似度计算

对于协同过滤的相似度计算可包含多种方法，如余弦相似度、Pearson 相关系数、调整余弦相似度。基于物品的协同过滤中调整余弦相似度方法通常表现较优。本节以对调整余弦相似度进行进一步修改为例，说明在相似度计算中如果有效地考虑更多要素，将提高相似度计算的准确性，进而提升推荐系统的性能。一种调整权重的方法是使用经验的“$n/50$”策略[31]，以降低两项中具有较少共同评分用户的相似度权重。对于给定评分矩阵 r，调整余弦相似度的计算方法按式（8.7）计算。为查看方便，将式（8.7）转列此处为

$$\mathrm{sim}(x,y)=\frac{\sum_{u\in U}(r_{ux}-\overline{r}_u)(r_{uy}-\overline{r}_u)}{\sqrt{\sum_{u\in U}(r_{ux}-\overline{r}_u)^2}\sqrt{\sum_{u\in U}(r_{uy}-\overline{r}_u)^2}}$$

式中，r_{ux} 为用户 u 在项 x 上的评分，$\overline{r}_u$ 为第 u 个用户的平均评分，U 为项 x 和项 y 具有共同打分用户的集合。

为了更准确地衡量两项之间的相似度，可以从三个要素考虑：两项具有共同用户的评分、共同评分用户数量、非共同评分用户数量。令 $n=|U|$，代表对项 x 和项 y 共同打分项数，m 代表仅给项 x 和项 y 中一项打分的用户数。此时，可改进相似度为

$$n\_\mathrm{sim}(x,y)=((n+b)/\alpha)\times\mathrm{sim}(x,y)\times(1-\lambda m/(m+n)) \tag{8.19}$$

因为每一个项上打分的用户数量有所不同，所以在预测分时项的相似度不能仅用共同打分项相似度来衡量，还应包括其可信度，式（8.19）中 $(n+b)/\alpha$ 代表该可信度，b 代表对共同项的微调，如 0.1，α 代表项的打分用户数阈值，如 300，代表当 n 小于 α 时使用 n_sim 函数计算，否则使用 sim 函数计算。而右侧的 $1-\lambda m/(m+n)$ 代表仅给两项中的一项评分与可信度计算的关系，λ 代表影响因子，如 0.5。

对于推荐时用户 u 对项 x 的评分预测 P_{ux} 采用加权方法计算，即

$$P_{ux}=\frac{\sum_{N\in Z}(s_{xN}\times r_{uN})}{\sum_{N\in Z}(|s_{xN}|)} \tag{8.20}$$

式中，Z 为 u 所打过分的项集合。

8.5.3　基于组合策略的个性化推荐

数据稀疏是各类个性化推荐算法都不可回避的问题。一般来说，各模型都有自身偏好，组合方法往往会提升性能，其有效性可由群决策策略来解释。组合方法可以是协同过滤与基于内容过滤等几种方式的组合，也可以是几种协同过滤技术的组合，方式有多种：①综合几套独立的推荐系统，将独立使用各种算法获得的推荐结果综合起来形成最终推荐结果，如采用线性组合、投票机制等形成最后推荐。②建立统一的推荐系统模型，集成基于内容过滤和协同过滤两种方法[31]。③将基于内容的算法融入协同过滤推荐中，以协同过滤技术为基础，但仍然保留基于内容算法中获取的用户特征档案，用以计算用户之间的相似度，可以一定程度上缓解数据稀疏的影响[31, 32]。

本书主要研究在仅有用户评分信息的数据情况下的个性化推荐，此时可以将几种协同过滤推荐技术相结合，组合典型的三种过滤方法，包括基于项、用户和SVD的推荐，以期充分利用用户、项以及整体打分数据的内在特征信息，然后采取结果加权平均形成最后结果。图8.11对基于项、用户和SVD协同过滤推荐的组合实验进行了分析，其中最好估计是利用最佳预测值作为当前预测，而最坏估计是利用最差预测值作为当前预测。在加权平均过程中，一种是各分类器作用等同，即权重都为1；另一种是对每个分类器设定计算平均的权重，然后按照加权求平均。本实验表明该方法可获得更好性能，当基于项、用户和SVD的权重依次为0.8、0.6、0.2时，MAE①为0.7271，RMSE②为0.9279；而仅简单平均时，MAE为0.7304，RMSE为0.9283，即MAE进一步提高了0.0033。

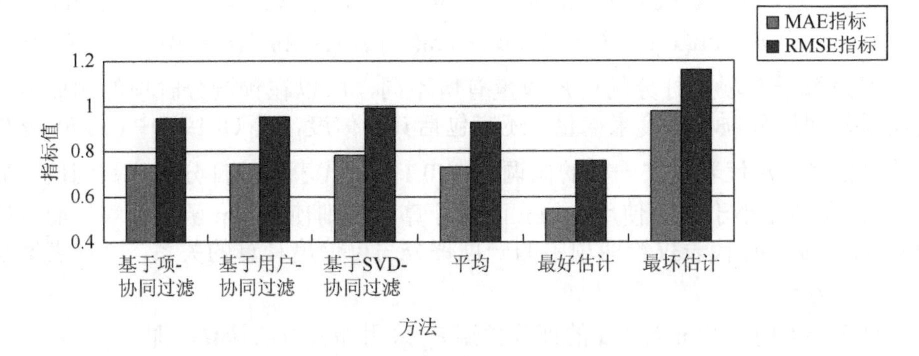

图8.11　组合方法实验对比

① MAE：mean absolute error，平均绝对偏差。

② RMSE：root mean squared error，均方根误差。

8.5.4　协同过滤推荐实验与评价

MovieLens 数据集提供了用户、项以及用户-项评分矩阵。本章所选用的数据集包含 943 个用户和 1682 个项。其中每个用户至少对 20 部电影进行了评分。

评测过程中，将数据集按照 4∶1 分为训练集和测试集，并且采用 5 折交叉验证策略获得更为客观的评价。推荐质量的度量标准利用 MAE 和 RMSE，即

$$\text{MAE} = \frac{\sum_{u \in T} |r_{ui} - r'_{ui}|}{|T|} \tag{8.21}$$

$$\text{RMSE} = \frac{\sqrt{\sum_{u \in T} |r_{ui} - r'_{ui}|^2}}{|T|} \tag{8.22}$$

式中，r_{ui} 为用户 u 对项（资源）i 的评价得分；r'_{ui} 为用户 u 对项（资源）i 的预测分；T 为当前的测试集，$|T|$ 为测试样本数。在 MAE 和 RMSE 评价中，MAE 和 RMSE 的取值越小代表推荐质量越高。

首先实验在该语料库上基于用户的协同过滤推荐和基于项的协同过滤推荐，实验结果如表 8.6 所示。

表 8.6　基于用户与基于项的模型对比

项目		余弦相似度	Pearson 相关系数	调整余弦相似度
基于用户	MAE	0.751 329	0.746 904	0.751 565
	RMSE	0.954 574	0.951 625	0.957 426
基于项	MAE	0.807 777	0.825 590	0.760 268
	RMSE	1.015 130	1.038 920	0.963 397

由表 8.6 可知，在该语料库上基于用户的 Pearson 相关系数与基于项的调整余弦相似度推荐模型相比具有较好的推荐性能。

进一步，在基于用户和基于项的调整余弦相似度下评价 8.5.2 节的相似度计算性能，其中，α 取评分矩阵中共同打分项数中的最大值，b 取值 0，λ 取值 1.0，结果如表 8.7 所示。

表 8.7　基于用户与基于项的模型对比

项目		基于用户	基于项
M1	MAE	0.751 565	0.760 268
	RMSE	0.957 426	0.963 397
M2	MAE	0.741 148	0.727 563
	RMSE	0.947 894	0.934 014

表 8.7 中，M1 代表基于项的调整余弦相似度方法，M2 代表 8.5.2 节中改进的调整余弦相似度方法。实验结果就 MAE 指标来看，基于项过滤中 M2 比 M1 提高了 0.032 705，基于用户过滤中 M2 比 M1 提高了 0.010 417。就 RMSE 指标来看，基于项过滤中 M2 比 M1 提高了 0.029 383，这归功于 M2 在度量项间相似度时不仅考虑了项间共同打分项，还考虑了异同项数对可信度的影响。

基于用户与基于项的过滤中最大共同打分个数分别是 346、480，打分项数分布近似符合 Zipf 定律。α 取值变化的情况下 MAE 指标如图 8.12 所示。

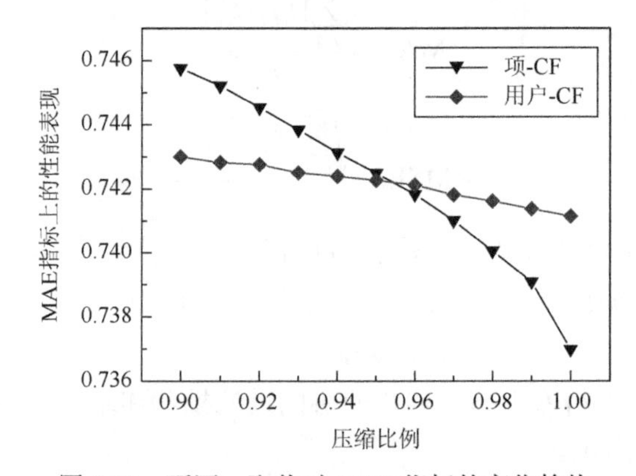

图 8.12　不同 α 取值时 MAE 指标的变化趋势

图 8.12 实验中 λ 取值 0.5，该实验表明当采用评分矩阵中的最大共同打分数时，随着 α 取值增大，基于用户和基于项的模型性能均提升，但基于项的模型提升更为明显。

下面考察 λ 取值对 SVD 推荐的影响，本实验中 α 取值为 1。图 8.13 表明当 λ 取值为 1.0 时，异同项对相似度计算的可信度影响充分发挥作用。与 α 取值变化有着类似结论，随着取值增大，基于用户和基于项的模型性能均提升，但基于项的模型提升更为明显。

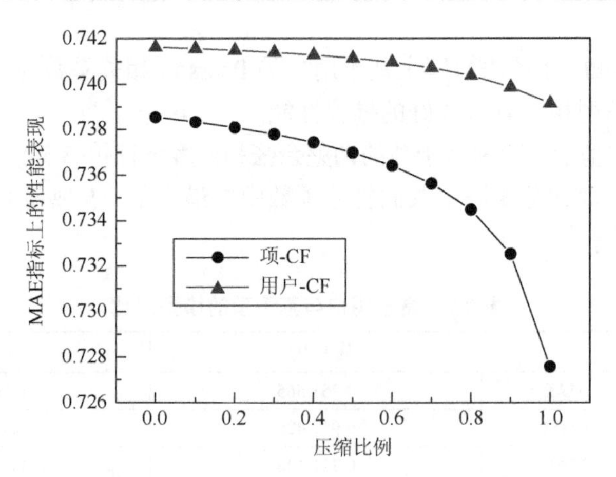

图 8.13　不同 λ 取值时 MAE 指标的变化趋势

下面给出基于 SVD 的推荐模型在不同分解参数 k 下的性能，如图 8.14 所示。

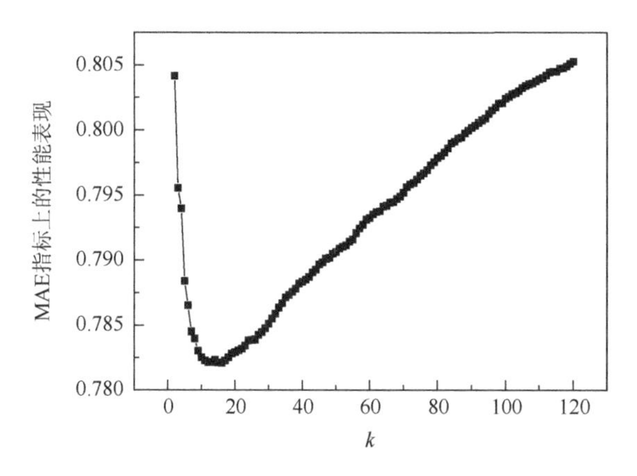

图 8.14　SVD 推荐模型中不同 k 取值时 MAE 指标的变化趋势

当 k 取 14 时具有最佳的推荐性能。进一步，给出基于项、用户和 SVD 的推荐及组合实验结果，如图 8.15 所示。

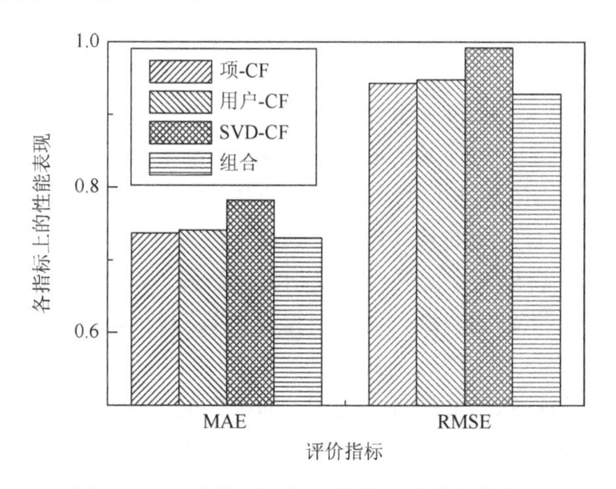

图 8.15　三种模型及组合的协同过滤推荐方法

实验结果表明在 MAE 指标上，简单取平均的组合方法比基于项的推荐方法提高了 0.0093，比基于用户的推荐方法提高了 0.0145，比基于 SVD 的推荐方法提高了 0.0665。在 RMSE 指标上组合方法比基于项的推荐方法、基于用户的推荐方法、基于 SVD 的推荐方法分别提高了 0.0158、0.0206、0.0640。组合方法性能较好，且稳定。另一种是对每个分类器设定计算平均的权重，然后按照加权求平均。实验表明当基于项、用户和 SVD 模型的权重依次为 0.8、0.6、0.2 时，MAE 为 0.7271，RMSE 为 0.9279，相比基于项的推荐方法提高了 0.0126。

8.6 本 章 小 结

个性化推荐技术是解决信息过载的一个重要研究方向，在电子商务推荐、新闻推荐、旅游推荐等许多问题上都有着重要的应用。甚至有学者认为决策就是推荐，推荐就是决策。在电子商务推荐中，推荐系统通过分析用户对产品的点击、浏览和购买等行为和用户偏好数据，模拟商店销售人员向用户提供商品推荐，帮助用户找到所需商品，顺利完成购买过程。精确的个性化推荐一方面可以缩短用户挑选产品的时间，提高用户的购买效率，另一方面可以改进网站的用户体验，提升产品的交易率进而提高网站的利润。个性化推荐在客户关系管理和市场营销中也有着重要应用。

目前已有较多关于个性化研究的成果，推荐方法的分类多样，依据工作原理主要分为五类：协同过滤推荐、基于内容推荐、基于推理推荐、其他推荐方法和混合推荐。本章着重讲述协同过滤推荐，其中的推荐理论方法可以在用户个性化检索中使用。除了基于用户的协同过滤、基于项的协同过滤，关联规则挖掘在推荐中也有重要应用，可以使用 Aprior 算法挖掘关联规则或者使用 FP-tree 来挖掘关联规则。关于关联规则挖掘的工作细节请参考《数据分析与数据挖掘》。SVD 进行数据压缩对应着文本特征中的 LSI 方法。

协同过滤方法用于推荐通常应满足四个条件，8.3.1 节已有阐述，这是由协同过滤系统的工作特点决定的。协同过滤具有如下优点：①适合于过滤难以分析内容的资源。协同过滤不关心资源的具体内容，因此，在难以分析资源内容的情况下，如图形、图像、视频、音乐等，协同过滤是很好的选择。②新奇的推荐。协同过滤可以发现内容上完全不相似的资源，用户对推荐信息的内容事先是预料不到的。

数据稀疏问题和冷启动问题是协同过滤推荐中面临的两个主要问题。其中冷启动问题也可视为一类特殊的数据稀疏问题，即因初期评论少而引起的稀疏问题。在基于项的调整余弦相似度计算基础上，8.5.2 节从三个要素考虑：两项具有共同用户的评分、共同评分用户数量、非共同评分用户数量。在 MovieLens 数据集上基于项过滤中比基本模型在 MAE 指标上提高了 0.0327。进一步，组合多种模型可以进一步提高推荐的性能，实验表明加权的组合方法比基于项的推荐方法提高了 0.0126。

第9章　组合推荐技术

基于内容的推荐（content-based recommendation）是指通过比较物品与用户偏好模型的相似程度向用户推荐信息的方式。协同过滤推荐是利用大规模群体用户的信息进行推荐，其中隐含着使用“评分情况相似的用户在未来的偏好也接近”这一假设。与协同过滤推荐的工作原理不同，基于内容的推荐直接将物品的内容同用户偏好模型进行比较，如果匹配度较高，则推荐给用户。

除了基于内容的推荐方法还有一类常用的基于推理的推荐方法，这种推荐方法将推理知识引入，允许后期修改推理知识库。基于推理的推荐方法主要针对两类问题：一是不经常购买（使用）的物品的推荐，二是通过对复杂多推荐系统集成推理实现推荐。因为各类推荐算法都有其优势和不足，所以有较多学者逐步探索如何实现混合推荐，以期综合利用多种推荐算法。

9.1　基于内容的推荐技术

9.1.1　基于内容的推荐概述

基于内容的推荐是指通过比较物品内容与用户偏好模型的相似程度向用户推荐信息的方式。在基于内容的推荐方法中，两类基本数据是至关重要的：用户档案数据、物品内容数据。基于内容的推荐系统需要对用户偏好建立用户档案，依据具体推荐模型的需要，用户档案可以表现为多种形式，如用户的历史浏览或购买的物品数据、用户当前的物品需求数据、用户的一些基本信息等。推荐系统通过用户档案去掌握用户的偏好信息。用户档案有时也称作用户偏好模型或用户模型。在基于内容的推荐中，物品内容数据一般是易于获取的，如新闻。

基于内容的推荐系统将物品内容信息与用户档案文件进行匹配，基于匹配程度来判别相应物品对用户是否有价值。可见，在基于内容的推荐中有三项至关重要的工作：用户档案数据、物品内容数据以及用户档案与物品内容匹配的相似度计算。

关于用户档案数据，需要根据相似度计算的需求，一方面搜集能够描述用户偏好的一些特征数据，另一方面需要一种有效的表示形式，称为用户偏好模型。用户档案数据一般由三部分内容组成：①用户的一些基础数据，如地区、年龄、性别等；②用户的历史浏览、收藏或购物信息；③当前的物品需求数据。

物品的内容一般是容易获取或描述的，如以文本表示的信息、文章内容。在常见的文本、图像、声音、视频描述的数据信息中，在目前的技术下，文本特征最容易处理，所以也就不难理解物品的内容通常以文本形式描述。有学者做过对音乐进行内容标注的研究，通过许多音乐专家对音乐的几个方面，如风格、情感、乐器等进行标注，形成物品的内容描述。还有一些学者将用户对物品标注的标签[①]视作物品内容。

用户档案与物品内容匹配的相似度计算，是建立基于内容的推荐模型的一项重要工作，代表依据物品内容数据和用户档案数据来判断用户对该物品可能感兴趣的程度。一个典型的相似度计算模型是：将用户档案描述成向量，将物品内容描述成向量，将两个向量之间的相似度（如文本向量的重叠度、实数向量的余弦值等）作为物品与用户兴趣的匹配程度。

一般来说，基于内容的推荐能有效工作通常需要具备三个条件：①能够收集到用户的有效档案数据，即使不完全，也应包括部分能体现用户偏好特性的数据。②物品可以通过物品内容数据来描述，一般是可计算的文本领域。对于声音、图像、视频类物品，目前技术上大多也是用文本特征描述。当然未来技术发展可能会实现声音、图像、视频的直接特征描述。③能够找到有效的相似度计算方法，体现出物品和用户偏好的接近程度。

9.1.2 基于 kNN 的新闻推荐

新闻推荐是一类代表性的文本推荐问题，类似的问题还包括文章推荐、图书推荐、小说推荐、笑话推荐等。这类推荐存在这样的特点：①内容多以文本形式组织。虽然各自还有其特点，但总体上内容以文本形式来描述。②同类的物品非常多，而且用户经常去阅读或购买相类似的物品（资源）。例如，用户经常看各式新闻内容，新闻内容很多，很多用户对同一类新闻存在持续关注或者阅读相近新闻的习惯；在用户研究方向上的同类型文章，用户可能都比较关心，并且不断有新的类似文章出现。③用户查询、阅读或购买等行为能够作为用户的偏好特征。④物品（资源）与用户偏好的相似度通常可以在一定程度上进行度量，并且这种相似度往往能够对推荐给用户相类似的物品提供帮助。

---

① 现有大多标签都是文本形式标注，关于利用标签信息的推荐也是一个研究方向，也有些学者将其视作物品内容，按照基于内容的推荐进行研究。

例如，网上购买笔记本电脑，大多用户在短期浏览、关注后可能就购买了，而一旦购买则短期内（如一两年）通常不会再购买。虽然不排除存在转销、代购或者频繁更换笔记本电脑等有频繁购买行为的用户，但大多数人购买后会使用一段时间，且短期不会购买。那么对于这类大多数用户来说，购买后到下一次准备购买前，推荐给用户相似的笔记本电脑的意义往往不大，用户甚至可能在下一次购买时已经有足够的钱，直接买一个高端笔记本电脑。

基于 kNN 的推荐技术的工作原理非常简单，就是找到和用户兴趣匹配的若干个邻居物品进行推荐。在第 4 章中，使用 kNN 进行文本分类技术，其工作原理是根据与测试文本对象相近的 k 个文本的类别来判别当前文本的类别。在新闻推荐中 kNN 的使用方式可以有几种：①选择最近的 k 个邻居用户，根据邻居用户是否喜欢，利用投票法决定本用户是否喜欢；②只是利用相似度的概念，过滤出与用户模型相近似的 k 个物品进行推荐；③如果新闻预先划分为若干个主题，则可以应用 kNN 对物品进行主题分类，然后根据用户兴趣模型确定用户感兴趣的主题，再按照每个主题选择若干个相似度大的新闻进行推荐。

9.1.3　基于内容推荐的一般描述形式

基于内容过滤的推荐系统需要分析资源内容信息，根据用户兴趣建立用户档案，根据资源的内容特性进行过滤，将资源内容和用户档案文件进行匹配，基于匹配程度确定该资源对用户是否有价值。简单地说，基于内容的推荐通过比较资源是否与用户档案（也称用户偏好）一致来决定是否进行推荐。

用户档案通常以向量的形式来描述，向量的特征轴就是描述用户偏好的主要特征，特征轴上的取值代表特征的重要程度。向量的特征轴形成向量空间，这一空间一般与资源的描述空间相同，这样就将用户偏好和资源放在同一空间中。当资源与用户偏好处于同一向量空间时，就可以借助向量的相似度计算资源与用户偏好的匹配程度。

以电子商务系统中的推荐应用为例，随着电子商务的应用，数据库中可以收集到大量的用户数据，如用户交易数据、用户注册数据、用户评分评价数据、用户投票数据等。同时，Web 服务器中也保存着用户访问电子商务系统的日志数据、用户购物车信息等，这些数据中蕴含丰富的知识，基于数据挖掘的推荐系统通过数据挖掘技术对用户行为和用户属性进行学习，从中获取有价值的知识，根据得到的知识产生推荐。

基于数据挖掘的推荐系统根据数据挖掘技术建立用户档案。用户档案的建立可以基于对用户长期行为的分析，如用户的浏览记录、购买历史、性别、职业、收入、年龄等；也可以基于用户的当前行为，如用户当前的会话行为、当前购物车信息、当前浏览商品等。

在电子商务购买过程中，用户偏好体现出不同的特征，对这些特征的跟踪和更新有利于进一步细分用户，有针对性的推荐会进一步提高推荐系统的推荐精确率。分析出用户偏好中较为复杂的隐式特征，有助于提供更加充分的推荐解释，通过不断的迭代提升用户使用推荐系统的体验，提高用户对推荐系统的接受程度。

在电子商务消费过程中，用户的偏好特征可分为四个层面。

（1）用户的人口地理信息和背景反映出来的特征，可用于从整体上把握用户群体类别和消费倾向，包括性别、年龄、住址、教育程度、职业、工作单位、家庭成员组成等，主要通过用户在购物网站注册与登录信息中获取。

（2）通过用户在购物网站中输入的信息反映的特征，用户输入信息包括用户对物品的显式评分或星级评价、购买体验和使用反馈等评价文本，该特征可用于分析和预测用户对其他物品的评分和评价，进而服务于物品推荐和营销决策。

（3）用户网购过程中的操作反映出的隐式特征，包括用户在网络上对物品的点击、对比浏览、浏览时间、放置收藏、放置购物车、提交订单和付款、使用后评价等操作信息和网络记录日志等，对隐式特征的挖掘将有助于了解用户购买行为的特点和风格，同样可以服务于物品推荐和营销决策。

（4）用户所购买的物品本身的品牌、参数等信息反映出的用户隐式偏好特征，如消费层次（对物品档次的偏好不同）、消费风格（对物品创新与否的接受不同）、消费形式（倾向于网络购买和电子化支付与否）等，准确的隐式特征挖掘有助于客观的用户细分，进而做出准确的物品推荐和营销决策。

用户档案的收集内容也通常是与具体应用领域问题相关的，其信息的收集过程也可分为显式收集和隐式收集。显式收集一般是直接从用户处获取，例如，用户注册时填写的信息、选择若干感兴趣主题或者以若干物品作为用户的初始档案信息。隐式收集一般是指对用户的行为或用户的一些基础信息进行分析获得。比如，通过用户购买的商品在相关商品中的价值排行，可以分析用户平时消费习惯属于偏奢侈型、偏常规型还是偏节约型；通过分析地域用户的消费习惯，分析各年龄段的购买习惯，可以帮助确定向用户推荐哪类商品。

传统的推荐策略多利用用户偏好中的显式特征，如典型的协同过滤推荐就是利用第（2）类显式特征，基于统计的半自动推荐利用的是第（1）类显式特征，近年也出现试图利用第（3）类特征进行用户偏好特征挖掘的研究。实际上对用户四层偏好特征的综合利用，更有利于对用户偏好的跟踪和更新。但需要注意的是，过多的用户隐式特征挖掘可能涉及用户隐私保护问题。有些电子商务网站推出用户手机上的客户端软件，可以收集用户的具体位置，甚至可以收集手机中更为隐私的信息。推荐系统的设计者必须注意用户的隐私问题，特别是是否有权收集一些信息，即使法律尚未明确规定禁止，但也需仔细斟酌道德约束问题。

基于内容的推荐方式可以作用在两个阶段：一是在用户检索的时候进行推荐；二是在用户登录后主动推荐。这两种方式使用的技术相似，但也不完全相同。当用户偏好与资源都以向量形式描述后，它们都处于同一向量空间中，第 6 章的信息检索技术，包括向量空间模型、相关性反馈检索模型、布尔模型和扩展的布尔模型可用于检索的时候进行推荐。用户登录后主动推荐的过程与第 6 章提及的信息过滤技术相似，推荐系统依据用户偏好对新商品、打折商品等进行过滤，然后推荐给用户可能感兴趣的物品。

在检索式推荐模型中，扩展的布尔模型、向量空间模型、相关性反馈检索模型有着较多应用。此外也有概率模型的相关研究工作。以相关性反馈检索模型为例，其工作细节阐述在 6.3.2 节。目前大多实用的相关性反馈检索模型都是调整用户的偏好向量，这是因为调整资源的特征向量会影响大多数用户，需要模型具备良好的全局优化策略，并且调整工作量较大。而对于用户偏好的调整，只是影响用户本身，并且在调整过程中可以有专门的优化过程。对于用户偏好的调整，主要集中在两方面：一是合理增减用于描述用户偏好的特征集；二是合理调整各个特征权重。修改用户偏好的相关性反馈技术，根据用户的评价，进行权重的修改，如果用户喜欢，则将该资源的特征向量按某种比例加入用户的特征向量中，反之亦然，可参考 6.3.2 节的相关性反馈检索模型。

基于内容过滤的推荐方法关键在于计算相似度，其优点在于简单、有效、推荐结果直观、容易解释、不需要领域知识，但是单纯基于内容的方法有三方面的不足：①难于区分资源内容的品质，且不能为用户发现新的感兴趣的资源。②特征提取的能力有限，有些物品存在数据库形式的结构化特征，容易进行物品相似度计算，文本类的特征也相对容易获取，而有些物品（资源）的有效特征尚在研究之中，如图像、视频、音乐等。即使是文本资源，其特征提取方法有时也只能反映资源的一部分内容，例如，难以提取网页内容的质量，而这些特征可能影响用户的满意度。对于嵌入图像中的文字、图形等多媒体信息的特征提取也正处于研究中。③推荐的资源过于专门化，系统尽可能向用户推荐最符合用户档案的物品，因此，所推荐的物品与用户以往浏览或购买的物品类似，如相似的新闻。为解决该问题，通常组合协同过滤技术或者人为地加入随机因素，如采用交叉互换和变异的方法。

9.2　基于分类技术的推荐方法

9.2.1　朴素贝叶斯分类器用户推荐

基于分类技术实现基于内容的推荐是根据用户的偏好，将资源划分为两类：

喜欢（推荐）和不喜欢（不推荐）。在这种情况下，可以将资源分为两类，就类似于划分两类的文本分类技术，参看 4.3 节和 4.4 节。如果视作分类问题，那么朴素贝叶斯模型就起到按照资源特征和用户偏好进行分类的作用。这里面临着三个关键问题：①如何获得针对某个用户的具有喜欢和不喜欢类别资源集；②如何利用朴素贝叶斯进行分类；③如何实现动态增量式学习。

用户的偏好信息一般可以在用户注册时和用户使用过程中收集。以新闻推荐为例（类似的文本推荐内容，如文章推荐、故事推荐等），可以要求用户在注册时选择或填写若干感兴趣的主题，在用户使用系统过程中，会逐步推荐给用户一些资源，结合推荐的资源与用户自己搜索的新闻和阅读的新闻，收集用户感兴趣的新闻。此时有两种收集方法，一种是显式收集方法，在新闻展示界面上直接包括"喜欢""不喜欢"按钮，也可以包括"跳过""收藏"按钮，直接收集用户的动作，进而获取用户喜欢和不喜欢的文档；另一种是隐式收集方法，假设用户阅读过和收藏过的新闻都是喜欢的，可推荐给用户，而用户没有看则是不喜欢的。

前述两种方式都面临着一个问题，就是用户从没有接触过的新闻到底是喜欢还是不喜欢呢？通常也不能将所有没看过的新闻标记为喜欢，也似乎不能全部标记为不喜欢。在 9.1.2 节曾使用协同过滤技术，借助相似用户来推荐未见过的新闻，体现出协同过滤具有推荐新的资源的能力。除了借助协同过滤方法利用相似用户获取可能喜欢的内容，还有一种基于大量用户观测的新闻来增加内容推荐的方法。对于向用户推荐的新闻可以划分为三个板块：①利用朴素贝叶斯方法推荐的新闻；②近期大家都关注的、该用户尚未看过的热点新闻；③近几日发生的实时新闻和本地新闻。后两部分的新闻作为补充显示给用户，收集用户是否查看，可作为用户是否喜欢这类新闻的朴素贝叶斯模型学习的数据。

各种数据收集的方法可能都面临一个问题：数据收集不齐全并且是有偏的。因为有大量的新闻，一个用户不可能看全部新闻，并标记哪些喜欢、哪些不喜欢，而即使不观看的新闻中也可能存在用户喜欢但是因为时间精力不够或者根本没有接触到该新闻而不被标记为喜欢，同样即使是看过的新闻也可能是用户偶然的兴趣点击翻阅或者误点击打开造成的，所以用户偏好收集和建模时必须注意数据不完全的学习问题、离群数据（指临时兴趣或误点击的数据）的处理问题，同时要注意随着用户兴趣逐步转移，模型需要具备持续学习能力的问题。

使用朴素贝叶斯模型对资源分类时，以朴素贝叶斯模型的特征表示方式来描述，参见 4.3 节和 4.4 节，它利用条件概率作为判别函数，将后验概率计算转换为先验概率和类条件概率的乘积。为便于查看，将式（4.23）转列此处。

$$c^* = \arg\max_{c_i} P(c_i \mid d) = \arg\max_{c_i} \frac{P(c_i)P(d \mid c_i)}{P(d)}$$

式（4.23）可作为资源分类的判别函数，在文本分类中 d 代表文档，在资源分类中 d 代表资源。在按照最小错误率的贝叶斯决策中，将其标记为具有最大条件概率的类别。式（4.23）中的分母与概率排序无关，因此判别过程可表示为

$$c^* = \arg\max_{c_i} P(c_i)P(d \mid c_i) \tag{9.1}$$

针对式（9.1）中的先验概率和类条件概率的估计过程在第 4 章已详细阐述，这里仅需要注意特征的类条件独立性假设和零概率问题。可以使用 Lidstone 法则或 Laplace 法则避免零概率问题。根据需要，推荐的类别既可以分为喜欢和不喜欢，也可以是具有多个标记类的分类问题。

这里引用了《机器学习》[①]中的例子，如表 9.1 所示，该例子也广泛地存在于多本教材和互联网上，列于此处便于回顾分类的一般方法，为后面知识提供基础，同时有助于将分类问题形成统一的描述。

表 9.1　决定是否打网球的样本示例

样本号	天气	温度	湿度	风力	打网球
1	Sunny	Hot	High	Weak	No
2	Sunny	Hot	High	Strong	No
3	Overcast	Hot	High	Weak	Yes
4	Rain	Mild	High	Weak	Yes
5	Rain	Cool	Normal	Weak	Yes
6	Rain	Cool	Normal	Strong	No
7	Overcast	Cool	Normal	Strong	Yes
8	Sunny	Mild	High	Weak	No
9	Sunny	Cool	Normal	Weak	Yes
10	Rain	Mild	Normal	Weak	Yes
11	Sunny	Mild	Normal	Strong	Yes
12	Overcast	Mild	High	Strong	Yes
13	Overcast	Hot	Normal	Weak	Yes
14	Rain	Mild	High	Strong	No

表 9.1 中第 1 列“样本号”就是一个序号，用于标记是哪个样本，对分类没有作用。第 2～5 列为属性，有时也称为特征，其含义是这 4 个特征（天气、温度、湿度、风力）决定是否打网球。第 6 列“打网球”作为分类属性，有时也称类别属性，如果用 x 描述特征向量，$x=(x_1,x_2,\cdots,x_n)$，表示 n 个特征，表 9.1 中 $n=4$ 代表 4 个特征，类别属性用 y 描述，分类问题是寻找一个分类函数 $g(x,y)$ 实现 x 到 y

① Mitchell T. Machine Learning[M]. New York：Mc Graw Hill Education，1997.

的映射，又称为判别函数。如果使用朴素贝叶斯模型，则式（4.23）就是判别函数，其按照最大条件概率进行类别的划分。

假设现在有一种新的情况 $x_1 = \text{Sunny}, x_2=\text{Cool}, x_3=\text{High}, x_4=\text{Weak}$，该如何决定是否打网球？按照朴素贝叶斯分类方法，就应该计算各个可能分类的条件概率，即计算在给定条件下判别是 Yes 的条件概率和给定条件下判别是 No 的条件概率计算公式为

$$P(y=\text{Yes}|x)=P(y=\text{Yes}\mid x_1=\text{Sunny}, x_2=\text{Cool}, x_3=\text{High}, x_4=\text{Weak}) \quad (9.2)$$

$$P(y=\text{No}|x)=P(y=\text{No}\mid x_1=\text{Sunny}, x_2=\text{Cool}, x_3=\text{High}, x_4=\text{Weak}) \quad (9.3)$$

对式（9.2）按贝叶斯公式转换为先验概率，则为式（9.4）。对于式（9.3）按贝叶斯公式转换为式（9.5）。

$$\frac{P(x_1=\text{Sunny}, x_2=\text{Cool}, x_3=\text{High}, x_4=\text{Weak}|y=\text{Yes})P(y=\text{Yes})}{P(x_1=\text{Sunny}, x_2=\text{Cool}, x_3=\text{High}, x_4=\text{Weak})} \quad (9.4)$$

$$\frac{P(x_1=\text{Sunny}, x_2=\text{Cool}, x_3=\text{High}, x_4=\text{Weak}|y=\text{No})P(y=\text{No})}{P(x_1=\text{Sunny}, x_2=\text{Cool}, x_3=\text{High}, x_4=\text{Weak})} \quad (9.5)$$

于是比较 $P(y=\text{Yes}|x)$ 和 $P(y=\text{No}|x)$ 的任务就变为比较式（9.4）和式（9.5）的值，显然两个式子的分母都是一样的，在比较大小的任务上，分母没有作用（分母也不是 0)。如果真的计算分母，实际问题中，分母有时候并不容易准确地估计出来。就以式（9.4）和式（9.5）中的分母 $P(x_1=\text{Sunny}, x_2=\text{Cool}, x_3=\text{High}, x_4=\text{Weak})$ 来说，在表 9.1 中就没有该样例，虽然没有该样例，但不能说其概率就是零，合理的假设就是实际会发生，只不过概率可能比较小（非零概率）①。既然分母对于比较大小没有作用，就不必计算。去掉分母不做计算之后，式（9.4）和式（9.5）就可以改写为

$$P((x_1=\text{Sunny}, x_2=\text{Cool}, x_3=\text{High}, x_4=\text{Weak})|y=\text{Yes})P(y=\text{Yes}) \quad (9.6)$$

$$P((x_1=\text{Sunny}, x_2=\text{Cool}, x_3=\text{High}, x_4=\text{Weak})|y=\text{No})P(y=\text{No}) \quad (9.7)$$

利用式（9.6）和式（9.7）进行计算，比较大小，再做判别，正与式（9.1）一致。理论上如果样本足够大，联合特征 $x_1=\text{Sunny}, x_2=\text{Cool}, x_3=\text{High}, x_4=\text{Weak}$ 在每个类别（标记为 Yes 和 No）中的概率可以进行估计，但如果样本数据不足够大，联合特征的频次计算面临着严重的数据稀疏问题。特别是当特征数量较多，较多特征组成联合特征后，按照排列组合问题计算中的乘法定律，需要有数量巨大的组合空间，如果准确估计各组合的概率，那么就要求样本数量特别大。

① 如果实在坚持要做估计，一种方法就是做特征独立性假设，然后计算估计值的依据：四个特征的联合概率就等于每个特征的概率之积。但有些时候其中某个特征如果在样本中没有出现，则仍然出现零概率问题，此时只能赋予其中一个小概率，或者利用其他特征的概率对零概率值做估计，如 Good-Turning 估计。

考虑到直接估计联合特征在各类别中的概率较难，朴素贝叶斯模型中做出假设，即假设各个特征在每个类别上是独立的。该假设要求特征彼此是类条件独立的，而现实许多情况并不满足，但在较多的场合下，朴素贝叶斯模型仍是表现较优的模型之一。基于各个特征在每个类别上的独立性假设，式（9.6）的计算过程为

$$\begin{aligned}&P((x_1=\text{Sunny}, x_2=\text{Cool}, x_3=\text{High}, x_4=\text{Weak})|y=\text{Yes})\times P(y=\text{Yes})\\&=P(x_1=\text{Sunny}|y=\text{Yes})\times P(x_2=\text{Cool}|y=\text{Yes})\times P(x_3=\text{High}|y=\text{Yes})\\&\quad\times(x_4=\text{Weak}|y=\text{Yes})\times P(y=\text{Yes})\end{aligned}\tag{9.8}$$

因为总共 14 个样本，$y=\text{Yes}$ 的样本集合为$\{3,4,5,7,9,10,11,12,13\}$共 9 个，$y=\text{No}$ 的样本集合为$\{1,2,6,8,14\}$共 5 个，所以$P(y=\text{Yes})=9/14$；$P(y=\text{No})=5/14$。这里需要说明的是，因为训练集中通常每个类别都有样本，所以对样本类别的概率估计可以不使用 Lidstone 法则，直接利用频数计算[①]。对于$P(x_1=\text{Sunny}|y=\text{Yes})$的概率计算，需要统计在$y=\text{Yes}$条件下的$x_1=\text{Sunny}$频数，见表 9.1，频数值为 2，而$y=\text{Yes}$总样本数为 9，所以计算$P(x_1=\text{Sunny}|y=\text{Yes})$的值为 2/9。在 4.3 节曾阐述，为了避免零概率和低频概率问题，需要进行数据平滑处理，常用 Lidstone 法则、Laplace 法则和 Good-Turning 平滑算法。这里假设使用 Laplace 法则，在计数时增加 1，于是$P(x_1=\text{Sunny}|y=\text{Yes})$的值为$(2+1)/(9+1\times3)$，其中分母中乘以 3 是因为对于$x_1$特征存在 3 个可能取值。经过 Laplace 平滑后，式（9.8）的计算为

$$\begin{aligned}&P(x_1=\text{Sunny}|y=\text{Yes})\times P(x_2=\text{Cool}|y=\text{Yes})\times P(x_3=\text{High}|y=\text{Yes})\\&\times(x_4=\text{Weak}|y=\text{Yes})\times P(y=\text{Yes})\\&=(3/12)\times(4/12)\times(4/11)\times(7/11)\times(9/14)=0.012\,397\end{aligned}\tag{9.9}$$

同理计算式（9.7），按照特征独立性假设，可得

$$\begin{aligned}&P((x_1=\text{Sunny}, x_2=\text{Cool}, x_3=\text{High}, x_4=\text{Weak})|y=\text{No})\times P(y=\text{No})\\&=P(x_1=\text{Sunny}|y=\text{No})\times P(x_2=\text{Cool}|y=\text{No})\times P(x_3=\text{High}|y=\text{No})\\&\quad\times(x_4=\text{Weak}|y=\text{No})\times P(y=\text{No})\\&=(4/8)\times(2/8)\times(5/7)\times(3/7)\times(5/14)=0.013\,666\end{aligned}\tag{9.10}$$

可见式（9.10）结果比式（9.9）大，对$x_1=\text{Sunny}, x_2=\text{Cool}, x_3=\text{High}, x_4=\text{Weak}$的判别要选择$y=\text{No}$作为标记更为合理。前面的式子计算中也可以使用 Lidstone 法则，例如，每一个增加 0.5 用于避免零概率和克服低频概率问题。从前面计算过程中发现，由于概率是小于等于 1 的值，许多概率的乘积通常会导致数值变得非常小，特别是特征数非常多的情况下，乘积结果非常小，此时考虑到计算机内浮点数据处理存在误差，这种特别小的乘积不利于计算机的准确处理。实际编程

① 若使用 Lidstone 法则，$P(y=\text{Yes})=(9+0.5)/(14+0.5\times2)$，而$P(y=\text{No})=(5+0.5)/(14+0.5\times2)$，其中假设$\lambda=0.5$。该先验概率值会与直接利用频数计算略有差异，性能可由具体应用环境的实验来评价。

实现时，可以利用 log( )函数将若干概率的累乘变为概率求对数之后的累加计算，有利于计算机准确对多个比较小的概率值进行累乘运算，并且 log( )函数是单调递增的函数，不影响利用大小比较进行排序。这里的对数函数通常取自然对数，因为许多计算机编程库直接提供自然对数运算，当然也可以取以 2 为底的对数或以 10 为底的对数。

实现动态增量学习是朴素贝叶斯具备的一个特点，朴素贝叶斯主要统计两类概率，按式（9.1），当有新的训练数据出现时，很容易修改用于先验概率 $P(c_i)$ 计算的 c_i 类别的频数和总样本数。对于 $P(d \mid c_i)$，当假设 d 有若干条件独立的特征表示后，新的训练数据出现，也容易调整各特征在 c_i 类别下的频数统计。因此朴素贝叶斯分类器容易实现增量式学习。如果对用户收集的数据标记相应的时间，过于陈旧的数据不再参与分类模型中，就可以实现动态学习，使模型具备跟踪用户兴趣的能力推荐相似的资源。

9.2.2　基于决策树的分类推荐技术

作为典型的归纳学习的一个代表，决策树（decision tree）广泛用于分类问题中，在许多问题上也有比较好的表现。决策树与决策规则相对应，因此还可以通过决策树的学习算法，建立决策规则。决策树属于一种树形结构，包括节点和边。作为树存在一个根节点，根节点认为是顶层的节点，由根节点向外进行分支，建立其他节点，直到底层的节点不再进行分支，称为叶子节点。叶子节点对应着分类的类别，而非叶子节点是测试属性。

1979 年 Quinlan 给出构建决策树的 ID3 算法，后来成为决策树学习算法的典型。1993 年 Quinlan 改进了 ID3 算法，形成 C4.5 算法。现在 ID3 和 C4.5 算法已经成为一种典型的机器学习算法。针对表 9.1 所示的分类问题，图 9.1 展示出一个决策树。

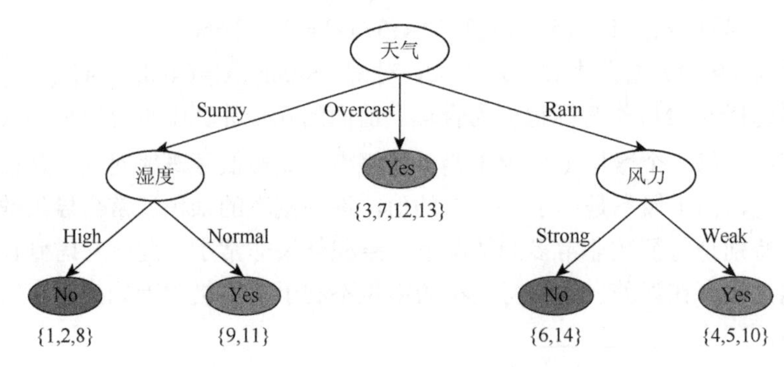

图 9.1　打网球示例对应的一个决策树

树的叶子节点是对应的类别，在该问题中对应着 Yes 或 No，图 9.1 中叶子节点下面的集合给出了该分类所包含的表 9.1 中的样本号。非叶子节点代表着分类时用作测试的属性，分类时从根节点开始测试，按照图 9.1，对测试样本 $x_1 =$ Sunny, x_2=Cool, x_3=High, x_4=Weak，先根据“天气”属性，因为测试样本为 $x_1 =$ Sunny，所以应该沿着“天气”节点选择最左侧分支，再测试“湿度”属性，因为测试样本为 x_3=High，所以应该沿着“湿度”节点选择最左侧分支，直接到达叶子节点“No”，说明对于测试样本 $x_1 =$ Sunny, x_2=Cool, x_3=High, x_4=Weak 应该标记为“No”类别。可见，利用图 9.1 决策树对测试样本 $x_1 =$ Sunny, x_2=Cool, x_3=High, x_4=Weak 的判别结果为“No”，该判别结果与 9.2.1 节利用朴素贝叶斯模型判别的结果一致。

当建立了决策树之后，分类的过程就从根节点开始按照测试属性给定的条件选择分支，开始沿着树枝经过的各个测试节点进行属性测试，逐步到达叶子节点，叶子节点给出了对应的类别①。因为有了决策树，进行判别比较容易，而决策树学习就是建立决策树的过程。可以看到原则上测试可以从任何属性开始，而后续测试也可以从其他任何属性开始，所以决策树的结构可能很多。给定一个数据集，可以构建许多决策树，那么哪个决策树或哪些决策树是性能较优的就值得深入研究。

决策树的学习就是要构建一个性能较优的树，那么如何评价“性能较优”就是需要重点考虑的内容。决策树的性能评价通常可以从两个方面体现：①模型的应用性能，主要是泛化性能；②决策树的结构复杂程度。泛化性能又称为推广能力，是指决策树在开放测试集上的表现性能。在一般的应用上，测试集应该与训练集符合独立同分布条件，并且测试集不完全包含在训练集中。如果测试集完全包含在训练集或者直接将训练集用作测试集，这样的测试集去评价系统的学习性能称作封闭测试。直观地看，封闭测试中所用的测试样例都是“学习时见过的”。如果测试集与训练集都来自整体的抽样，符合独立同分布，并且测试集中存在部分数据或全部数据在训练集中没有出现过，称为开放测试。直观地看，开放测试中所用的测试样例可能是“学习时没见过的”。封闭测试用于测试模型拟合训练集的“学习本领”，开放测试用于测试模型的“灵活运用的本领”。开放测试能体现出模型的泛化性能，毕竟在训练后的应用环境中可能存在没有见过的数据。

如果训练模型为了深入拟合训练数据，即尽量减少训练集中样例的误分类，那么有可能会因为过度调整模型中的参数，而出现过度拟合现象。举例来说，在

① 通常来说，决策树叶子节点给出的是一个分类，所以对于给定样本实现单一分类，如果对于给定样本可以实现多个分类，需要对决策树进行修改，增加多分类相应的学习功能。

线性回归模型进行数据点的拟合实验中，为了更充分地拟合所给定的数据，采用多项式拟合或者更复杂的拟合函数，这就导致出现模型能够更多地接近给定的大量数据，然而对于新出现的数据却降低了预测性能的现象。很多机器学习中的有监督模型都面临该问题，例如，BP 神经网络模型中的网络结构设计和 BP 算法的训练深度也需精心调整，避免过度拟合问题。

除了将泛化性能作为评价，决策树的结构也应该尽可能合理，使得大多数据的测试路径不至于过长。寻找优化的决策树就是在探索一种构建有效决策树的算法，也是决策树学习算法。Quinlan 提出的 ID3 算法和 C4.5 算法就是一种构建比较优化的决策树的算法。

对于分类属性 y，假设该属性共分 m 类，而它们每一类在数据表中计数的总和分别为 $s_1,s_2,\cdots,s_m$。令 $P_i = s_i/(s_1+s_2+\cdots+s_m)$ 代表各类别的概率，则熵可写为

$$I(s_1,s_2,\cdots,s_m) = -\sum_{i=1}^{m} P_i \times \log_2 P_i \tag{9.11}$$

由式（9.11）看出，熵按照概率来计算，其含义代表描述信息的量，它是用二进制位的个数来度量的，约定 $0\log_2 0 = 0$。以投硬币为例，如果正反面的概率都是 0.5，则熵值 $-((0.5\times\log_2 0.5)+(0.5\times\log_2 0.5)) = 1$ 代表着描述正面和反面的这一结果，需要 1 位二进制位就可以了，比如，二进制位 1 代表正面，二进制位 0 代表反面。对于两种状态来说，确定其中一种状态的概率是 P_0，另一种状态的概率就是 $1-P_0$，于是就可以计算出熵值，图 9.2 给出两种状态的熵值受一种状态的概率影响的关系。

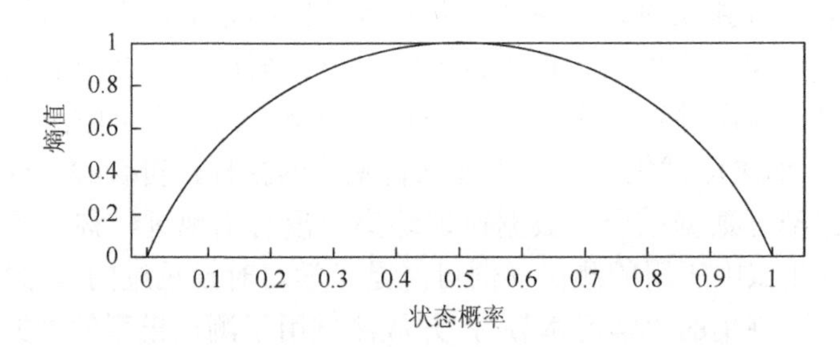

图 9.2　两种状态的熵值受其中一种状态的概率影响

图 9.2 展示出对于两种状态来说，当一种状态明确，如 0 或 1 时，意味着该状态一定不会发生或者一定会发生，那么既然已经知道明确的结果了，也就没有信息量了，所以取值为 0。而当一种状态为 0.5，另一种状态也为 0.5 时，代表着对任何状态的发生都是不确定的，此时熵值最大，熵值为 1，表示用 1 个二进制位就能描述最后可能发生的状态。

对熵的理解有多种：①熵可以描述信息量，用不确定性的减少来度量，即一个人告诉你一个消息，虽然你知道可能发生的所有状态，但不知道到底哪个状态会发生，那么这个消息的信息量就是“明确地告诉你结果会减少你对这件事情不知道的程度”。②熵代表着各状态的混乱程度，图 9.2 的两状态说明当各状态发生的概率相等时，最不清楚到底哪个状态发生，也代表着事情最混乱。同理，对于超过两个状态的更多状态，也可以证明当这些状态的概率都相等时最为混乱，此时熵值最大。

在决策树的构建过程中，根的确定至关重要，因为一旦确定根节点之后，就可以根据根节点对应的属性取值，将数据集划分为几个分支，而后可将后面的分支看作子树的创建过程，子树的创建过程仍然取决于树根，再根据根进行分支，依次逐一建立各个子树，直至到达叶子节点。

在 ID3 算法中确定节点 N 包括三种情况：①如果在当前节点的数据集中只有一种类别，则直接将节点标记为叶子节点，并使用该类别作为标记；②如果在当前节点的数据集中有一种类别占比非常大，而其他类别微乎其微，那么通常不再进一步分支，只利用大多数类别作为标记，将该节点作为叶子节点，注意，这里实质采用剪枝技术，避免过度拟合训练集；③如果在当前节点的数据集中包含多种类别，计算各个可能的用于测试的属性信息增益值，选择信息增益值最大的属性，将其作为当前节点，然后根据该属性继续分支，将数据集也按照该属性对应的各个取值划分为多个数据集，后面的分支再调用本过程实现嵌套构建决策树，直至完成整个决策树。

ID3 算法是以信息熵为度量构造一棵熵值下降最快的树，到叶子节点处的熵值为零，此时每个叶节点中的实例都属于同一类（或者绝大多数属于一类，以增强泛化性能）。对于节点 N 的信息期望使用式（9.12）的熵值来度量：

$$I(N) = -\sum_i P(c_i) \times \log_2 P(c_i) \tag{9.12}$$

式中，$P(c_i)$ 为在节点 N 处分类属性中的类别 c_i 出现的概率，使用 c_i 样本数量除以节点 N 处所有样本的数量 $|N|$ 来估计。节点 N 处的信息增益可以表示为

$$\Delta I_A(N) = I(N) - \sum_{v \in \text{Value}(A)} \frac{|N_v|}{|N|} \times I(N_v) \tag{9.13}$$

式中，$\text{Value}(A)$ 为正在测试的属性 A 对应的所有可能取值。例如，正在测试“天气”属性，则天气中包括{Sunny，Overcast，Rain}三个取值，如果正在测试“湿度”属性，则湿度中包括{High，Normal}两个取值。N_v 为 N 中属性值为 v 的子集，$|N|$ 为 N 节点数据集的样本个数，$|N_v|$ 为 N_v 节点数据集的样本个数，$I(N_v)$ 为 N_v 节点的信息期望值。

以表 9.1 进行根节点建立为例，需要依次按照式（9.13）计算四个属性“天气”“温度”“湿度”“风力”的信息增益值，然后选择信息增益值最大的属性作为根节点。下面先计算如果以“天气”属性作为根节点，则按照式（9.13）会获得的信息增益。

表 9.1 有两类，分别为 Yes 共 9 个样本，No 共 5 个样本，当前节点的信息期望为

$$I(N) = -\left(\frac{9}{14}\log_2\frac{9}{14} + \frac{5}{14}\log_2\frac{5}{14}\right) = 0.940\,286 \tag{9.14}$$

为了计算“天气”节点的信息增益，需要按照“天气”属性的三个取值{Sunny，Overcast，Rain}划分三个子数据集，如图 9.3 所示，其中叶子节点标出了对应的样本集合，整理数据如表 9.2～表 9.4 所示。

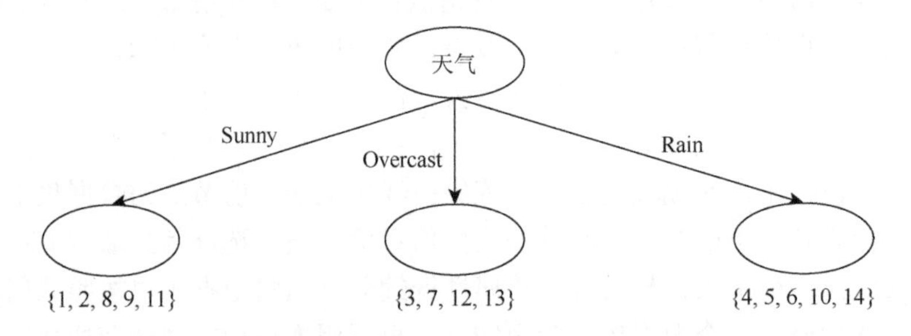

图 9.3　测试“天气”属性作为根节点举例

表 9.2　“天气”属性划分的 Sunny 数据子集

样本号	天气	温度	湿度	风力	打网球
1	Sunny	Hot	High	Weak	No
2	Sunny	Hot	High	Strong	No
8	Sunny	Mild	High	Weak	No
9	Sunny	Cool	Normal	Weak	Yes
11	Sunny	Mild	Normal	Strong	Yes

表 9.3　“天气”属性划分的 Overcast 数据子集

样本号	天气	温度	湿度	风力	打网球
3	Overcast	Hot	High	Weak	Yes
7	Overcast	Cool	Normal	Strong	Yes
12	Overcast	Mild	High	Strong	Yes
13	Overcast	Hot	Normal	Weak	Yes

表 9.4　“天气”属性划分的 Rain 数据子集

样本号	天气	温度	湿度	风力	打网球
4	Rain	Mild	High	Weak	Yes
5	Rain	Cool	Normal	Weak	Yes
6	Rain	Cool	Normal	Strong	No
10	Rain	Mild	Normal	Weak	Yes
14	Rain	Mild	High	Strong	No

当以“天气”作为测试节点时，需要计算三个子集的各自信息期望，表 9.2 代表 Sunny 分支，表 9.3 代表 Overcast 分支，表 9.4 代表 Rain 分支，它们的信息期望分别为

$$I(N_{\text{Sunny}})=\left(-\frac{3}{5}\log_2\frac{3}{5}-\frac{2}{5}\log_2\frac{2}{5}\right) \tag{9.15}$$

$$I(N_{\text{Overcast}})=\left(-\frac{4}{4}\log_2\frac{4}{4}-\frac{0}{4}\log_2\frac{0}{4}\right) \tag{9.16}$$

$$I(N_{\text{Rain}})=\left(-\frac{2}{5}\log_2\frac{2}{5}-\frac{3}{5}\log_2\frac{3}{5}\right) \tag{9.17}$$

综合式（9.14）～式（9.17），按照式（9.13）计算信息增益为

$$\begin{aligned}\Delta I_{\text{天气}}(N)&=0.940\,286-\frac{5}{14}\left(-\frac{3}{5}\log_2\frac{3}{5}-\frac{2}{5}\log_2\frac{2}{5}\right)\\&\quad-\frac{4}{14}\left(-\frac{4}{4}\log_2\frac{4}{4}-\frac{0}{4}\log_2\frac{0}{4}\right)-\frac{5}{14}\left(-\frac{2}{5}\log_2\frac{2}{5}-\frac{3}{5}\log_2\frac{3}{5}\right)\\&=0.246\,749\,9\end{aligned} \tag{9.18}$$

由式（9.18）可知若将“天气”作为根节点，则信息增益为 $0.246\,749\,9$。同理，再计算其他属性作为根节点时对应的信息增益。保留三位小数后，测试四个属性作为根的信息增益，依次为 $\Delta I_{\text{天气}}(N)=0.247$，$\Delta I_{\text{温度}}(N)=0.029$，$\Delta I_{\text{湿度}}(N)=0.151$，$\Delta I_{\text{风力}}(N)=0.048$。这里“天气”属性对应的信息增益最高，所以选择“天气”作为根节点。

现在以“天气”作为根节点后，需要为后面分支构建子树，此时就相当于为表 9.2～表 9.4 不考虑天气的数据集构建新的决策树，决策树的构建仍然与前述过程一样，分为三种情况考虑：①如果只包括一种分类类别则标记为叶子节点；②如果绝大多数为一个类别，只有微乎其微的样本为不同类别（注意需要设置一个比例阈值作判别条件），则作为叶子节点，标记为大多数的类别；③按照信息增益测试其他属性（不包括通往根路径的节点上的属性），以信息增益最大的属性作为当

前子树的根，继续向下分支，重复此过程，直至完成整个决策树的创建。图 9.1 就是创建结果的展示。

应用在推荐系统时，树的内部节点标上物品特征（关键词），测试样本只要根据文档中是否出现关键词就可以用这些节点区分出来。如果是二值分类问题，则叶子节点就是感兴趣（推荐）或不感兴趣（不推荐）。关于 C4.5 算法请参考《数据分析与数据挖掘》。

9.2.3　分类特征的选择方法

在基于内容的推荐中，描述用户偏好特征和物品内容特征至关重要，如何选择特征是模型之外的另一个重要问题。一方面，特征选择与分类模型有较大关系，需要根据模型的特征使用特点加以选择；另一方面，在大多分类模型使用的特征都相似的情况下，各分类模型之间的差别通常也不显著，此时，挖掘有效的特征进行领域知识深入描述的研究工作就变得非常重要了。

特征生成、特征抽取、特征选择是特征挖掘中的三个重要内容，它们的目标都是为分类模型提供更为有效的特征。特征生成是指构造出用户分类的有效特征，所构造的特征并非一些基础特征，而是为了分类问题，利用某些技术方法生成的特征，如对于原有基本特征利用组合变换等策略提供的新的组合特征、在命名实体识别中使用的组合特征、笔迹辨伪中使用的笔迹图像纹理特征等。特征抽取是强调已经知道要使用什么样的特征，需要从原始数据中提取出来，如从文章中抽取作者名、抽取关键词等。特征选择是指在较多特征可用的情况下，如何选择其中的一些较优的特征或者特征集。

理论上，可以通过枚举每个可能的特征子集来训练分类器，并且评估其精准度，找到最优的特征子集，在可用特征不多的情况下，枚举法是一种全局最优方法，然而实际上一旦特征较多，这种方法的计算量较大，可能需要一些近似的特征选择方法。特征选择中常用的方法包括 χ^2、互信息、平均互信息、交叉熵、信息增益、关联规则等，可以利用这些方法来评价特征或特征集与分类属性之间的相关性。有时也用这些方法计算多个特征之间的相关性，以去除重复特征。这些方法的工作细节已在前面章节有所阐述。

9.3　基于推理的推荐技术

9.3.1　标签间相似度词典与标签推荐

开放的社会化网络允许用户参与，并对信息资源进行个人解读和标注，运用自由定义的关键字作为资源（物品）的标签（tag）实现公众分类（folksonomy）。标签能够有效地帮助用户理解和组织个人的信息资源空间，使大量过载信息由发散到收敛；其公开和开放的形式也有助于用户借助其他人的标签理解和发现感兴趣的信息资源。标签的目的涉及信息资源的内容、类型、特征或质量、相关人物、相关事件等，可以对图片、电影、社交网站的人以及各种电子商务中的物品进行标注和解读，如著名的书签网站 del.icio.us、图片分享网站 flickr、视频分享网站 YouTube、邮件服务网站 Gmail、研究文献分享网站 CiteULike、博客网站 Technorati 等。

当资源被打上标签之后，用户、资源（物品）、标签三者之间的关系就值得深入研究，虽然并未对用户为资源贴上标签做过多的限制（通常只是提示不要违反法律），但总体上用户所赋予资源的标签都具有很好的提示作用，有时还包括评价内容。表 9.5 中列举了某电影推荐网站上用户为电影贴标签的例子，如 humorous、romance 等标签词。常见的标签相关研究包括三个方面：①为用户推荐标签；②标签检索；③基于标签的资源推荐。为用户推荐标签包括为用户推荐可能感兴趣的标签，用户再基于标签检索应用的资源；当用户浏览（购买）某资源时，为用户推荐他可能要贴的标签。标签检索研究是指用户指定了一个或若干个标签，为用户检索出相应的资源。基于标签的资源推荐是在传统推荐的基础上，增加了标签信息，以期提高推荐的质量。

在上述三个方面问题研究中，标签之间的相似度计算是一项重要的内容。下面阐述一种标签之间的相似度计算方法。通过自动化计算标签间的相似度可为推荐标签、标签导航推荐和标签推荐模型提供重要支持。

为了衡量标签之间的相似度，需要采用一些相关性计算方法，这里采用平均互信息。平均互信息的定义和计算细节已经阐述在 3.3.2 节，为便于查看和描述如何解决标签相似度计算问题，特转列此处。

$$\begin{aligned}\mathrm{AMI}(W,C)=&P(W,C)\log\frac{P(C|W)}{P(C)}+P(W,\bar{C})\log\frac{P(\bar{C}|W)}{P(\bar{C})}\\&+P(\bar{W},C)\log\frac{P(C|\bar{W})}{P(C)}+P(\bar{W},\bar{C})\log\frac{P(\bar{C}|\bar{W})}{P(\bar{C})}\end{aligned}$$

上式与互信息的不同体现在两方面：①右侧第一项表达式包括了互信息中的度量，即已知 W 而对类别 C 的不确定性。此外，平均互信息进一步考虑到 W 未出现时对于 C 出现的不确定性的度量等信息。②互信息实质上是点对（point-wise）间的信息度量，而平均互信息是两个概率分布的度量。

3.3.2 节已说明，互信息主要用于衡量元素对之间的独立性，然而却未能很好地度量其间的依赖性，这是因为没有考虑一个元素未出现时对另外元素的影响。

而平均互信息却考虑到相互之间的依赖性。表 9.5 给出了在 MovieLens 带有标签的数据集上对标签进行相似度计算的部分结果。

表 9.5　标签相似度计算结果举例

标签 A	标签 B	AMI
comic book	superhero	0.004 264 980
based on a book	adapted from：book	0.003 739 530
superhero	super-hero	0.003 095 890
sci-fi	space	0.002 680 970
comedy	funny	0.002 114 270
action	adventure	0.001 872 120
quirky	humorous	0.001 626 480
murder	assassin	0.001 615 730
humorous	witty	0.000 723 932
romance	drama	0.000 705 976
goofy	madcap	0.000 541 029
seen more than once	must see	0.000 529 419
heartwarming	sentimental	0.000 466 188

丰富的标签为用户提供了附加的解读和个性化信息，通过合理的挖掘可以明显提高资源共享、资源推荐的性能。标签的相似度词典构造可直接用于标签导航或者基于标签的推荐模型中。

以标签导航为例，图 9.4 给出以 children 为中心向外扩展的 10 个标签。除了上述 10 个标签，还包括 musical、kids movie、chocolate 等标签。若将上述标签导航结合到标签推荐系统中，可为用户寻找所需商品提供更多方便。

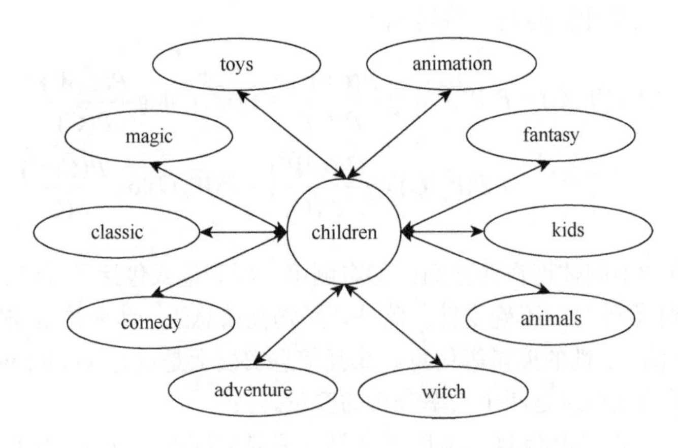

图 9.4　标签导航以 children 为例的前 10 个标签

9.3.2 浏览期间的推理推荐

电子商务推荐的目的是为用户产生“恰当的”推荐列表。所谓“恰当的”，是指列表中的商品是根据当前市场销售情况以及用户的个人偏好预测出用户可能感兴趣的商品，如果这些推荐的商品恰好是用户需要的候选，那么就是“恰当的”。决策的过程利用马尔可夫链进行预测，以此估算出用户可能感兴趣的商品候选列表。在这种情况下，需要在有限空间内搜索，完成用户偏好的序列预测过程。一般来说，枚举法性能比较低。以 50 种商品二阶马尔可夫模型为例。向前预测三步，需要进行 50×50×50 = 125 000 个可能的空间搜索，这种时间复杂度为 $O(n^3)$ 。因此一般可采用动态规划的思想降低复杂度。

搜索算法可用第 1 章和第 2 章给出的 Viterbi 求解算法，还可使用 Beam Search 算法等。Beam Search 算法的实质是一个宽度优先搜索；为了避免在搜索过程中出现组合爆炸问题，在每一步后续的所有候选中，只对前 k 个最优的候选进行扩展，其他的通过剪枝处理掉。

实验部分，以照相机购买为例，通过人工模拟购买生成用户购买过程数据，并将购买记录中的部分浏览数据提取出来，共取 2000 条用于实验。实验按照 4∶1 划分为训练语料和测试语料。图 9.5 给出马尔可夫模型的性能表现。

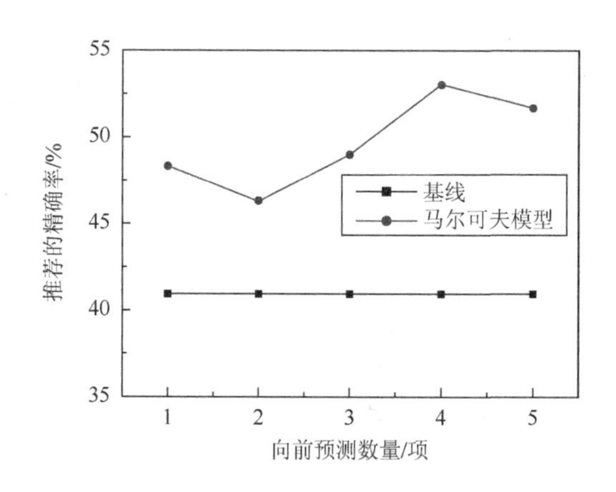

图 9.5　马尔可夫模型推荐过程性能评价

该实验中，共包括 5 类 50 种照相机数据。每类品牌照相机共 10 个。推荐过程采用 Top-10 推荐方式。在测试过程中，随着用户的浏览逐步给出推荐。评价指标采用推荐精确率，即如果用户浏览数据在推荐列表中，则认为推荐成功，如果不在推荐列表中，则此次推荐失败。

一种基本的推荐方法（基线）是依据总浏览次数，取 Top-10 作为推荐；另一种推荐方法（马尔可夫模型）是依据最近的浏览记录来生成推荐列表。显然随着用户浏览，新的证据在增加，如果模型能够有效地利用这些证据，则新生成的推荐将优于无后验证据的基线模型。图 9.5 的结果恰好验证这一点。实验结果表明，二阶马尔可夫模型如果仅做一步预测的 Top-10 方法相比依据访问量直接推荐的方法提高了 7.38 个百分点的性能，如果做四步预测，则提高了 12.08 个百分点的性能。

9.3.3 可信度专家推理方法

除了使用定量计算或定量推理技术来研究推荐方法，基于定性的推理技术也值得研究。许多业务销售人员有着丰富的推荐经验，如果能够借助专家系统将这些销售人员的经验进行知识表示，那么可探索构建一个智能推荐专家系统。在一种基于规则的专家系统中，知识库采用“if…then…”形式来描述推理知识，基于收集到的用户信息来获得一些基本事实，在此基础上进行推理，为用户提供资源推荐。

在“if…then…”形式描述的知识中，“if”后面是前提条件，“then”后面是假设或结论，也可以是过程或动作。前提条件和结论部分都可以使用命题或者一阶谓词来描述。而一阶谓词中就可以定义个体或者函数，集合组合逻辑可以定义复杂的前提条件或者复杂的结论。如果结论是过程或者动作，则触发规则意味着引发相应的过程或动作。前提也可以看作证据，故利用“if…then…”描述较多知识可构成知识库，并设计相应的推理机制，利用知识库和已知事实进行推理。

在利用证据推出假设（或结论）的定性推理过程中，一般需要引入不确定性描述和推理方法，这包括证据的不确定性和推理的不确定性。证据的不确定性是指“if”之后的证据存在不确定性，而推理的不确定性是指“if…then…”规则本身的不确定性。为了实现不确定性推理，通常使用四种方法：①概率推理；②主观贝叶斯推理；③可信度推理；④模糊推理。概率推理主要使用贝叶斯定理将后验概率转换为先验概率和类条件概率计算。主观贝叶斯推理中引入了充分性度量和必要性度量，以方便将专家的主观经验引入，进行不确定性推理。模糊推理主要使用模糊数学中的模糊逻辑推理技术。这里介绍 1976 年 Shortliffle 和 Buchanen 在研制著名的 MYCIN 专家系统时，以 Carnap 的确认理论为基础，设计的一种可信度推理，该方法遵循如下原则。

（1）不采用严格的统计理论，但也不是完全不用，而是用一种接近统计理论的近似方法。

（2）用专家的经验估计代替统计数据。

（3）尽量减少需要专家提供的经验数据量，尽量使用少量数据包含多种信息。

（4）新方法应适用于证据增量式增加的情况。

（5）专家数据的轻微扰动应不影响最终的推理结论。

对概率的解释存在三类主要的派别：第一类为频率派，第二类为贝叶斯解释或主观解释派，第三类为逻辑解释派。Carnap 为逻辑解释的著名代表之一，其认为一个命题在归纳逻辑中的概率也是可以由人为赋予的。Carnap 设计了一个形式系统 L_N^π，定义如下。

给定一组常数 $a_1,a_2,\cdots,a_N$，一组谓词常数 $p_1,p_2,\cdots,p_\pi$，L_N^π 的构造规则如下。

（1）原子公式。若 p_i 为谓词常数，a_j 为常数，则 p_ia_j 是一个原子公式。

（2）合成公式。每个原子公式都是合成公式；若 A，B 为合成公式，则 $\overline{A}$，$A\wedge B$，$A\vee B$，$A\to B$ 都是合成公式。

（3）状态公式。若 a 为常数，则 $p_1'(a)\cdot p_2'(a)\cdot\cdots\cdot p_\pi'(a)$ 称为一个状态公式，其中每个 p_i' 为 p_i 或 $\overline{p_i}$。状态公式可以简写为 $p_1'\cdot p_2'\cdot\cdots\cdot p_\pi'(a)$。

（4）状态。以带下标的 p 表示任意一个 $p_1'\cdot p_2'\cdot\cdots\cdot p_\pi'$，则称 $p_1(a_1)\cdot p_2(a_2)\cdot\cdots\cdot p_N(a_N)$ 为一个状态，p_i 称为结构谓词名。若对每个 i 都有 $p_i=p_i''$，这里 $p_i'(a_i)$ 和 $p_i''(a_i)$ 分别是第一个状态和第二个状态中的第 i 个状态公式，则两个状态称作是相同的，否则两个状态称作是不相同的。如果存在一个排列变换 $(a_1,a_2,\cdots,a_N)\to(a_{i1},a_{i2},\cdots,a_{iN})$，把前者变为后者，则两个状态都是同构的①。

Carnap 对这个形式系统的解释是：它完全刻画了一个封闭的可能世界。当用这个形式系统来定义概率时，函数 $c(h,e)$ 表示在证据 e 下 h 的可信度，即概率。在这个形式系统中，h 和 e 都是合成公式。令 $S(h,e)$ 为使 h 和 e 都取真值的状态集，$S(e)$ 为使 e 取真值的状态集，若对每个状态集 S 都能给一个测度函数 $m(S)$，则可定义：

$$c(h,e)=\frac{m(S(h,e))}{m(S(e))} \tag{9.19}$$

为了确定测度函数 $m(S)$，首先必须明确概率函数 $c(h,e)$ 应满足如下概率公理：

（1）$c(h\cdot h',e)=c(h,e)\times c(h',e\cdot h)$；

（2）由 $c(h\cdot h',e)=0$ 推出 $c(h\vee h',e)=c(h,e)+c(h',e)$；

（3）$0\leqslant c(h,e)\leqslant 1$；

等等。

① 此处所用的符号与通常谓词演算中所用的稍有不同。其中 p_ia_j 相当于 $p_i(a_j)$，$\overline{A}$ 相当于 $\neg A$，$A\cdot B$ 相当于 $A\wedge B$。

但除了这些公理，还有很大的选择余地。举例如下。

（1）规定所有的状态有相同的测度，即

$$m(S)=S\text{ 中所含状态数/全体状态数} \tag{9.20}$$

（2）规定所有同构状态组有相同的测度，即

$$m(S)=1/\text{同构状态组的组数} \tag{9.21}$$

此处 S 是一个同构状态组，其含义为组内各状态互相同构，组内、外状态不同构。

（3）一个同构状态组内部各状态具有相同的测度。

可信度推理的基础就是以定量法为工具、比较法为原则的相对性确认理论。为此，可给出几个可能性较高的结论。规则的巴科斯范式表示为

＜规则＞：：＝＜前提＞→＜结论＞，＜可信度＞

＜前提＞：：＝＜条件组＞$\{\wedge$＜条件组＞$\}_0^n$

＜条件组＞：：＝＜条件＞$\{\vee$＜条件＞$\}_0^n$

＜结论＞：：＝＜条件＞|＜动作＞

可信度推理要求用两个量来定量表示在给定证据下对某个假设的肯定和否定程度，分别用 MB 和 MD 表示[①]。$\mathrm{MB}(h|e)=a$ 的含义是证据 e 的出现使假设 h 的可信度增加了 a。而 $\mathrm{MD}(h|e)=b$ 的含义是证据 e 的出现使假设 h 的不可信度增加了 b。此时，a 和 b 不能够同时大于零。

原则上，$\mathrm{MB}(h|e)$ 和 $\mathrm{MD}(h|e)$ 的值应该由专家根据经验给出。下面是这两个变量的一种解释，即

$$\mathrm{MB}(h|e)=\begin{cases}1, & p(h)=1\\ \dfrac{\max(p(h|e),p(h))-p(h)}{p(\neg h)}, & \text{其他}\end{cases} \tag{9.22}$$

$$\mathrm{MD}(h|e)=\begin{cases}1, & p(\neg h)=1\\ \dfrac{p(h)-\min(p(h|e),p(h))}{p(h)}, & \text{其他}\end{cases} \tag{9.23}$$

当出现复合证据与复合假设的情况时，可采用如下一组组合公式。

（1）处理可能增量获得的复合证据：

$$\mathrm{MB}(h|e_1\wedge e_2)=\begin{cases}0, & \mathrm{MD}(h|e_1\wedge e_2)=1\\ \mathrm{MB}(h|e_1)+\mathrm{MB}(h|e_2)(1-\mathrm{MB}(h|e_1)), & \text{其他}\end{cases} \tag{9.24}$$

$$\mathrm{MD}(h|e_1\wedge e_2)=\begin{cases}0, & \mathrm{MB}(h|e_1\wedge e_2)=1\\ \mathrm{MD}(h|e_1)+\mathrm{MD}(h|e_2)(1-\mathrm{MD}(h|e_1)), & \text{其他}\end{cases} \tag{9.25}$$

① 本章中 MD 是可信度推理中的不可信度度量。

（2）处理包含未知证据的复合证据：

$$\mathrm{MB}(h\,|\,e_1 \wedge e_2) = \mathrm{MB}(h\,|\,e_1) \tag{9.26}$$

$$\mathrm{MD}(h\,|\,e_1 \wedge e_2) = \mathrm{MD}(h\,|\,e_1) \tag{9.27}$$

式中，e_2 为未知真假的证据。

（3）处理假设合取：

$$\mathrm{MB}(h_1 \wedge h_2\,|\,e) = \min((\mathrm{MB}(h_1\,|\,e), \mathrm{MB}(h_2\,|\,e)) \tag{9.28}$$

$$\mathrm{MD}(h_1 \wedge h_2\,|\,e) = \max((\mathrm{MD}(h_1\,|\,e), \mathrm{MD}(h_2\,|\,e)) \tag{9.29}$$

（4）处理假设析取：

$$\mathrm{MB}(h_1 \vee h_2\,|\,e) = \max((\mathrm{MB}(h_1\,|\,e), \mathrm{MB}(h_2\,|\,e)) \tag{9.30}$$

$$\mathrm{MD}(h_1 \vee h_2\,|\,e) = \min((\mathrm{MD}(h_1\,|\,e), \mathrm{MD}(h_2\,|\,e)) \tag{9.31}$$

可信度 CF 表示在证据 e 下假设 h 的可信度，其定义为

$$\mathrm{CF}(h\,|\,e) = \mathrm{MB}(h\,|\,e) - \mathrm{MD}(h\,|\,e) \tag{9.32}$$

可见可信度存在如下性质。

（1）可信度取值区间为[−1, 1]，正值代表证据的出现对于假设有正向支持作用，负值代表证据的出现对于假设有反向支持作用，零值代表证据与假设之间独立。

$$-1 \leqslant \mathrm{CF}(h\,|\,e) \leqslant 1 \tag{9.33}$$

（2）令 $e^+ = e_1 \wedge e_2 \wedge \cdots \wedge e_n$ 为所有有利于假设 h 的证据的总和（即对每个 i，$\mathrm{MB}(h\,|\,e_i) > 0$），$e^- = e_1' \wedge e_2' \wedge \cdots \wedge e_m'$ 为所有不利于假设 h 的证据的总和（即对每个 i，$\mathrm{MD}(h\,|\,e_i') > 0$），则

$$\mathrm{CF}(h\,|\,e^+ \wedge e^-) = \mathrm{MB}(h\,|\,e^+) - \mathrm{MD}(h\,|\,e^-) \tag{9.34}$$

（3）假设正向支持与反向支持呈相反关系，则

$$\mathrm{CF}(h\,|\,e) + \mathrm{CF}(\neg h\,|\,e) = 0 \tag{9.35}$$

证据之间以及证据与假设之间的级联推理关系可表示为

$$\mathrm{MB}(h\,|\,e') = \mathrm{MB}(h\,|\,e) \cdot \max(0, \mathrm{CF}(0, \mathrm{CF}(e\,|\,e'))) \tag{9.36}$$

$$\mathrm{MD}(h\,|\,e) = \mathrm{MD}(h\,|\,e) \cdot \max(0, \mathrm{CF}(0, \mathrm{CF}(e\,|\,e'))) \tag{9.37}$$

通过式（9.36）与式（9.37）可以完成证据之间的级联推理关系，为了降低证据的敏感性，可以对证据或证据的复合的可信度设置一定的阈值，如 0.2。约定只有高于阈值的证据才起作用。

Van Melle 在利用 MYCIN 专家系统制作专家系统外壳 EMYCIN 时，改进了可信度的计算式，如式（9.38）和式（9.39）所示，该改进不仅解决了可交换性问题，还克服了“一个简单的否证有时可以推翻许多肯定的证据”的缺点。

$$\mathrm{CF} = \frac{\mathrm{MB} - \mathrm{MD}}{1 - \min(\mathrm{MB}, \mathrm{MD})} \tag{9.38}$$

$$\mathrm{CF}(h\,|\,e_1 \wedge e_2)=\begin{cases} X+Y(1-X), & X>0,Y>0 \\ \dfrac{X+Y}{1-\min(|X|,|Y|)}, & \text{其他} \\ X+Y(1+X), & X<0,Y<0 \end{cases} \tag{9.39}$$

式中，$X=\mathrm{CF}(h\,|\,e_1)$，$Y=\mathrm{CF}(h\,|\,e_2)$。

基于规则的专家系统技术相对成熟，在较多领域创造了很高的价值。在推荐领域中使用时，需要将经验丰富的销售人员的经验进行知识化表示，构建知识库。基于规则的专家系统定性推理能力可以让专家系统模拟人类专家工作，并且可以不间断地长期提供服务。因为研制专家系统的成本较高，并且已有的协同过滤推荐和基于内容的推荐在某些领域已经具备较好的性能，所以在以下两种场合可以优先探索推荐专家系统研究：①某些需要使用知识推理的领域，如对于手机、照相机、笔记本电脑、汽车等多年才购买一次的商品，其推荐不太适合利用协同过滤推荐和基于内容的推荐，可以考虑引入知识推理的推荐技术来进行处理；②存在一些定量推理，还需要进行定性推理完成推荐的领域，例如，在进行多种要素的决策中，考虑到居住地、年龄、用户消费偏好、用户兴趣等多方面要素，对于基本要素可以进行定量计算，而最终的推荐可以采用推理规则进行。又如，有学者研究基于图的推荐技术，其中一些推理过程可以使用专家推理技术。再如，在酒店的推荐中也可以构建智能专家推理系统，考虑酒店的价格、交通便利、周围景区、噪声干扰、周边医院、早餐供应、周边餐馆等要素，针对用户各类需求进行问卷调查，获取影响若干典型人群的推荐要素、推荐策略，构造推荐知识库，建立基于规则的专家推荐系统实现酒店推荐。

9.4　混合推荐方法

9.4.1　混合推荐问题提出

推荐系统所使用的信息一般包含四种来源：群体用户信息、用户上下文信息、物品内容信息、物品的推荐知识。协同过滤使用了群体用户信息，基于内容的推荐使用了用户上下文信息和物品内容信息，基于推理的推荐使用了物品的推荐知识。每类模型所使用的信息内容可能有所不同，模型都有各自的优点和缺点，那么一个很自然的想法就是进行多种模型或算法的混合。混合推荐是指将多种模型或算法组合在一起的推荐技术。这个问题最早出现在文本检索问题中。文本检索中有多种模型可用，各模型返回的结果都可能有所侧重，如何组合多个文本检索模型提高检索服务就是一项有价值的研究内容。

关于混合推荐技术的研究，较早就有学者进行讨论，也有学者借鉴文本检索中的混合技术研究混合推荐技术。2002 年 Burke 对于常见的混合方法进行了分类总结，大致划分为三种策略共七种方式。三种策略[31]包括整体式混合策略、并行式混合策略和流水线式混合策略。三种策略中包括七种方式，整体式混合策略中有特征组合和特征补充，并行式混合策略中有交叉、加权和切换策略，流水线式混合策略中有串联和分层混合设计。

整体式混合策略是指将几种算法有机整合成一个处理模块，生成一个推荐结果列表。整体式混合策略包括特征组合和特征补充两种方式，如基于内容的过滤和协同过滤就可以进行特征组合。已有的 Fab 网页推荐系统使用的是基于内容的过滤与协同过滤混合推荐技术。每个用户都曾搜索或阅读较多的新闻，这些用户之间就存在相似度。Fab 网页推荐系统利用用户偏好的相似度计算相似用户，即使用各用户曾经搜索和阅读的新闻计算用户之间的相似度，但这有别于第 8 章中利用评分矩阵计算用户的相似度，属于基于内容的相似度度量工作。在新闻推荐时 Fab 网页使用基于用户的协同过滤推荐技术，利用其他相似用户来为当前用户推荐新闻。更具体地来说，用户的偏好向量是通过抽取用户搜索和阅读的新闻内容中的关键词构建的，较多的关键词构成用户的偏好向量。不同用户之间的相似度就变为这些关键词向量之间的相似度。推荐时，针对最近邻用户值得推荐的文章也较多，这就需要确定一种排序方法，例如，先确保返回结果中的一部分内容与用户相近，再确保返回结果中的另一部分实效较新等。特征补充是一种算法为另一种算法补充特征，例如，SVD 协同过滤推荐中，先利用基于项的协同过滤补充缺失的评分数据，再进行 SVD 协同过滤推荐。

并行式混合策略是指几种模型或算法并行运行，然后对每个模型或算法运行输出的结果进行整合，如图 9.6 所示。并行式混合策略中内部的多个模型或算法有自己的推荐结果输出，然后通过并行结果排序整合为一个推荐列表输出。并行式混合策略包括交叉、加权和切换策略，它们都是并行结果排序的计算方法。

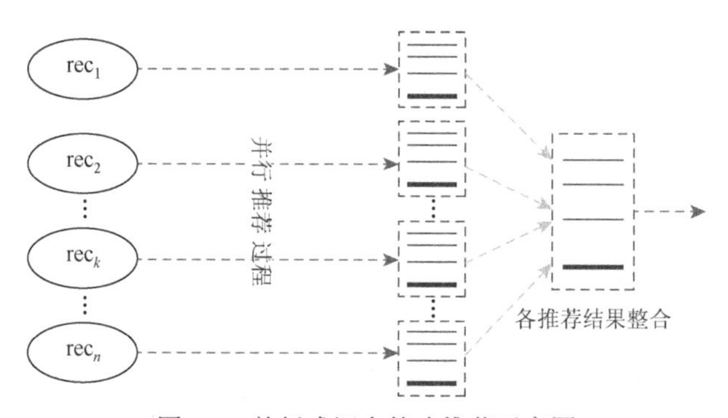

图 9.6 并行式混合策略推荐示意图

图 9.6 中包括 n 个并行运行的推荐模型或算法，分别为 $\text{rec}_1,\text{rec}_2,\cdots,\text{rec}_n$，每个内部的并行推荐模型都输出推荐结果列表，其包括物品、排序、评分三项内容。假设利用交叉方式对各个子模型 rec_i 输出的结果排序，对结果按照 $\text{Rank\_rec}_1(1)$, $\text{Rank\_rec}_2(1)$, $\cdots$, $\text{Rank\_rec}_n(1)$, $\text{Rank\_rec}_1(2)$, $\text{Rank\_rec}_2(2)$, $\cdots$, $\text{Rank\_rec}_n(2)$, $\text{Rank\_rec}_1(3)$, $\text{Rank\_rec}_2(3)$, $\cdots$, $\text{Rank\_rec}_n(3)$ ……生成最终的推荐结果列表。其中，$\text{Rank\_rec}_i(r)$ 代表 rec_i 模型输出的排序为 r 的物品。

利用加权方式对子模型输出结果的评分中，可以对每个子模型 rec_i 设置一个权重 weight_rec_i，代表各个模型推荐的性能表现程度，性能高则权重大，再令 $\text{Score\_rec}_i(w)$ 代表模型 rec_i 为物品 w 的评分（如果 w 不在列表中，则评分为 0），那么加权方式就表示为式（9.40），代表按照各个推荐模型的性能表现程度对物品 w 进行评分加权，计算综合得分，然后按照综合得分从大到小排列，输出最终的推荐结果。

$$\text{Score}(w)=\sum_{i=1}^{n}\text{wight\_rec}_i\times\text{Score\_rec}_i(w) \tag{9.40}$$

切换策略方式是优先以某一个模型为主，正常就输出该模型的结果，但如果经过评估，认为需要切换到另一个算法，则输出另一个算法的推荐结果。例如，在一种基于内容的过滤和协同过滤的组合中，如果基于内容的过滤结果数量太少，则切换到协同过滤进行输出。

流水线式混合策略是指各种推荐算法级联串行运行，前一个推荐结果是后一种模型的输入，如图 9.7 所示，这些模型相当于逐步筛选，形成最终推荐列表。流水线式混合策略包括串联和分层混合设计两种方式。

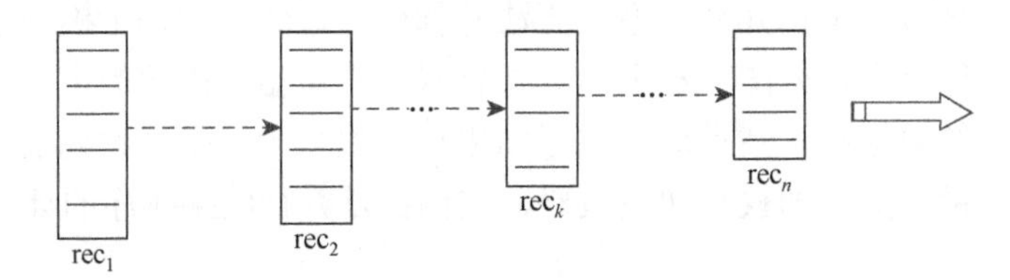

图 9.7　流水线式混合策略推荐示意图

假设各子模型按照 $\text{rec}_1,\text{rec}_2,\cdots,\text{rec}_n$ 顺序串联，在 rec_i 的输出推荐列表作为 rec_{i+1} 的输入，rec_{i+1} 只能在前一级 rec_i 的输出结果中进行挑选，对于筛掉的物品，标记其分数为 0，相当于不再输出。被 rec_{i+1} 选择的物品列表才能传到下一级 rec_{i+2} 推荐系统中。串联式模型采用逐级筛选，因此有时可能会发生输出结果较少的现象，必须制定解决策略加以处理。分层混合设计式方法强调后一种推荐模型或算法 rec_{i+1} 是在前一种推荐模型或算法 rec_i 的基础上构建的，而不只是对结果的筛选，rec_{i+1} 的设计过程就是专门针对 rec_i 的输出设计，实现模型一级的深度融合。

9.4.2　推荐模型的评价

常用的推荐模型评价包括三类：①基于预测评分的评价；②推荐列表精准和覆盖性评价；③基于推荐列表中的位置评价。

如果输出结果是对物品给出预测分，如对协同过滤进行评分预测，则常用两个评价指标——MAE 和 RMSE，即

$$\text{MAE}=\frac{\sum_{u\in T}|R_{ui}-R'_{ui}|}{|T|} \tag{9.41}$$

$$\text{RMSE}=\frac{\sqrt{\sum_{u\in T}|R_{ui}-R'_{ui}|^2}}{|T|} \tag{9.42}$$

式中，R_{ui} 为用户 u 对物品（资源）i 的评价得分；R'_{ui} 为用户 u 对物品（资源）i 的预测分；T 为当前的测试集，$|T|$ 为测试样本数。在 MAE 和 RMSE 评价中，MAE 和 RMSE 的取值越小代表推荐质量越高。

推荐列表精准和覆盖性评价主要包括三个指标：精确率、召回率和 F_1 量度。精确率是指推荐的列表中用户喜欢的物品所占的比例。令 reclist 代表推荐结果列表，$|\text{reclist}|$ 代表推荐物品的数量，$\text{sat}(\text{sat}\subseteq\text{reclist})$ 代表存在于推荐结果列表 reclist 中并且用户喜欢的物品集合，$|\text{sat}|$ 代表用户满意的结果的数量，则精确率 P 表示为

$$P=\frac{|\text{sat}|}{|\text{reclist}|} \tag{9.43}$$

召回率是指在所有应该推荐给用户的、用户喜欢的物品中有多大的比例存在于推荐列表中。令全部应该推荐给用户的、用户喜欢的物品为 allsat，$|\text{allsat}|$ 表示数量，则召回率 R 为

$$R=\frac{|\text{sat}|}{|\text{allsat}|} \tag{9.44}$$

精确率和召回率有时存在一定冲突，为了提高精确率，通常可以减少推荐的数量，而为了提高召回率通常可以增加推荐数量。此时，F_1 量度常用调和平均值来进行综合度量，即

$$F_1=\frac{2\times P\times R}{P+R} \tag{9.45}$$

精确率、召回率和 F_1 量度经常用于第 6 章文本检索模型的评价中。类似式（9.45）还可以构造 F_β 量度，即

$$F_\beta = \frac{(1+\beta^2)\times P\times R}{\beta^2\times P+R} \tag{9.46}$$

基于推荐列表中的位置评价不仅考虑用户喜欢的物品是否处于推荐列表中，还考虑喜欢的物品处在推荐列表的排序位置。一般来说，对于一个物品，排在前面比排在后面会更好。关于位置权重的设置方法有多种，这里使用线性设置，例如，推荐列表有 10 个，位置的权重从前到后依次为 1.0、0.9、0.8、0.7、0.6、0.5、0.4、0.3、0.2、0.1。如果两个喜欢的物品包括在推荐列表中，分别处于第 1 个位置和第 9 个位置，则模型的评价得分为 1.0 + 0.2 = 1.2。对于这里的线性设置权重也可以根据需要进行调整，例如，利用衰减的函数设置权重，考虑“首尾效应”，还可以将开头和结尾的权重设置都偏高一些。

9.5 本 章 小 结

一些推荐技术的研究包括文本分析与文本挖掘技术。因为两个问题存在一定的相似性，即都属于不完全检索、存在列表结果的排序输出等，所以有时二者相互借鉴，如基于内容的推荐技术有时借鉴文本检索中的相似度计算、向量空间模型、扩展的布尔模型、相关性反馈检索模型、概率模型等，推荐中的模型混合方法和文本检索的混合方法也可以相互借鉴。

数据挖掘中的许多技术可用于推荐研究中，包括用户信息的收集、特征抽取技术、用户档案建立、物品特征提取技术等。特别是随着互联网的快速发展，借鉴互联网上的大规模数据分析提高推荐系统的性能研究变得越发重要，例如，通过互联网分析不同地域、不同时段人的消费行为能提高推荐系统对用户需求的理解，通过互联网分析商品购买习惯能提高推荐系统的性能。推荐系统本身也有许多研究工作，例如，如何实现用户档案的自动更新，不同人群的推荐要素是什么，推荐系统的性能变化对人满意程度的影响等。

参考文献

[1] 姜维，王晓龙，关毅. 基于多知识源的中文词法分析系统[J]. 计算机学报，2007，30（1）：137-145.

[2] Jiang W，Guan Y，Wang X L. A pragmatic Chinese word segmentation approach based on mixing models[J]. International Journal of Computational Linguistics and Chinese Language Processing，2006，11（4）：393-416.

[3] 姜维，王晓龙，关毅. 应用粗糙集理论提取特征的词性标注模型[J]. 高技术通讯，2006，16（10）：996-1000.

[4] 姜维，关毅，王晓龙. 基于条件随机域的词性标注模型[J]. 计算机工程与应用，2006，42（21）：13-16.

[5] Lafferty J，McCallum A，Pereira F. Conditional random fields：Probabilistic models for segmenting and labeling sequence data[R]. International Conference on Machine Learning，2001：282-289.

[6] Fei S，Pereira F. Shallow parsing with conditional random fields[R]. Proceedings of Human Language Technology/Edmonton Canada，2003：134-141.

[7] Wallach H M. Efficient training of conditional random fields[D]. Edinburgh：University of Edinburgh，2002.

[8] Wallach H M. Conditional random fields：An introduction[R]. University of Pennsylvania，CIS TR MS-CIS-04-21，2004.

[9] Jiang W，Guan Y，Wang X L. Conditional random fields based label sequence and information feedback[J]. Springer Lecture Notes in Artificial Intelligence（LNAI，The Second International Conference on Intelligent Computing 2006），2006，4114：667-689.

[10] Jiang W，Wang X L，Pang X L. An improved population based optimization solution method by combining local and global searching[J]. International Journal on Artificial Intelligence Tools（IJAIT），2007，16（5）：907-915.

[11] Jiang W，Wang X L，Guan Y. Applying rough sets in word segmentation disambiguation based on maximum entropy model[J]. Journal of Harbin Institute of Technology（New Series），2006，13（1）：94-98.

[12] 姜维，关毅，王晓龙. 基于支持向量机的音字转换模型[J]. 中文信息学报，2007，21（2）：100-105.

[13] Jiang W，Guan Y，Wang X L. Improving feature extraction in named entity recognition based on maximum entropy model[R]. The 2006 International Conference on Machine Learning and Cybernetics，2006，（4）：2630-2635.

[14] Jiang W，Guan Y，Wang X L. An improved unknown word recognition model based on

multi-knowledge source method[R]. 6th International Conference on Intelligent Systems Design and Applications. 2006，2：825-830.
[15] Jiang W，Wang X L，Guan Y. An enhanced text analysis approach in text-to-speech synthesis for mandarin Chinese[R]. Third International Conference on Natural Computation. 2007，5：410-414.
[16] Jiang W，Pang X L. An artificial immune network approach for pinyin-to-character conversion[R]. 2009 IEEE International Conference on Virtual Environments，Human-Computer Interfaces and Measurement Systems. Hong Kong，China，2009：27-32.
[17] Pang X L，Feng Y Q，Jiang W. Linguistic decision analysis based technology project assessment[J]. Journal of Digital Information Management，2007，5（3）：142-151.
[18] Ratnaparkhi A. A maximum entropy model for part-of-speech tagging[R]. Proceedings of the Conference on Empirical Methods in Natural Language Processing. 1996：133-142.
[19] 庞秀丽，冯玉强，姜维. 贝叶斯文本分类中特征词缺失的补偿策略[J]. 哈尔滨工业大学学报，2008，40（6）：956-960.
[20] Pang X L，Feng Y Q，Jiang W. A spam filter approach with the improved machine learning technology[R]. Third International Conference on Natural Computation（ICNC2007）. 2007，2：484-488.
[21] Gale W A，Shampson G. Good-Turing frequency estimation without tears[J]. Journal of Quantitative Linguistics，1995，2：217-237.
[22] Chen S F，Goodman J. An empirical study of smoothing techniques for language modeling[J]. Computer Speech and Language，1999，13：359-394.
[23] Manning C D，Raghavan P，Schütze H. Introduction to Information Retrieval[M]. Cambridge：Cambridge University Press，2008.
[24] Jannach D，Zanker M，Felferning A，et al. Recommender Systems[M]. Cambridge：Cambridge University Press，2010.
[25] Baeza-Yates R，Ribeiro-Neto B. Modern Information Retrieval[M]. Boston：Addison-Wesley，1999.
[26] Frakes W B，Baeza-Yates R. Information Retrieval：Data Structures & Algorithms，Englewood[M]. Cliffs：Prentice Hall，1992.
[27] 姜维，庞秀丽. 组网成像卫星协同任务规划方法[M]. 哈尔滨：哈尔滨工业大学出版社，2016.
[28] 姜维，庞秀丽. 天基预警系统传感器调度方法[M]. 北京：科学出版社，2017.
[29] 姜维，庞秀丽. 分布式网络系统与Multi-Agent系统编程框架[M]. 哈尔滨：哈尔滨工业大学出版社，2015.
[30] 姜维，庞秀丽. 面向对象的数字电子控制技术[M]. 哈尔滨：哈尔滨工业大学出版社，2018.
[31] 姜维，庞秀丽. 面向数据稀疏问题的个性化组合推荐研究[J]. 计算机工程与应用，2012，48（21）：21-25.
[32] Jiang W，Pang X L. The tag navigation recommendation with adaptive learning method[R]. The 19th Internation Conference on Management Science & Engineering（ICMSE2012），2012，1：46-52.